PYTH🐍N

DEVELOPMENT

BIBLE

實戰聖經

關於文淵閣工作室

常常聽到很多讀者跟我們說：我就是看你們的書學會用電腦的。是的！這就是我們寫書的出發點和原動力，想讓每個讀者都能看我們的書跟上軟體的腳步，讓軟體不只是軟體，而是提升個人效率的工具。

文淵閣工作室是一個致力於資訊圖書創作三十餘載的工作團隊，擅長用循序漸進、圖文並茂的寫法，介紹難懂的 IT 技術，並以範例帶領讀者學習程式開發的大小事。我們不賣弄深奧的專有名辭，奮力堅持吸收新知的態度，誠懇地與讀者分享在學習路上的點點滴滴，讓軟體成為每個人改善生活應用、提升工作效率的工具。舉凡應用軟體、網頁互動、雲端運算、程式語法、App 開發，都是我們專注的重點，衷心期待能盡我們的心力，幫助每一位讀者燃燒心中的小宇宙，用學習的成果在自己的領域裡發光發熱！我們期待自己能在每一本創作中注入快快樂樂的心情來分享，也期待讀者能在這樣的氛圍下快快樂樂的學習。

文淵閣工作室讀者服務資訊

如果你在閱讀本書時有任何的問題，或是有心得想與我們一起討論、共享，歡迎光臨文淵閣工作室網站，或者使用電子郵件與我們聯絡。

文淵閣工作室網站 **http://www.e-happy.com.tw**

服務電子信箱 **e-happy@e-happy.com.tw**

Facebook 粉絲團 **http://www.facebook.com/ehappytw**

總 監 製	**鄧文淵**	責任編輯	**鄭挺穗**
監 督	**李淑玲**	執行編輯	**鄭挺穗・邱文諒・黃信溢**
行銷企劃	**David・Cynthia**	企劃編輯	**黃信溢**

前言

你是否常在專題開發時思考有更好的解決的方法嗎？有沒有更好的工具？有沒有可以克服困難的捷徑？你遇過的問題一定有也有人遇過，你想做的事情也一定有人想做。這個時候除了搜尋網路資料，找尋 GitHub 的資源，其實 Python 模組套件是你不能錯過的開發寶庫。

PyPI (https://pypi.org) 網站中收集了來自全球 Python 開發者的智慧結晶，分門別類提供了許多能加速開發、強化功能的 Python 模組套件。使用者不用再為一些特定功能造輪子，透過簡單的安裝動作，即可在自己的專題中得到這些意想不到的強大功能！

本書的架構不採平舖直敘的語法說明，而是以專題製作的方式，設計不同層面的應用領域，介紹許多精彩實用的 Python 模組套件，包含數據資料的擷取、圖片聲音影片檔案的下載、多媒體的檔案處理、電腦視覺與自然語言的應用、工作自動化的操作、無程式碼機器學習，以及許多意想不同的應用，讓你在實作的過程中，親身感受這些 Python 模組套件帶來的神奇體驗。

另外，本書所採用的開發環境，除了必須應用本機的 WebCam 攝影鏡頭、麥克風等資源，其他大部份都會使用 Google Colab 的雲端開發空間。讀者可以利用這個免費且高效的開發平台進行專題開發，在最輕鬆的過程中提升學習的意願與效率。

如果你已經有 Python 語法的基礎，想要更進一步挑戰真實的專題，但卻不知道從何下手；或是已經有開發的研究主題，想要解決遭遇開發瓶頸，找尋提升開發專題效率的方法；甚至是已經有了應用程式開發經驗，但想要快速累積作品集，獲得成就感，都很推薦跟著每個章節的進度，或是挑選有興趣的主題跟著操作，很快就能有具體的突破與成效。

學習時，沒有實作不能解決的問題，如果有，那就再做一次。就跟著我們的腳步一起體驗 Python 模組套件帶來的美好開發經驗吧！

文淵閣工作室

學習資源說明

為了確保你使用本書學習的完整效果，並能快速練習或觀看範例效果，本書在範例檔案中提供了許多相關的學習配套供讀者練習與參考，請讀者於線上下載。

1. **本書範例**：將各章範例的完成檔依章節名稱放置各資料夾中。

2. **教學影片**：本書特別提供目前最熱門的「Google Colab 雲端開發平台入門教學」與「無程式碼機器學習開發」教學影片。提供讀者搭配書本中的說明進行學習，發揮加乘的效果。

相關檔案可以在碁峰資訊網站免費下載，網址為：

http://books.gotop.com.tw/download/ACL064300

檔案為 ZIP 格式，讀者自行解壓縮即可運用。檔案內容是提供給讀者自我練習，以及學校、補教機構於教學時練習之用，版權分屬於文淵閣工作室與提供原始程式檔案的各公司所有，請勿複製做其他用途。

專屬網站資源

為了加強讀者服務，並持續更新書上相關的資訊內容，我們特地提供了本系列叢書的相關網站資源，你可以由文章列表中取得書本中的勘誤、更新或相關資訊消息，更歡迎你加入我們的粉絲團，讓所有資訊一次到位不漏接。

◎ 藏經閣專欄　http://blog.e-happy.com.tw/?tag= 程式特訓班
◎ 程式特訓班粉絲團　https://www.facebook.com/eHappyTT

目錄

Chapter
06

金融匯率股票相關

Chapter
07

臉部辨識分析

Chapter 08 圖片偵測及內容偵測

Chapter 09 自然語言處理：基本應用

Chapter

10

自然語言處理：情緒分析與聊天機器人

Chapter

11

工作自動化應用

Chapter

12

多媒體機器學習應用

Chapter

13

無程式碼機器學習

Chapter

14

輕鬆展示機器學習成果

Chapter
15

其他功能模組

Chapter
16

打造自己的模組

剪片神器及自動產生字幕

1.1　Google Colab：雲端的開發平台

Colaboratory 簡稱 Colab（以下皆以此統稱），是一個在雲端運行的程式開發平台，不需要安裝設定，並且能夠免費使用。

▌1.1.1　Colab 的介紹

Colab 的開發方式

Colab 無須下載、安裝或執行任何程式，即可以透過瀏覽器撰寫並執行 Python 程式，並且完全免費，尤其適合機器學習、資料分析和教育等領域。

Colab 的開發模式是提供雲端版的 Jupyter Notebook 服務，開發者無須設定即可使用，還能免費存取 GPU 等運算資源。Colab 預設安裝了一些做機器學習常用的模組，像是 TensorFlow、scikit-learn、pandas 等，在使用與學習時可直接應用！

在 Colab 中撰寫的程式是以筆記本的方式產生，預設是儲存在使用者的 Google 雲端硬碟中，執行時由虛擬機器提供強大的運算能力，不會用到本機的資源。

Colab 的使用限制

Colab 雖然提供免費資源，但為了讓所有人能公平地使用，系統會視情況進行動態的配置，所以 Google 並不保證一定的資源分配，也不提供無限的資源。這表示虛擬機器的磁碟容量與記憶體，允許的閒置時間與生命週期，可用的 GPU 類型及其他因素，都會隨著時間、主機用量變動。

其中 Colab 的筆記本要連線到虛擬機器才能執行，最長生命週期可達 12 小時。閒置太久之後，筆記本與虛擬機器的連線就會中斷，此時只需再重新連接即可。但重新連接時，Colab 等於是新開一個虛擬機器，因此原先儲存於 Colab 虛擬機器的資料將會消失，要記得將重要檔案備份到 Google 雲端硬碟，避免訓練許久的成果付諸流水。

‖ 1.1.2 Colab 建立筆記本

登入 Colab

在瀏覽器請用「Colab」關鍵字搜尋，或開啟「https://colab.research.google.com」網頁進入 Colab。在首次開啟時需要輸入 Google 帳號進行登入，完成後畫面會顯示筆記本管理頁面。 預設是 **最近** 分頁，顯示最近有開啟的筆記本。**範例** 分頁是官方提供的範例程式，**Google 雲端硬碟** 分頁會顯示存在你 Google 雲端硬碟中的筆記本，**Git** 分頁可以載入存在 GitHub 中的筆記本，**上傳** 分頁面可以上傳本機的筆記本檔案。

新增筆記本

Colab 檔案是以「筆記本」方式儲存。在筆記本管理頁面按右下角 **新增筆記本** 就可新增一個筆記本檔案，筆記本名稱預設為 **Untitled0.ipynb**：

Colab 編輯環境是一個線上版的 Jupyter Notebook，操作方式與單機版 Jupyter Notebook 大同小異。點按 **Untitled0** 可修改筆記本名稱，例如此處改為「firstlab. ipynb」。

Colab 預設檔案儲存位置

Colab 檔案可存於 Google 雲端硬碟，也可存於 Github。預設是存於登入者 Google 雲端硬碟的 <Colab Notebooks> 資料夾中。

開啟 Google 雲端硬碟，系統已經自動建立 <Colab Notebooks> 資料夾，開啟資料夾就可見到剛建立的「firstlab.ipynb」筆記本。

▍1.1.3 Colab 筆記本基本操作

程式碼儲存格的使用

在 Colab 筆記本中，無論是程式或是筆記都是放置在儲存格之中。預設會顯示程式碼儲存格，按 **+ 程式碼** 即可新增程式碼儲存格，按 **+ 文字** 即可新增文字儲存格。在儲存格的右上方會有儲存格工具列，可以進行儲存格上下位置調整、建立連結、新增留言、內容設定、儲存鏡像與刪除等動作。

首次執行程式前，虛擬機器並未連線。使用者可在程式儲存格中撰寫程式，按程式儲存格左方的 ▶ 圖示或按 **Ctrl + Enter** 執行程式，並將結果顯示於下方，此時系統也會自動連線虛擬機器並完成配置。按執行結果區左方的 圖示會清除執行結果。

側邊欄的使用

在左方側邊欄有四個功能按鈕：**目錄**、**尋找與取代**、**程式碼片段**、**檔案**，點選即可開啟，再按一次或右上角的×圖示即可關閉。

側邊欄的重要功能，將在以下相關的單元中詳細說明。

使用 GPU 模式

Colab 最為人稱道的就是提供 GPU 執行模式，可大幅減少機器學習程式運行時間。新增筆記本時，預設並未開啟 GPU 模式，可依以下操作變更為 GPU 模式：執行 **編輯 / 筆記本設定**。

在 **硬體加速器** 欄位的下拉式選單點選 **GPU**，然後按 **儲存**。

虛擬機器的啟停與重整

開啟 Colab 筆記本時，預設沒有連接虛擬機器。按 **連線** 鈕連接虛擬機器。

有時虛擬機器執行一段時間後，其內容會變得十分混亂，使用者希望重開啟全新的虛擬機器進行測試。按 **RAM/ 磁碟** 右方下拉式選單，再點選 **管理工作階段**。

於 **執行中的工作階段** 對話方塊按 **終止** 鈕，再按一次 **終止** 鈕，就會關閉執行中的虛擬機器。

此時 **連線** 鈕變為 **重新連線** 鈕，按 **重新連線** 鈕就會連接新的虛擬機器。

▌ 1.1.4 Colab 虛擬機器的檔案管理

Colab 筆記本的程式運行時，常會使用到其他相關的檔案，例如：用來讀取資料的文件檔，用來辨識的圖片檔，或是訓練後產生的模型檔，而這些檔案預設都可以放置在虛擬機器連線後的預設資料夾。

虛擬機器的預設資料夾

當 Colab 筆記本成功連接虛擬機器後，在側邊欄的 **檔案** 即可看到機器的預設資料夾，已自動產生了一個 <sample_data> 資料夾，其中放置了機器學習與深度學習中常用來練習的幾個資料集。

Colab 連線的虛擬機器使用的是 Linux 系統，當按下 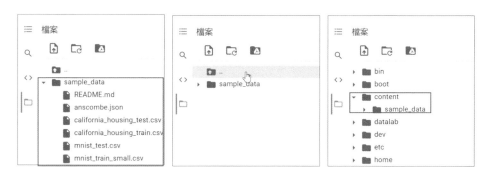 **上一層** 按鈕即可切換到主機的系統根目錄下。其中顯示了主機根目錄下所有的資料夾，其中「/content」即是 Colab 的預設資料夾。

上傳檔案到虛擬機器

如果要將檔案上傳到虛擬機器中使用，可以按下 🖸 **上傳** 按鈕開啟視窗，選取要上傳的檔案。若是一次要上傳多個檔案，可以在選取時按著 **Ctrl** 鍵不放，選取所有要上傳的檔案，最後按下 **開啟** 鈕即可進行上傳。

因為虛擬機器若是重啟，所有執行階段上傳或生成的檔案都會刪除還原，所以會顯示詢息告知。按 **確定** 鈕後完成上傳，即可以看到該檔案。

虛擬機器檔案的管理功能

如果要針對上傳的檔案進行管理，可以按下檔名旁的 ⋮ 開啟選單，接著再選取要執行的動作。

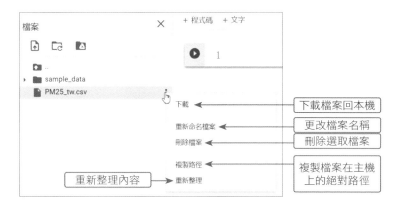

虛擬機器檔案的瀏覽功能

Colab 還提供多種檔案的瀏覽功能：如果是文字內容的檔案，如 txt、json 等，在檔名點擊二下即可開啟一旁的瀏覽視窗，甚至可以進行編輯的動作，系統會自動存檔。

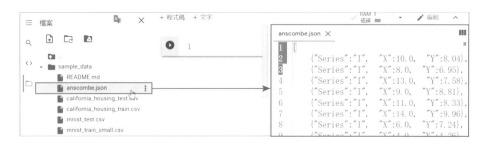

如果是 csv 資料型的檔案，在點擊後會以表格顯示，可以使用下方的功能列或連結進行資料的翻頁，或是上方的 **篩選** 鈕來尋找資料，十分方便。

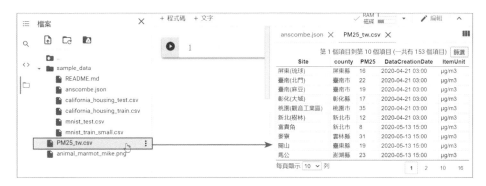

如果是圖片影像檔，在點擊後也可以在瀏覽視窗中預覽。

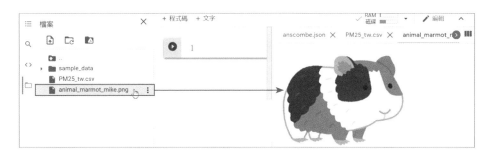

瀏覽視窗預設是用分頁以水平分割的方式進行檢視，若要關閉可以點選分頁上的 ✕ **關閉** 鈕，若要切換檢視模式可以按 ▥ **變更配置** 鈕，選取不同的檢視方法。

‖ 1.1.5 Colab 掛接 Google 雲端硬碟

Colab 除了可以使用虛擬機器上主機資料夾的檔案外，也可以將 Google 雲端硬碟掛接後進行使用。但因為權限的問題，在連接時可能會有不同的過程，以下分別說明。

自行新增的 Colab 筆記本連接 Google 雲端硬碟

若 Colab 筆記本是由使用者自行新增時，掛接 Google 雲端硬碟的步驟就很單純。

1. 請按下側邊欄 **檔案** 分頁的 🔼 **掛接雲端硬碟** 鈕。

2. 請按 **連線至 Google 雲端硬碟** 鈕。

3. 掛接成功後會出現一個 <drive> 資料夾，其中的 <MyDrive> 資料夾，展開後即可看到目前登入帳號的 Google 雲端硬碟的內容。

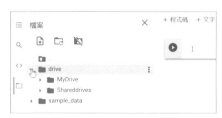 

使用上傳的筆記本連接 Google 雲端硬碟

如果上傳的筆記本檔案、開啟官方的範例為副本，或是匯入 Github 上筆記本的檔案為副本，要連接 Google 雲端硬碟就可能要多一些步驟。

1. 按下側邊欄 **檔案** 的 ■ **掛接雲端硬碟** 鈕，此時會自動產生程式儲存格內容如下：

```
from google.colab import drive
drive.mount('/content/drive')
```

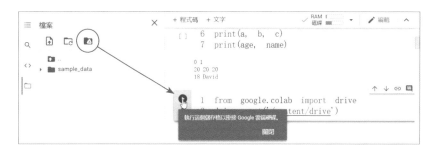

2. 執行後會產生一個驗證網址及輸入授權碼的文字欄，請點選連結進行驗證。

3. 首先選擇要使用的帳號，按 **登入** 鈕後即會產生一組授權碼，複製後回到 Colab 頁面將授權碼填入文字欄，最後按 **Enter** 鍵進行掛接。

4. 如此即完成 Google 雲端硬碟的掛接。

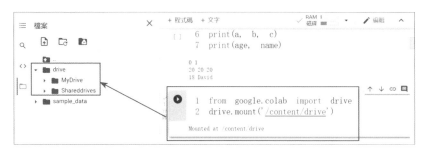

Colab 使用 Google 雲端硬碟檔案

因為 Colab 筆記本運行時必須連線虛擬機器，當連線中斷或重新啟動時，儲存在其中的檔案或資料都會被刪除清空。所以如何將重要的檔案、文件與資料儲存到 Google 雲端硬碟裡，或是取用 Google 雲端硬碟裡的檔案就非常的重要。

在 Google 雲端硬碟中切換到 <Colab Notebooks> 資料夾，按左上方 **新增** 鈕，再點選 **檔案上傳**，於 **開啟** 對話方塊選擇要上傳的檔案就可將該檔案上傳到雲端硬碟的 <Colab Notebooks> 資料夾，上傳後可在 Google 雲端硬碟看到該檔案。

以原始格式上傳

上傳檔案到 Google 雲端硬碟時，需確保是以原始格式上傳，否則在 Colab 使用該檔案時會產生錯誤。按右上角 ⚙ 圖示，點選 **設定** 項目，於 **設定** 對話方塊取消核選 **將已上傳的檔案轉換為 Google 文件編輯器格式** 項目。

Google 雲端硬碟檔案的絕對路徑位於：

```
/content/drive/My Drive/Colab Notebooks/ 檔案名稱
```

例如前面上傳的檔案為：

```
/content/drive/My Drive/Colab Notebooks/PM25_tw.csv
```

其實 Google 雲端硬碟中 Colab 能取用的檔案，不是只能放在 <Colab Notebooks> 中，而是所有能夠看到的檔案都能使用，只要能取得路徑即可。

如果不確定檔案的路徑，可以開啟 Colab 側邊欄的 **檔案** 分頁，掛接 Google 雲端硬碟後，再依路徑找到檔案，按右鍵後選 **複製路徑** 即可取得絕對路徑。

例如，以下程式碼是利用 Pandas 讀取剛才上傳的 CSV 檔並顯示檔案內容：

```
import pandas as pd
pd.read_csv("/content/drive/My Drive/Colab Notebooks/PM25_tw.csv")
```

執行結果：

1.1.6 執行 Shell 命令：「!」

Colab 允許使用者執行 Shell 命令與系統互動，只要在「!」後加入命令語法，格式為：

```
!shell 指令
```

其中用於管理 Python 模組的命令：「pip」就是一個相當重要的命令。例如要安裝用於下載 Youtube 影片的 pytube 模組的命令為：

```
!pip install pytube
```

如果想要查看系統中已安裝的模組，可以使用：

```
!pip list
```

如下圖可見到 Colab 已預先安裝了非常多常用模組：

除此之外，還可以使用 Shell 命令來進行檔案或是系統的操作，例如以「pwd」命令查看現在目錄：

```
!pwd
```

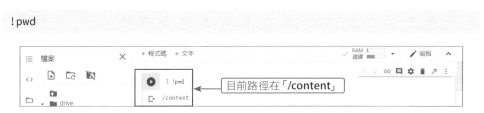

以下是 Colab 中常用來操作系統的 Shell 命令：

命令	說明
ls [-l]	顯示檔案或目錄內容結構 -l：詳細檔案系統結構
pwd	顯示當前目錄
cat [-n] 檔名	顯示檔案內容 -n：顯示行號
mkdir 目錄名稱	建立新目錄
rmdir 目錄名稱	移除目錄，目錄必須是空的
rm [-i] [-rf] 檔案或目錄名稱	移除檔案或目錄。 -i：刪除前需確認 -rf：刪除目錄，其中目錄不必是空的。
mv 檔案或目錄名稱 目的目錄	移動檔案或目錄到目的目錄。
cp [-r] 檔案或目錄名稱 目的目錄	複製檔案或目錄到目的目錄。 -r：複製目錄
ln -s 目錄名稱 虛擬目錄名稱	將目錄名稱設為虛擬名稱，常用於簡化 Google 雲端硬碟目錄。
unzip 壓縮檔名	將壓縮檔解壓縮。
sed -i 's/ 搜尋字串 / 取代字串 /g' 檔案名稱	將檔案中所有「搜尋字串」取代為「取代字串」。
wget [-o 自訂檔名] 遠端檔案網址	下載遠端檔案回到本機。 -O：可自訂檔名。

▌1.1.7 魔術指令：「%」

Colab 提供魔術指令 (Magic Command) 供使用者擴充 Colab 功能，分為兩大類：

1. **行魔術指令 (Line Magic)** 以「%」開頭，適用於單行命令。

2. **儲存格魔術指令 (Cell Magic)** 以「%%」開頭，適用於多行命令。

%lsmagic

「%lsmagic」功能是顯示所有可用的魔術指令，可進行指令的查詢。

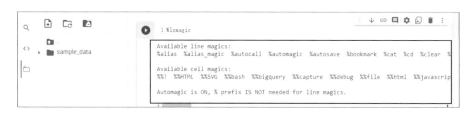

%cd

「%cd」功能是切換目錄，語法為：

```
%cd 目錄名稱
```

注意：「!cd 目錄名稱」不會切換目錄，需使用「%cd 目錄名稱」才會切換目錄。

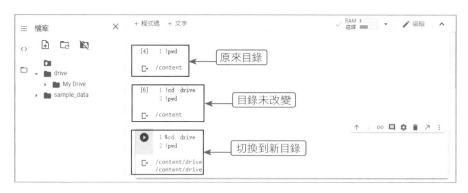

%timeit 及 %%timeit

這兩個指令都會計算程式執行的時間：「%timeit」用於單列程式，「%%timeit」用於整個程式儲存格。

%%writefile

「%%writefile」功能是新增內容為文字檔，語法為：

```
%%writefile 檔案名稱
檔案內容
......
```

%run

「%run」功能是執行檔案，語法為：

```
%run 檔案名稱
```

例如，用「%%writefile」新增 <hello.py>，再利用「%run」執行。

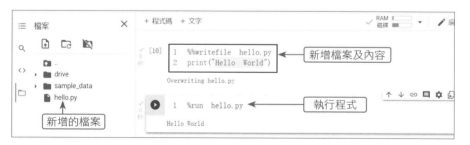

%whos

「%whos」功能是查看目前存在的所有變數、類型等。

‖ 1.1.8 Colab 筆記本檔案的下載與上傳

Colab 筆記本檔案，其實可以下載到本機儲存，也可以取得別人的筆記本檔案上傳進行編輯。因為 Colab 是使用 Jupyter Notebook 服務，所以下載的格式是 <.ipynb>。

下載筆記本檔案

請選取功能表 **檔案 / 下載 / 下載 .ipynb**，即可將檔案下載到本機儲存。

上傳筆記本檔案

請選取功能表 / **檔案 上傳筆記本** 開啟對話視窗，點選 **上傳** 功能，然後點選 **選擇檔案** 鈕，於 **開啟** 對話方塊選取要上傳的 <.ipynb> 檔即可。

1.2　Colab 的筆記功能

在 Colab 中預設是利用程式儲存格進行程式開發，但讓人愛不釋手的另一個的功能，就是能利用文字儲存格為筆記本加入教學文件或說明。

請在功能表按 **插入 \ 文字儲存格**，或按 **+ 文字** 鈕新增一個文字儲存格。文字儲存格使用 markdown 語法建立具有格式的文字 (Rich Text)，可在右方看到呈現的文字預覽，系統並提供簡易 markdown 工具列，讓使用者快速建立格式化文字。

‖ 1.2.1　Markdown 語法

Markdown 是約翰·格魯伯 (John Gruber) 所發明，是一種輕量級標記式語言。 它有純文字標記的特性，讓編寫的可讀性提高，這是在以前很多電子郵件中就已經有的寫法，而目前有許多網站使用 Markdown 來撰寫說明文件，也有很多論壇以 Markdown 發表文章與發送訊息。

Markdown 就顯示的結構上可區分為兩大類：**區塊元素** 及 **行內元素**。

■　**區塊元素**：此類別會讓內容獨立形成一個區塊，區塊內的全部文字都是套用同樣的格式。

■　**行內元素**：套用此類別的內容可插入於區塊內。

‖ 1.2.2　區塊元素

區塊元素會讓內容獨立形成一個區塊，區塊內的全部文字都是套用同樣的格式，例如標題、段落、清單等。

標題文字

標題文字分為六個層級，是在標題文字前方加上 1 到 6 個「#」符號，「#」數量越少則標題文字越大。**注意：「#」與標題文字間需有一個空白字元。**

經實測，標題 5 及標題 6 的文字大小相同。

段落文字

當沒有加上任何標示符號時，該區塊的文字就是文字段落區塊，而段落與段落之間是以空白列分開。

引用文字

引用文字是在文字前方加上「>」符號，功能是文字樣式類似於 Email 中回覆時原文呈現的樣式。

清單

清單分為 **項目符號清單** 及 **編號清單**。

1. **項目符號清單** 是在文字前方加上「-」或「+」或「*」符號及一個空白字元,功能是建立清單項目。

   清單可包含多個層級,方法是加上一個縮排或兩個空格就可以新增一個層級。

2. **編號清單** 是以數字加上「.」及一個空白字元做為開頭的文字,功能是建立包含數字編號的清單項目。

   編號清單也可以包含多個層級,方法是加上一個縮排或兩個空格就可以新增一個層級。

注意:如果一般文字需要以數字加「.」作為開頭,必須改為數字加「\.」。

分隔線

分隔線是連續 3 個「*」或「_」符號，功能是建立一條橫線分隔文字。

區塊程式碼

Markdown 說明中常需要顯示程式碼，其語法為：

```
` ` `
程式碼
……
` ` `
```

注意：「`」符號是反引號，位於鍵盤 Tab 鍵的上方。

1.2.3 行內元素

行內元素則是在區塊的文字上做修飾，如粗體、斜體、連結等。

斜體文字

若文字被「_」或「*」符號包圍，該文字就會以斜體文字顯示。

粗體文字

若文字被「＿＿」或「＊＊」符號包圍，該文字就會以粗體文字顯示。

超連結

建立超連結文字有兩種方法：HTML 語法或 Markdown 語法。

HTML 語法：

```
<a href=" 網址 "> 顯示文字 </a>
```

Markdown 語法：

```
[ 顯示文字 ]( 網址 )
```

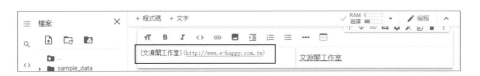

行內程式碼

行內程式碼是在一般文字中顯示程式碼，其語法是將程式碼以反引號「`」包圍起來即可。

圖片

建立圖片有兩種方法：HTML 語法或 Markdown 語法。

HTML 語法：

```
<img src=" 圖片網址 " alt=" 替代文字 " />
```

Markdown 語法：

```
![ 替代文字 ]( 圖片網址 )
```

1.3 Colab 的表單互動功能

程式運作時常要與使用者互動，例如登入時需要輸入帳號及密碼，計算 BMI 時需要輸入身高及體重等。Colab 可以使用表單加入互動式介面，與使用者進行交流。

1.3.1 基本語法及文字欄位

首先介紹如何在 Colab 筆記本的儲存格使用表單功能。

加入 Colab 表單

1. 請按下儲存格工具列最左方的∶鈕後選按功能表的 **新增表單**，儲存格會被分割成二個區域，左方是 **程式碼**，右方是 **表單**。請修改左方程式碼中標題文字，右方表單中即可預覽結果。

2. 將程式碼移到下一行，按下儲存格工具列的∶鈕，選按 **表單 / 新增表單欄位** 開啟視窗，設定 **表單欄位類型**：「input」，**變數名稱**：「password」，**變數類型**：「string」，最後按 **儲存** 鈕。

回到儲存格，右方的表單欄位顯示了一個可輸入的文字欄位，觀察左方的程式碼可以知道輸入值會被儲存到「password」變數之中。

3. 接著完成以下程式：將變數與密碼進行比較，如果相同顯示歡迎訊息，否則顯示錯誤訊息。

```
1  #@title 表單-文字欄位                 表單-文字欄位
2  password = "123456"  #@param {type:"string}
3  if password=='1234':                 password:  123456
4      print('歡迎光臨本網站！')
5  else:
6      print('密碼錯誤！')

□ 密碼錯誤！
```

測試時，請在右方文字欄位輸入密碼，再執行儲存格的程式，即可看到結果。如果要再次測試，請在欄位輸入不同的密碼後執行程式即可。

注意：如果利用儲存格工具列的功能要加入表單，一定會加上表單標題後才能開始加入其他的表單欄位。

表單的基本語法

根據剛才的操作歸納後可知，若在 Colab 中建立互動欄位的基本語法為：

```
變數名稱 = 變數值  #@param 參數值
```

- **變數名稱 = 變數值**：此為一般變數宣告。「變數名稱」會做為互動欄位的標題，「變數值」會做為互動欄位的預設值。
- **#@param**：互動欄位標籤，在變數宣告後方加入此標籤表示此為互動欄位。
- **參數值**：參數值決定為何種互動欄位。

以讓使用者輸入文字資料的文字欄位為例：文字欄位的參數值為「{type:"string"}」，變數名稱為 password，變數值為「xxxx」，程式碼如下：

```
password = 'xxxx' #@param {type:"string"}
```

此列程式在 Colab 呈現的樣式為：

```
password:  XXXX
```
欄位標題　　預設值　　　　　　　　　　　　　　編輯欄位

使用者可修改「預設值」做為輸入的文字。

注意：開發時建議可以直接利用程式碼語法加入 Colab 互動表單，加速開發的流程。

修改 Colab 表單

使用者可按右方 ✏ 鈕編輯欄位：可修改表單欄位類型、變數類型及變數名稱，也可刪除本表單欄位。

1.3.2 數值欄位

數值欄位有四種：**整數欄位**、**浮點數欄位**、**整數滑桿** 及 **浮點數滑桿**。

整數欄位

整數欄位的參數值為「{type:'integer'}」。例如要加入的變數名稱為 height_cm，值為「170」：

```
height_cm = 170 #@param {type:'integer'}
```

在 Colab 呈現的樣式：可在欄位中直接輸入數值，也可按右方三角形鈕增減數值。

以下程式讓使用者輸入以「公分」為單位的身高及以「公斤」為單位的體重後計算 BMI 值。

```
height_cm = 170 #@param {type:'integer'}
weight_kg = 60 #@param {type: 'integer'}
bmi = weight_kg / (height_cm*0.01)**2
print(' 你的 BMI 為 {:.1f}'.format(bmi))
```

浮點數欄位

浮點數欄位的參數值為「{type:'number'}」：例如變數名稱為 radium，變數值為「6.0」：

```
height_cm = 170 #@param {type:'number'}
```

此列程式在 Colab 呈現的樣式與整數欄位相同：只能在欄位中直接輸入數值 (右方沒有三角形鈕增減數值)。

以下程式讓使用者輸入圓形的半徑後計算圓面積。

```
1 radium = 6.0 #@param {type:'number'}
2 area = 3.14 * radium**2
3 print('圓面積為 {:.2f}'.format(area))

圓面積為 113.04
```

radium: 6.0

整數滑桿

整數滑桿功能與整數欄位相同，只是利用滑桿讓使用者更方便輸入數值，避免了敲擊鍵盤的麻煩。

整數滑桿的參數值為：

```
{type:'slider', min: 最小值 , max: 最大值 , step: 間隔值 }
```

最小值、最大值及間隔值都是整數，間隔值是向右拖動滑桿時增加的數值。

例如變數名稱為 height_cm，變數為 170，最小值為 130，最大值為 200，間隔值為 1：

```
height_cm = 170 #@param {type:'slider', min:130, max:200, step:1}
```

此列程式在 Colab 呈現的樣式：拖動滑桿可增減數值。

height_cm: ——————————————●———————— 170

以下程式讓使用者以滑桿輸入身高及體重後計算 BMI 值。

```
height_cm = 170 #@param {type:'slider', min:130, max:200, step:1}
weight_kg = 60 #@param {type:'slider', min:30, max:150, step:1}
bmi = weight_kg / (height_cm*0.01)**2
print(' 你的 BMI 為 {:.1f}'.format(bmi))
```

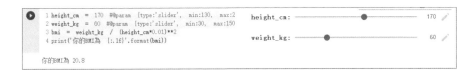

浮點數滑桿

浮點數滑桿功能與浮點數欄位相同，只是利用滑桿讓使用者更方便輸入數值。

浮點數滑桿的參數值與整數滑桿相同，只是最小值、最大值及間隔值都是浮點數。

例如變數名稱為 radium，變數值為 6.0，最小值為 3.0，最大值為 20.0，間隔值為 0.5:

```
radium = 6.0 #@param {type:'slider', min:3.0, max:20.0, step:0.5}
```

此列程式在 Colab 呈現的樣式與整數滑桿相同。

以下程式讓使用者以滑桿輸入圓形的半徑後計算圓面積。

```
radium = 6.0 #@param {type:'slider', min:3.0, max:20.0, step:0.5}
area = 3.14 * radium**2
print('圓面積為 {:.2f}'.format(area))
```

```
1 radium = 6.0 #@param {type:'slider', min:3.0, max:20.0        radium: ────●─────────────  6  ✎
2 area = 3.14 * radium**2
3 print('圓面積為 {:.2f}'.format(area))
圓面積為 113.04
```

▌1.3.3 下拉式選單、日期及布林欄位

下拉式選單欄位

下拉式選單欄位可在選單中建立多個選項，使用者只要點選選項就可輸入選項值，不必直接輸入文字。

下拉式選單欄位的參數值為串列，每一個串列元素就一個選項：例如變數名稱為 sport，建立 4 個選項「籃球、棒球、足球、其他」，預設值為籃球：

```
sport = '籃球' #@param ['籃球', '棒球', '足球', '其他']
```

此列程式在 Colab 呈現的樣式：可在下拉式選單選取選項，例如選取棒球。

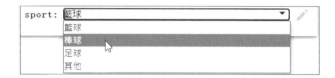

以下程式讓使用者選取選項後顯示選取結果。注意若選項是中文，選取後程式碼內會顯示該中文的 UTF-8 碼，但並不影響中文顯示。

```
sport = '\u68D2\u7403' #@param ['籃球', '棒球', '足球', '其他']
print('你最喜歡的運動為 {}'.format(sport))
```

日期欄位

日期欄位可顯示日曆讓使用者點選日期，該日期會做為輸入資料。

日期欄位的參數值為「{type:'date'}」，例如變數名稱為 indate，預設值為「2021-01-23」：

```
indate = '2021-01-23' #@param {type:'date'}
```

此列程式在 Colab 呈現的樣式：按右方 📅 鈕會顯示日曆，可在日曆中點選日期，例如點選「2021-01-26」。

以下程式讓使用者選取日期後顯示選取結果。

```
indate = '2021-01-26' #@param {type:'date'}
print(' 你的訂房日期為 {}'.format(indate))
```

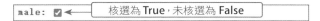

布林欄位

布林欄位顯示核取方塊，核選則欄位值為 True，未核選則欄位值為 False。

布林欄位的參數值為「{type:'boolean'}」，例如變數名稱為 male，預設值為 True:

```
male = True #@param {type:'boolean'}
```

此列程式在 Colab 呈現的樣式。

```
male: ☑ ◀── 核選為 True，未核選為 False
```

以下程式若核選就是男性，未核選為女性。

```
male = True #@param {type:'boolean'}
if male:
  print(' 你是男性！')
else:
  print(' 你是女性！')
```

```
1 male = True #@param {type:'boolean'}          male: ☑
2 if male:
3     print('你是男性！')
4 else:
5     print('你是女性！')
你是男性！
```

```
1 male = False #@param {type:'boolean'}         male: ☐
2 if male:
3     print('你是男性！')
4 else:
5     print('你是女性！')
你是女性！
```

02

CHAPTER

網路爬蟲資料收集

- ⊙ 新聞爬取模組
  scraparazzie：Google News 新聞爬取
  Newspaper3k：爬取全球新聞
  technews-tw：台灣科技新聞爬取
- ⊙ 取得氣象測站天氣資料
  氣象局觀測資料查詢網站 (CODiS)
  HistoricalWeatherTW：台灣氣象測站資
  料爬蟲

2.1 新聞爬取模組

現在大部分人是在網路上看新聞，紙本新聞訂閱量日趨減少。爬取網路新聞一直是網路爬蟲重要主題之一。網路新聞的最大特色為可根據使用者感興趣的類別或關鍵字篩選新聞，使用者可以輕鬆看到喜愛的新聞。

2.1.1 scraparazzie：Google News 新聞爬取

模組名稱	scraparazzie
模組功能	爬取 Google News 新聞
官方網站	https://herboratory.ai/portfolio/scraparazzie/
安裝方式	!pip install scraparazzie

模組使用方式

1. 模組使用前匯入 scraparazzie 模組的語法：

```
from scraparazzie import scraparazzie
```

2. 接著用 NewsClient() 函數建立 scraparazzie 新聞物件，語法為：

```
新聞物件 = scraparazzie.NewsClient( 參數 1 = 值 1, 參數 2 = 值 2, ……)
```

scraparazzie 物件的參數有：

- **language**：設定語言，預設值為 english (英文)。
- **location**：設定地區，預設值為 United States (美國)。
- **topic**：設定新聞主題。
- **query**：設定新聞包含的文字。
- **max_results**：設定爬取的最大新聞數量，預設值為 5。系統能爬取的最大數量為 100，若此參數大於 100 則最大爬取數量為 100。

例如新聞物件名稱為 client，爬取主題為 Business 的台灣繁體中文新聞，爬取的最大新聞數量為 8：

```
client = scraparazzie.NewsClient(language='chinese traditional',
    location='Taiwan', topic='Business', max_results=8)
```

爬取的資料可用 print_news() 方法顯示，語法為：

```
新聞物件 .print_news()
```

執行結果為：

爬取資料包含新聞的標題、連結、來源機構及發布時間。

若要觀看某則新聞，只要點選該新聞的連結即可，例如點選第一則新聞的連結：

可用參數值查詢

scraparazzie 物件的 language、location 及 topic 參數值的數量很多，如果設定了不存在的參數值，執行時會產生錯誤。scraparazzie 物件提供了顯示這些參數值方法，讓使用者可以隨時查詢，避免發生錯誤。

顯示 language 參數值的語法為：

新聞物件 `.languages`

```
1 client.languages

['english',
 'indonesian',
 'czech',
 'german',
 'spanish',
 'french',
 'italian',
 'latvian',
```

顯示 location 參數值的語法為：

新聞物件 `.locations`

顯示 topic 參數值的語法為：

新聞物件 `.topics`

取得新聞資料

scraparazzie 物件的 print_news() 方法只能顯示取得的新聞資料，無法取得新聞資料自行運用。scraparazzie 物件另提供 export_news() 方法將取得的新聞資料以字典串列傳回，串列的每個元素是一則新聞的字典資料。

取得新聞資料的語法為：

串列變數 = 新聞物件 `.export_news()`

例如串列變數為 items，新聞物件為 client：

```
items = client.export_news()
```

串列變數 items (取得新聞資料傳回值) 的範例：

```
[{'title': ' 中國商務部：商場超市應拒絕不戴口罩顧客進入 ',
  'source': ' 中央社即時新聞 ',
  'link': 'https://www.cna.com.tw/news/acn/202101050316.aspx',
  'publish_date': 'Tue, 05 Jan 2021 11:38:21 GMT'},
 ……]
```

可見到字典資料結構與 RSS 文件格式相同，其使用的鍵分別為：title(新聞標題)、source(來源機構)、link(連結)、publish_date(發行時間)。

範例：分別取得各項新聞資料並顯示

```
1  client = scraparazzie.NewsClient(language = 'chinese traditional',
       location = 'Taiwan', query = ' 口罩 ', max_results = 10)
2  items = client.export_news()
3  print(len(items))
4  for i, item in enumerate(items):
5      print(' 第 ' + str(i+1) + ' 則新聞：')
6      print(' 新聞標題：' + item['title'])
7      print(' 新聞機構：' + item['source'])
8      print(' 新聞連結：' + item['link'])
9      print(' 新聞時間：' + item['publish_date'])
10     print('==================================================')
```

程式說明

- 1   爬取包含「口罩」的台灣繁體中文新聞，爬取的最大新聞數量為 10。
- 2   將爬取結果存入 items 串列。
- 3   顯示取得的新聞數量。
- 4-9   以迴圈顯示各項新聞內容。

執行結果：

最後，scraparazzie 物件提供 get_config() 方法取得目前物件各參數的設定值，其語法為：

```
新聞物件 .get_config()
```

Colab 執行多個儲存格程式

當重新啟動 Colab 時，或者上傳本書範例筆記本時，若每次都逐一執行儲存格程式，將是一件相當繁瑣的程序，此時可使用執行多個儲存格程式功能，將所需的儲存格程式一次完整執行。

執行多個儲存格程式的操作：拖曳滑鼠選取要執行的多個儲存格，例如下圖選取前三個儲存格。

執行功能表 **執行階段 / 執行選取範圍** 就會逐一執行選取的三個儲存格程式。

‖ 2.1.2 Newspaper3k：爬取全球新聞

模組名稱	Newspaper3k
模組功能	由全球各新聞網站爬取新聞資料
官方網站	https://github.com/codelucas/newspaper/
安裝方式	!pip install newspaper3k

模組使用方式

1. 匯入 Newspaper3k 模組的語法：

```
import newspaper
```

2. Newspaper3k 模組提供 popular_urls() 顯示支援的新聞網站網址，語法為：

```
newspaper.popular_urls()
```

列出的新聞網站多為歐美及大陸網站，經實測，使用台灣新聞網站如蘋果日報、
中國時報等也可正常執行。

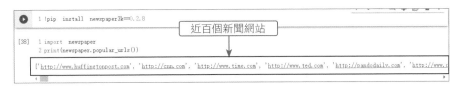

3. Newspaper3k 模組提供 language() 為取得提供新聞的語系代碼，例如英文為
「en」，中文為「zh」。下面語法可取得所有可用的語系代碼：

```
newspaper.languages()
```

4. 接著以 newspaper 的 build() 方法建立新聞物件，語法為：

```
新聞物件 = newspaper.build(' 新聞網站網址 ', language=' 語言代碼 ')
```

例如，新聞物件名稱為 **paper**，新聞網站為中文的自由時報：

```
paper = newspaper.build('https://www.ltn.com.tw/', language='zh')
```

新聞物件的 **articles** 屬性可得到每則新聞組成的串列，串列元素就是一則新聞。串列元素的 **url** 屬性為新聞的連結網址，下面程式會列出取得的新聞連結：

```
paper = newspaper.build('http://https://www.ltn.com.tw/', language='zh')
print('新聞連結:')
for i, article in enumerate(paper.articles):
    print(i+1, article.url)
```

```
1 paper = newspaper.build('https://www.ltn.com.tw/', language='zh')
2 print('新聞連結: ')
3 for i, article in enumerate(paper.articles):
4     print(i+1, article.url)

新聞連結:
1 https://news.ltn.com.tw/news/life/breakingnews/3649112
2 https://ent.ltn.com.tw/news/breakingnews/3649165
3 https://news.ltn.com.tw/news/society/breakingnews/3649077
4 https://news.ltn.com.tw/news/life/breakingnews/3648910
5 https://sports.ltn.com.tw/news/breakingnews/3649156
6 https://news.ltn.com.tw/news/politics/breakingnews/3649028
7 https://news.ltn.com.tw/news/world/breakingnews/3647684
8 https://news.ltn.com.tw/news/life/breakingnews/3648684
9 https://sports.ltn.com.tw/news/breakingnews/3648960
10 https://ec.ltn.com.tw/article/breakingnews/3649218
11 https://news.ltn.com.tw/news/life/breakingnews/3649204
12 https://news.ltn.com.tw/news/life/breakingnews/3649166
13 https://sports.ltn.com.tw/news/breakingnews/3648896
14 https://news.ltn.com.tw/news/life/breakingnews/3649146
```

點選新聞連結可開啟該則新聞網頁。

取得新聞連結功能有網路限制

經實測，取得新聞連結功能前幾次執行可取得正確結果，執行數次後，常會傳回空串列，需等待一段時間後再執行才能取得正確結果。

Article 類別功能

為了方便使用者取得單一新聞各項資料，newspaper 模組提供 Article 類別操作單一新聞資訊。

匯入 Article 類別的語法為：

```
from newspaper import Article
```

然後建立 Article 物件，語法為：

```
Article 變數 = Article('單一新聞網址')
```

例如 Article 變數名稱為 article,「單一新聞」為自由時報的一則新聞:

```
article = Article('https://news.ltn.com.tw/news/life/breakingnews/3649202')
```

Article 物件的 download 方法可讀取網頁原始碼,語法為:

```
Article 變數 .download()
```

讀取的網頁原始碼存於 Article 物件的 html 屬性中。

範例:顯示自由時報的一則新聞原始碼

```
from newspaper import Article
url = 'https://news.ltn.com.tw/news/life/breakingnews/3649202'
article = Article(url)
article.download()
print(article.html)
```

網頁原始檔包含了 HTML 格式的標籤 (Tag),實際用途不大。 Article 物件提供 parse 方法解析 HTML 格式文件,取出新聞相關資訊,語法為:

```
Article 變數 .parse()
```

取得的資訊分別存於各種屬性中,其中較重要的是 title 屬性儲存新聞標題,text 屬性儲存新聞內容,publish_date 屬性儲存新聞日期。

下面程式顯示單一新聞的新聞標題、內容及日期。

範例:顯示單一新聞的新聞標題、內容及日期

```
article.parse()
print(' 新聞標題:')
print(article.title)
print(' 新聞內容:')
print(article.text)
print(' 新聞日期:')
print(article.publish_date)
```

```
1 article.parse()
2 print('新聞標題：')
3 print(article.title)
4 print('新聞內容：')
5 print(article.text)
6 print('新聞日期：')
7 print(article.publish_date)
```

新聞標題：
普度祭拜募集物資助弱 台南仁德區保華宮中元送愛
新聞內容：
仁德區保華宮將中元普度結合愛心公益，捐助弱勢。（記者吳俊鋒攝）

2021/08/24 20:07

該廟還提供了環保袋，將救濟物資裝好，讓低收入戶方便領取，市議員吳禹賡也到場加油打氣，為更……

仁德區保華宮將中元普度結合愛心公益，捐助弱勢。（記者吳俊鋒攝）

不用抽 不用搶 現在用APP看新聞 保證天天中獎 點我下載APP 按我看活動辦法
新聞日期：
2021-08-24 20:07:54+08:00

fulltext 類別功能

單一新聞資料中最重要的是新聞全文內容，因此 newspaper 模組提供 fulltext 類別取得單一新聞的新聞全文。匯入 fulltext 類別的語法為：

```
from newspaper import fulltext
```

然後建立單一新聞的 Article 物件，並且用 download() 方法下載網頁原始碼，再使用 fulltext 類別取得新聞內容。用 fulltext 類別取得新聞內容的語法為：

```
fulltext(網頁原始碼)
```

經實測，fulltext 類別用於中文新聞網頁會產生錯誤。

範例：顯示 CNBC 新聞網的一則新聞內容

```
from newspaper import fulltext
url = 'https://www.cnbc.com/2020/10/27/trump-biden-foreign-
    policy-iran-china.html'
article = Article(url)
article.download()
print(fulltext(article.html))
```

```
1 from newspaper import fulltext
2 url = 'https://www.cnbc.com/2020/10/27/trump-biden-foreign-policy-iran-china.html'
3 article = Article(url)
4 article.download()
5 print(fulltext(article.html))
```

Getty Images

WASHINGTON — In one week, the United States will either reelect President Donald Trump or send former Vice President Joe Biden to the

President of China, Xi Jinping. SeongJoon Cho | Bloomberg | Getty Images

The crumbling relationship between Washington and Beijing has intensified following an attempt by the world's two largest economies to

2.1.3 technews-tw：台灣科技新聞爬取

電腦愛用者最關心的新聞就是科技類新聞，technews-tw 模組可爬取台灣最知名的四大科技新聞網站資料，包括 iThome（電腦報周刊）、Tech Orange（科技報橘）、Business Next（數位時代）及 INSIDE（硬塞的）。

模組名稱	technews-tw
模組功能	爬取台灣科技網站新聞
官方網站	https://github.com/WisChang005/technews_tw
安裝方式	!pip install technews-tw

匯入 technews-tw 模組的語法：

```
from technews import TechNews
```

取得今天科技新聞

technews-tw 模組主要的方法只有兩個，首先是 get_today_news() 方法取得今天發布的科技新聞，語法為：

```
新聞物件 = TechNews(" 新聞來源代碼 ").get_today_news()
```

「新聞來源代碼」即是上面提及的台灣四大科技新聞：

新聞來源代碼	科技新聞
ithome	電腦報週刊
orange	科技報橘

新聞來源代碼	科技新聞
business	數位時代
inside	硬塞的

例如新聞物件為 news，取得數位時代的今天科技新聞：

```
news = TechNews("business").get_today_news()
```

```
1 news  = TechNews("business").get_today_news()
2 #  news  = TechNews("orange").get_today_news()
3 #  news  = TechNews("ithome").get_today_news()
4 #  news  = TechNews("inside").get_today_news()
5 print(news)
```

傳回資料

```
['timestamp': 1610365098.0050387, 'news_page_title': '數位時代', 'news_contents': ['62c6b62d662a26c1e50f6a7be92fc3d5': ['link': 'https
```

注意：如果去除第 2、3、4 列註記可取得科技報橘、電腦報周刊、硬塞的科技新聞。

傳回的資料是 json 格式，在此可以視為 Python 的字典資料格式。目前有許多線上工具可以進行分析，例如：Json Parser Online (http://json.parser.online.fr)，使用方法非常簡單，只要將資料貼在左方，右方就會顯示分析結果：

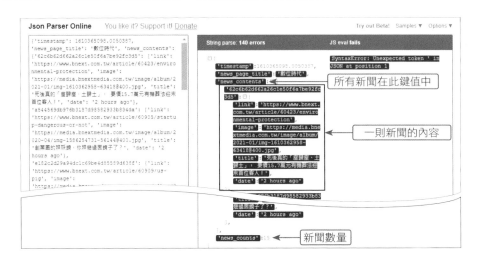

由分析資料可看出傳回資料是兩層鍵值對：所有新聞都在 news_contents 鍵值對，news_counts 鍵值對則為新聞數量。每一則新聞也是鍵值對：link 鍵值儲存新聞網頁連結網址，image 鍵值儲存新聞圖片連結網址，title 鍵值儲存新聞標題，date 鍵值儲存新聞發行時間。

取得 N 天內科技新聞

technews-tw 模組另一個主要方法是 get_news_by_page() 方法取得 N 天內發布的科技新聞，語法為：

```
新聞物件 = TechNews("新聞來源代碼").get_news_by_page(N)
```

參數「N」是整數，表示取得 N 天內發布的科技新聞。

例如新聞物件為 news3，取得 3 天內數位時代發布的所有科技新聞：

```
news3 = TechNews("business").get_news_by_page(3)
```

```
1 news3 = TechNews("business").get_news_by_page(3)
2 # news3 = TechNews("orange").get_news_by_page(3)
3 # news3 = TechNews("ithome").get_news_by_page(3)
4 # news3 = TechNews("inside").get_news_by_page(3)
5 print(news3)

{'timestamp': 1610368587.2200603, 'news_page_title': '數位時代', 'news_contents': ['8b03ee52486d27fac65a711b5e4bcd5c': {'link': 'https:
```

同樣以 Json Parser Online 網站分析傳回資料，有兩個地方與前面取得今天發布的科技新聞不同：首先是此處沒有 news_counts 鍵值，即沒有新聞數量資訊；另一個是 date 鍵值，前面資料中全部都是「xx hours ago」，而此處資料有些是「xx hours ago」，有些是真實日期，如 2021-01-09。進一步探究得知：今天的新聞以「xx hours ago」顯示，昨天以前的新聞則顯示真實日期。

範例：逐筆顯示新聞資料

了解傳回資料的字典結構後，就可撰寫程式逐筆顯示新聞資料了！

```
 1 from datetime import datetime
 2 now = datetime.now()
 3 strTime = now.strftime("%Y-%m-%d %H:%M:%S")
 4 date1 = strTime[:10]   #目前日期
 5 content = news3['news_contents']
 6 for key in content:
 7   mononews = content[key]
 8   print('新聞標題：', mononews['title'])
 9   print('新聞連結：', mononews['link'])
10   if 'ago' in mononews['date']: mononews['date'] = date1
11   print('發布日期：', mononews['date'])
12   print('=================================================')
```

程式說明

- 2   取得目前日期時間。
- 3   將日期時間轉換為字串。
- 4   日期時間字串的前 10 個字元就是今天的日期，如 2021-01-11。
- 5   由 news_contents 鍵值取得所有新聞字典資料。
- 6-11 逐筆處理新聞。
- 7   由新聞鍵值取得該則新聞的字典資料。
- 8   由 title 鍵值顯示新聞標題。
- 9   由 link 鍵值顯示新聞連結。
- 10   如果 date 鍵值包含 ago 就表示是今天的新聞，將 date 鍵值設為今天日期。
- 11   顯示新聞發布日期。

執行結果：

```
1  from  datetime  import  datetime
2  now  =  datetime.now()
3  strTime  =  now.strftime("%Y-%m-%d  %H:%M:%S")
4  date1  =  strTime[:10]      #目前日期
5  content  =  news3['news_contents']
6  for  key  in  content:
7      mononews  =  content[key]
8      print('新聞標題: ',  mononews['title'])
9      print('新聞連結: ',  mononews['link'])
10     if  'ago'  in  mononews['date']:  mononews['date']  =  date1
11     print('發布日期: ',  mononews['date'])
12     print('========================================')
```

新聞標題：　左住驤CEO推薦7部正能量電影！為何《富幸福來敲門》讓他想到自己、回味超過10遍？
新聞連結：　https://www.bnext.com.tw/article/60912/aeonmotor-ceo-movie-list
發布日期：　2021-01-11

新聞標題：　富選《時代》首位年度風雲兒童，15歲少女拉奧眼中的新世界
新聞連結：　https://www.bnext.com.tw/article/60875/time-mastercard-credit-fortune
發布日期：　2021-01-11

新聞標題：　拼多多風波不斷，遭批每月至少300小時責任工時，匿名爆料工程師被開除
新聞連結：　https://www.bnext.com.tw/article/60911/pdd-work-environment
發布日期：　2021-01-11

新聞標題：　不為《動森》的成功狂喜，「被眼倦的覺悟」如何促任天堂更創新？
新聞連結：　https://www.bnext.com.tw/article/60420/nintendo-2020
發布日期：　2021-01-11

2.2 取得氣象測站天氣資料

氣象局目前約有 560 個氣象測站，每天產生大量氣象資料。雖然氣象局建立了讓使用者查詢這些資料的網站，同時可讓使用者下載資料，但網站一次只能查詢或下載一個測站及一個時間點的資料，若使用者需同時下載多個測站及某段時間的資料，將是一件繁瑣的工作。例如要下載 50 個測站一星期 (7 天) 的日報表資料，將在網站重複操作 50 x 7 = 350 次操作。

HistoricalWeatherTW 模組可設定測站、時間、資料型態等參數，將所需資料一次下載完成，並儲存為 CSV 格式檔案。

▌ 2.2.1 氣象局觀測資料查詢網站 (CODiS)

觀測資料查詢網站 (http://e-service.cwb.gov.tw/HistoryDataQuery/) 可利用提供的表單查詢及下載氣象局所有氣象測站的資料。

■ **測站所在縣市、測站**：可在左方先點選測站所在縣市，再於 **測站** 欄選擇該縣市的測站；也可在右方先點選地區，再於地圖中點選測站圖示，該測站就會顯示於左方查詢欄位中。

■ **資料格式**：有日報表、月報表及年報表三種格式。

■ **時間**：點選欄位右方 ▦ 圖示選擇日期。

下圖為日報表資料：每小時一筆資料，共有 24 筆資料。如果要下載此資料，按上方 **CSV 下載** 項目。

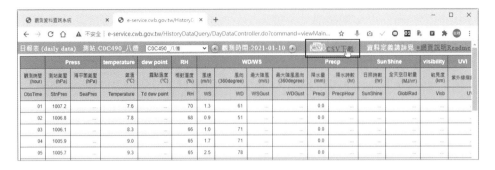

下載的檔案為 <C0C490-2021-01-10.csv>：「C0C490」為資料格式，此為日報表；「2021-01-10」為日期。

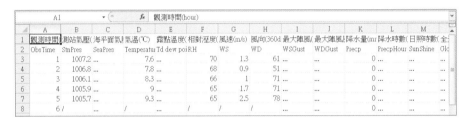

在網站上操作只能下載單一測站單日的日報表、單月的月報表或單年的年報表，若要下載多個測站的某段時間氣象資料，必須反覆多次下載操作。

2.2.2 HistoricalWeatherTW：台灣氣象測站資料爬蟲

氣象局在全台有許多測站，每個測站會定時更新氣象資料，如果要逐一下載各測站資料是一件繁瑣的工作。HistoricalWeatherTW 模組可根據使用者需求，一次下載多個測站的某段時間氣象資料。

模組名稱	HistoricalWeatherTW
模組功能	取得台灣氣象測站資料
官方網站	https://github.com/CarsonSlovoka/HistoricalWeatherTW
安裝方式	!pip install carson-tool.HistoricalWeatherTW

模組使用方式

1. 匯入 HistoricalWeatherTW 模組的語法：

```
from Carson.Tool.HistoricalWeatherTW import
    collect_weather_tw, QueryFormat
```

2. 設定資料儲存檔案路徑時需使用 Path 模組，匯入的語法為：

```
from pathlib import Path
```

建立測站資料

如果想要爬取多個氣象測站的資料，必須將這些測站的資料整理成 CSV 檔。在觀測資料查詢網站的「https://e-service.cwb.gov.tw/wdps/obs/state.htm」頁面中提供了所有的測站資料。

在 HistoricalWeatherTW 模組的官方網站上將所有氣象測站的資料整理成 CSV 檔 (https://github.com/CarsonSlovoka/HistoricalWeatherTW/blob/master/Carson/Tool/ HistoricalWeatherTW/config/CSV/station.csv)，其中包含了 560 筆資料。

執行下面命令可下載所有測站資料檔 <station.csv>：

```
!wget https://raw.githubusercontent.com/CarsonSlovoka/HistoricalWeatherTW/
    master/Carson/Tool/HistoricalWeatherTW/config/CSV/station.csv
```

如果執行後在檔案總管 <station.csv> 沒有顯示，請按重整鈕 來顯示：

本模組需將要爬取氣象資料的測站資料存於 CSV 檔做為 HistoricalWeatherTW 模組的參數。<station.csv> 為所有測站資料，多達 560 餘個，若以此爬取資料將耗費相當長的時間；以下面程式擷取 <station.csv> 前 5 筆資料儲存為 <station5.csv>，本節將以 <station5.csv> 做為示範。

```
1 import pandas as pd
2 df = pd.read_csv('station.csv')
3 df1 = df[1:6]
4 df1.to_csv('station5.csv', index=False)
5 df1
```

程式說明

- 2　　讀取所有測站資料。
- 3　　因第 1 列為標題，故由第 2 列開始取 5 筆資料。
- 4　　以忽略索引方式儲存為 <station5.csv>。
- 5　　顯示前 5 筆資料內容。

執行結果：

下載測站氣象資料

HistoricalWeatherTW 模組提供 collect_weather_tw() 爬取氣象測站資料，語法為：

```
collect_weather_tw( 測站 CSV, 結果 CSV, 起始日期 , 結束日期 , 資料格式 , 轉換數值 )
```

六個參數皆為必要參數，都不能省略。

- **測站 CSV**：氣象測站地點資料的 CSV 檔，如前面的 <station5.csv> 檔。

- **結果 CSV**：爬取測站氣象資料後將資料存於「結果 CSV」，若檔案已存在會覆寫該檔案。注意：「結果 CSV」需為 Path 物件，即需將檔案路徑置於 Path() 中。

- **起始日期**：開始爬取資料的日期。

- **結束日期**：結束爬取資料的日期。

- **資料格式**：可能的值有三個：
  QueryFormat.DAY：日報表。
  QueryFormat.MONTH：月報表。
  QueryFormat.YEAR：年報表。

- **轉換數值**：True 表示轉換為數值。

例如測站 CSV 為 <station5.csv>，準備輸出結果 CSV 檔名為 <result5.csv>，起始日期為 2020-10-1，結束日期為 2020-10-2，資料格式為日報表，轉換數值為 True：

```python
from Carson.Tool.HistoricalWeatherTW import collect_weather_tw,
    QueryFormat
from pathlib import Path
import datetime
STATION_CSV = 'station5.csv'
OUTPUT_PATH = Path('result5.csv')
BEGIN_DATE = datetime.date(2020, 10, 1)
END_DATE = datetime.date(2020, 10, 2)
QUERY_FORMAT = QueryFormat.DAY
CONVERT2NUM = True
collect_weather_tw(STATION_CSV, OUTPUT_PATH, BEGIN_DATE,
    END_DATE, QUERY_FORMAT, CONVERT2NUM)
```

下面程式可顯示 <result5.csv> 內容：

```python
import pandas as pd
df = pd.read_csv('result5.csv')
df
```

	Date	station name	觀測時間 (hour)	測站氣壓 (hPa)	海平面 氣壓 (hPa)	氣溫(°C)	露點 溫度 (°C)	相 對 溼 度 (%)	風速 (m/s)	風向 (360degree)	最大陣 風 (m/s)	最大陣風風向 (360degree)	降水量 (mm)\t	降水時數 (h)
0	Date	station name	ObsTime	StnPres	SeaPres	Temperature	Td dew point	RH	WS	WD	WSGust	WDGust	Precp	PrecpHour
1	2020-10-02	板橋	01	1010.1	1011.3	24.6	20.1	76	2.3	70	7.0	50	0.0	0.0
2	2020-10-02	板橋	02	1009.7	1010.9	24.4	20.3	78	1.8	70	5.8	80	0.0	0.0
3	2020-10-02	板橋	03	1009.5	1010.7	24.6	20.5	78	2.2	60	5.1	70	0.0	0.0
4	2020-10-02	板橋	04	1009.6	1010.8	24.6	20.5	78	2.1	70	5.3	60	0.0	0.0

其中測站資料各欄位為：

欄位	說明
ObsTime	觀測時間 (hour、day、month)
StnPres	測站氣壓 (hPa)
SeaPres	海平面氣壓 (hPa)
Temperature	氣溫 (°C)
Tddewpoint	露點溫度 (°C)
RH	相對溼度 (%)
WS	風速 (m/s)
WD	風向 (360°)
WSGust	最大陣風 (m/s)

欄位	說明
WDGust	最大陣風風向 (360°)
Precp	降水量 (mm)
PrecpHour	降水時數 (hr)
SunShine	日照時數 (hr)
GloblRad	全天空日射量 (MJ/m^2)
Visb	能見度 (km)
UVI	紫外線指數
Cloud Amount	總雲量 (0~10)

03

多媒體圖片影片下載

⊙ 圖片下載模組

google-images-download：Google 圖片下載

bing-image-downloader：Bing 圖片下載

wz-uniform-crawler：制服圖片下載

⊙ 下載 Youtube 影片

Pytube：Youtube 影片下載

下載 YouTube 播放清單的影片

3.1　圖片下載模組

在開發專案時，例如深度學習，常會需要使用大量的圖片，因此常會有從網路上下載圖片的需求。Google 及 Bing 的搜尋引擎中都包含了海量的圖片，在這裡將利用模組依使用者需求進行批次下載的動作。

3.1.1　google-images-download：Google 圖片下載

Google 圖片是最多人使用的圖片網站，可以滿足絕大部分人的圖片需求。

模組名稱	google-images-download
模組功能	Google 圖片下載
官方網站	https://github.com/hardikvasa/google-images-download
安裝方式	!pip install google-images-download-joe

模組使用方式

1.　匯入 google-images-download 模組的語法：

```
from google_images_download import google_images_download
```

注意：目前 google-images-download 模組執行時有錯誤，需修改模組中 <google_images_download.py> 檔案程式碼。修改的命令為：

```
!sed -i 's/Mozilla\/5.0 (Windows NT 6.1) AppleWebKit\/537.36 (KHTML,
   like Gecko) Chrome\/41.0.2228.0 Safari\/537.36/Mozilla\/5.0
   (Windows NT 10.0; Win64; x64) AppleWebKit\/537.36
   (KHTML, like Gecko) Chrome\/88.0.4324.104 Safari\/537.36/g'
   /usr/local/lib/python3.7/dist-packages/google_images_download/
   google_images_download.py
```

這個指令是在 <google_images_download.py> 檔中以「Mozilla/5.0 (Windows NT 10.0; Win64; x64) AppleWebKit/537.36 (KHTML, like Gecko) Chrome/88.0.4324.104 Safari/537.36」取代「Mozilla/5.0 (Windows NT 6.1) AppleWebKit/537.36 (KHTML, like Gecko) Chrome\/41.0.2228.0 Safari/537.36」。「sed」是 Linux 的文字替換命令，「-i」參數是設定執行時不顯示訊息。

2. 接著建立 google-images-download 物件，語法為：

```
下載物件變數 = google_images_download.googleimagesdownload()
```

　　例如下載物件變數為 response：

```
response = google_images_download.googleimagesdownload()
```

3. 最後就可用下載物件變數的 download() 方法下載圖片，語法為：

```
arguments = {
    "keywords":" 圖片主題 ",
    參數 1: 值 1,
    參數 2: 值 2,
    .........
}
下載物件變數 .download(arguments)
```

模組參數設定

可設定的參數非常多，重要的參數整理於下表：

參數名稱	參數意義
keywords	設定圖片主題。 這是必要參數，如果未設定會顯示「Keywords is a required argument」提示訊息。
limit	設定下載最大圖片數量。預設值為 100。
format	設定圖片的附加檔名，可設定的值有 jpg、gif、png、bmp、svg、webp、ico、raw。
color_type	設定圖片型態，可設定的值有 full-color（全彩）、black-and-white（黑白）、transparent（透明）。
size	設定圖片尺寸，可設定的值有 large、medium、icon、>400*300、>640*480、>800*600、>1024*768、>2MP、>4MP、>6MP、>8MP、>10MP、>12MP、>15MP、>20MP、>40MP、>70MP。
output_directory	設定下載圖片儲存的資料夾路徑。預設值為 <downloads> 資料夾。
print_urls	布林值。True 表示執行時會顯示下載圖片的原始圖片路徑，False 則不顯示。
save_source	設定記錄圖片資訊文字檔的檔案名稱。
silent_mode	布林值。True 表示執行時不顯示任何訊息，False 則會顯示訊息。

- 如果同時設定 print_urls 及 silent_mode 參數值為 True 時，則 print_urls 設定值無效，即不顯示訊息。

- 預設的下載圖片儲存路徑為 <downloads> 資料夾，在 Colab 中執行本模組時建議設定 output_directory 參數值為 Google 雲端硬碟，否則下載的圖片將在重新啟動 Colab 時全部被移除。

- 如果希望以文字檔記錄下載圖片檔案的路徑及圖片的原始來源網頁資訊，可以 save_source 參數設定文字檔案名稱。參數值不需輸入附加檔名，系統會自動為檔案加上「.txt」做為附加檔名。

下載指定主題圖片

例如下載主題為「海灘」，為節省程式執行時間，設定最多只下載 5 張圖片，執行時顯示圖片連結，下載圖片存於 Colab 根目錄的 <googleimage> 資料夾，記錄圖片資訊的文字檔名為「data」：

```
arguments = {
    "keywords":" 海灘 ",
    "limit":5,
    "print_urls":True,
    "output_directory":"googleimage",
    "save_source":"data",
}
response.download(arguments)
```

執行結果會新增 <googleimage> 資料夾，<googleimage> 資料夾中有 < 海灘 > 資料夾，其中存放 5 張下載的圖片，同時產生 <data.txt> 文字檔。在 <data.txt> 檔按滑鼠左鍵兩下可查看檔案內容，內容記錄每張圖片的存放路徑及來源網頁。

同時下載多主題圖片

google-images-download 模組還提供一個非常實用的功能：可同時下載多個主題的圖片。下載多個主題圖片的方法是設定 keywords 參數值為多個主題文字，主題文字間以逗點分隔，語法為：

```
"keywords":" 圖片主題1, 圖片主題2, ……",
```

下面範例會同時下載貓熊、海豹、獅子三個主題的圖片，並且同時設定 print_urls 及 silent_mode 參數值為 True，如此會以 silent_mode 設定值為優先，執行時不會顯示圖片資訊。

```
arguments = {
    "keywords":" 貓熊 , 海豹 , 獅子 ",
    "limit":5,
    "print_urls":True,
    "output_directory":"googleimage",
    "silent_mode":True,
}
response.download(arguments)
```

執行後在 <googleimage> 資料夾中會產生 < 貓熊 >、< 海豹 >、< 獅子 > 資料夾儲存對應主題圖片。

▌ 3.1.2 bing-image-downloader：Bing 圖片下載

bing-image-downloader 模組可下載微軟的 Bing 搜尋引擎中的圖片。

模組名稱	bing-image-downloader
模組功能	Bing 圖片下載
官方網站	https://github.com/gurugaurav/bing_image_downloader
安裝方式	!pip install bing-image-downloader==1.0.4

注意：目前安裝最新版 bing-image-downloader 模組執行時會產生錯誤，必須安裝 1.0.4 版才能正常執行。

模組使用方式

1. 匯入 bing-image-downloader 模組的語法：

```
from bing-image-downloader import downloader
```

2. 接著可用 bing-image-downloader 模組的 download 方法下載圖片，語法為：

```
downloader.download(
    "關鍵字",
    limit = 數值,
    output_dir = '圖片儲存路徑',
    adult_filter_off = 布林值,
    force_replace = 布林值,
    timeout = 數值
)
```

模組使用參數

參數的說明如下，其中只有第一個參數為必填：

- **關鍵字**：要下載的圖片主題關鍵字，如海灘、街景等。
- **limit**：設定下載圖片的最大數量，預設值為 100。
- **output_dir**：設定下載圖片的儲存路徑，預設值為「dataset」。
- **adult_filter_off**：設定是否過濾掉成人圖片，True 表示不下載成人圖片，False 表示下載包含成人圖片。預設值為 True。

- **force_replace**：設定若儲存圖片資料夾已經存在時，是否覆蓋該資料夾，True 表示覆蓋，False 表示不覆蓋。預設值為 False。

- **timeout**：設定連結圖片網頁的最大連結時間，單位為「秒」。預設值為 60。

下載指定主題圖片

例如下載主題是為「街景」的圖片，最多下載 5 張，儲存路徑為 Colab 根目錄的 <bingimage> 資料夾，過濾成人圖片，強制覆寫圖片，最大連結時間為 20 秒：

```python
downloader.download(
    "街景",
    limit = 5,
    output_dir = 'bingimage',
    adult_filter_off = True,
    force_replace = True,
    timeout = 20
)
```

執行結果：

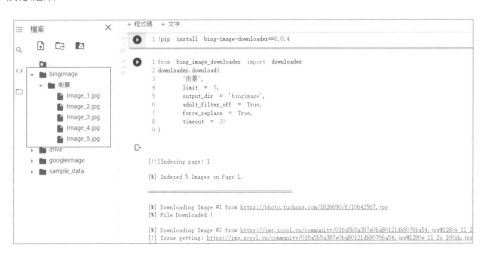

3.1.3 wz-uniform-crawler：制服圖片下載

「制服地圖」網站集合了全世界的許多學校制服的圖片，如果製作專案需要制服圖片時，可到此網站搜尋下載。wz-uniform-crawler 模組可下載制服地圖網站中的圖片，可以一次下載一個學校的圖片，也可根據國小、國中、高中來下載。

模組名稱	wz-uniform-crawler
模組功能	制服圖片下載
官方網站	https://github.com/issaclin32/wz_uniform_crawler
安裝方式	!pip install wz-uniform-crawler

匯入 wz-uniform-crawler 模組的語法：

```
import wz_uniform_crawler
```

使用圖片學校網址下載

wz-uniform-crawler 模組中 fetch_by_url() 方法是以圖片學校網址下載圖片，語法為：

```
wz_uniform_crawler.fetch_by_url(
    '圖片學校網址',
    num_of_parallel_downloads = 數值,
    verbose = 布林值
)
```

其中只有第一個參數為必填，說明如下：

- **num_of_parallel_downloads**：設定同時下載圖片的線程數，預設值為 10。
- **verbose**：設定執行時是否顯示圖片資訊圖片，True 表示顯示圖片資訊，False 表示不顯示圖片資訊。預設值為 True。

最重要的「圖片學校網址」要如何取得呢？開啟制服地圖首頁「http://uniform.wingzero.tw/」，於 **學校** 下拉式選單點選地區，此處點選 **台灣高校** (台灣高中)。

接著點選相簿 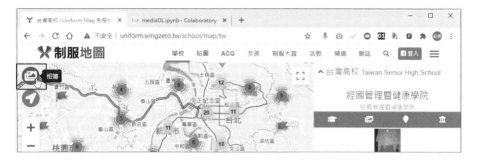 鈕開啟相簿頁面。

點選上方 **列表** 頁籤，下方會顯示所有學校列表，使用者可在列表中尋找要下載圖片的學校。通常學校的數量很多 (此處有 554 所學校)，不容易找到要下載圖片的學校，所以最好用搜尋的方式：在搜尋欄輸入要尋找的學校，下方會顯示符合條件的學校名稱，在要下載圖片的學校名稱按滑鼠右鍵，於快顯功能表點選 **複製連結網址** 即可取得「圖片學校網址」。

例如圖片學校網址為 https://uniform.wingzero.tw/school/intro/tw/38，同時下載線程數為 20，執行時顯示圖片資訊：

```
wz_uniform_crawler.fetch_by_url(
    'https://uniform.wingzero.tw/school/intro/tw/38',
    num_of_parallel_downloads = 20,
    verbose = True
)
```

為了說明後續下載圖片到本機的操作方法，下面程式下載兩個學校的圖片：

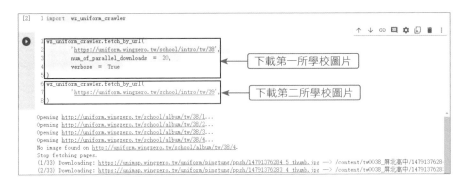

在 Colab 檔案總管可見到新增兩個包含學校名稱的資料夾，資料夾中就儲存了該校的下載圖片。

下載整個地區類別圖片

台灣高校多達 554 個學校，如果要逐一下載各校圖片，就要操作 554 次。wz-uniform-crawler 模組提供的第二個方法為 fetch_all()，可一次下載整個地區類別的圖片，語法為：

```
wz_uniform_crawler.fetch_all(
    school_types = 地區類別代碼串列 ,
    num_of_parallel_downloads = 數值 ,
    verbose = 布林值
)
```

其中只有第一個參數為必填。num_of_parallel_downloads 及 verbose 參數與 fetch_by_url() 方法相同。

■ **school_types**：資料格式為串列，元素為地區類別代碼。在串列中所有地區類別代碼的圖片都會下載。

同樣的,「地區類別代碼」要如何取得呢?開啟制服地圖首頁「http://uniform.wingzero.tw/」,於 **學校** 下拉式選單點選地區,此處點選 **台灣國中**。

網址列最後一個「/」右方的文字就是地區類別代碼,此處台灣國中的地區類別代碼為「jr」。

下表為部分地區類別代碼:

地區類別	代碼	地區類別	代碼
台灣高校	tw	台灣國中	jr
台灣小學	twes	香港中學	hk
香港小學	hkes	日本高校	jp
日本中學	jpjr	美國	us
英國	gb	法國	fr

例如以 20 個下載線程下載台灣國中全部圖片:

```
wz_uniform_crawler.fetch_all(
    school_types = ['jr'],
    num_of_parallel_downloads = 20
)
```

同時下載台灣國中及台灣高校圖片的程式為：

```
wz_uniform_crawler.fetch_all(
    school_types = ['jr', 'tw'],
    num_of_parallel_downloads = 20
)
```

如何壓縮 Colab 虛擬機器的資料夾

wz_uniform_crawler 模組不能設定下載的儲存路徑，所有的圖片都會儲存在 Colab 虛擬機器中。如果要使用這些圖片就必須下載到本機，否則 Colab 虛擬機器重新啟動時這些圖片就會消失。但是 Colab 並未提供資料夾下載，也未提供多個檔案同時下載的功能，最好的方法是將要下載的資料夾及檔案壓縮成一個檔案，如此只要將此壓縮檔下載到本機就完成圖片下載了！

Colab 製作壓縮檔的語法為：

```
!zip -r 壓縮檔名 檔案或資料夾1 檔案或資料夾2 ………
```

可以同時將多個檔案及資料夾製作為一個壓縮檔。例如製作前面下載的兩個學校圖片壓縮檔，壓縮檔名為 <highschool.zip>：

```
!zip -r highschool.zip tw0038_屏北高中 tw0039_三民家商
```

點選 <highschool.zip> 右方的 ⋮ 鈕，於彈出式選單點選 **下載** 即可下載壓縮檔。

解壓縮下載的 <highschool.zip> 就可在本機取得圖片。

3.2 下載 Youtube 影片

YouTube(https://www.youtube.com) 是全球最大的影音分享平台，不論是創作者、遊戲玩家、樂迷、電視節目愛好者和其他使用者，都可以在這裡找到吸引你的影片。使用者在觀看之餘也能分享，甚至與喜愛的創作者及粉絲們交流互動。許多工具都提供了下載 YouTube 的影片及相關資源的功能，其實 Python 也做得到喔！

3.2.1 Pytube：Youtube 影片下載

YouTube 已是世界最大影片網站，其中有許多值得珍藏的影片，因此大部分人皆有從 YouTube 網站下載影片的需求。**Pytube** 模組可根據使用者設定的篩選條件下載 Youtube 影片。

模組名稱	pytube
模組功能	Youtube 影片下載
官方網站	https://github.com/pytube/pytube
安裝方式	!pip install pytube

模組使用方式

1. 匯入 Pytube 模組 YouTube 類別的語法：

```
from pytube import YouTube
```

2. 接著以 Pytube 模組中 YouTube 類別建立物件，語法為：

```
影片物件變數 = YouTube( 影片網址 )
```

例如建立的影片物件變數為 yt，要下載的影片網址為「https://www.youtube.com/watch?v=27ob2G3GUCQ」：

```
yt = YouTube('https://www.youtube.com/watch?v=27ob2G3GUCQ')
```

3. 影片物件變數的 title 屬性可取得影片名稱，語法為：

```
影片物件變數 .title
```

```
1 print(yt.title)
橡皮筋還能用來這樣嚇人？趣味魔術教學 | 阿夾魔術教室
```

取得影片的格式

YouTube 提供非常多的影片格式以滿足使用者不同的需求，Pytube 模組提供 streams 屬性取得影片所有格式。語法為：

影片物件變數 .streams

```
[2]  1 from pytube import YouTube

[4]  1 yt = YouTube('https://www.youtube.com/watch?v=27ob2G3GUCQ')

     1 print(yt.streams)

     [<Stream: itag="18" mime_type="video/mp4" res="360p" fps="30fps" vcodec="avc1.42001E" acodec="mp4a.40.2" progressive="True" type="video
```

傳回值是一個串列，每一個元素就是一種格式：

```
[<Stream: itag="22" mime_type="video/mp4" res="720p" fps="30fps"
   vcodec="avc1.64001F" acodec="mp4a.40.2" progressive="True"
   type="video">,
<Stream: itag="43" mime_type="video/webm" res="360p" fps="30fps"
   vcodec="vp8.0" acodec="vorbis" progressive="True"
   type="video">,
...
<Stream: itag="251" mime_type="audio/webm" abr="160kbps"
   acodec="opus" progressive="False" type="audio">]
```

格式中包含影片類型、解析度、影像編碼、聲音編碼等資訊。

streams 可以使用下列方法取得影片格式：

方法	功能	語法範例
first()	傳回第一個影片格式	yt.streams.first()
last()	傳回最後一個影片格式	yt.streams.last()
filter()	傳回符合指定條件的影片格式	yt.streams.filter(subtype='mp4')

下載影片

取得影片格式後就可利用 download() 方法下載影片，語法為：

```
影片物件變數 .streams. 取得影片方法 .download( 影片儲存路徑 )
```

- **取得影片方法**：為 first() 或 last() 或 filter()。
- **影片儲存路徑**：下載的影片儲存在此參數設定的資料夾中，預設值為程式所在資料夾。在 Colab 中，最好設定為雲端硬碟。

例如使用 yt 影片物件變數下載第一個影片，下載的影片存於 <youtube> 資料夾：

```
yt.streams.first().download("youtube")
```

設定影片格式篩選條件

YouTube 提供的影片格式太多，使用者最好使用 filter() 篩選所要下載的影片格式。filter() 的語法為：

```
yt.streams.filter( 條件一 = 值一 , 條件二 = 值二 , ……). 處理方法
```

filter() 的處理方法與 streams 的方法雷同，整理於下表：

方法	功能
first()	傳回符合條件的第一個影片格式
last()	傳回符合條件的最後一個影片格式

filter() 的條件整理於下表：

條件	功能	語法範例
progressive	篩選同時具備影像及聲音的格式	progressive=True
adaptive	篩選只具有影像或聲音其中之一的格式	adaptive=True

條件	功能	語法範例
subtype	篩選指定影片類型的格式	subtype='mp4'
res	篩選指定解析度的格式	res='720p'

1. **adaptive**：是只有影像或聲音兩者之一，也就是格式中只有影像編碼 (vcodec) 或聲音編碼 (acodec)。前一小節範例符合此種條件的格式有 15 個：

```
print(len(yt.streams.filter(adaptive=True)))  #15
```

2. **progressive**：是影像及聲音兩者都具備才符合條件，也就是格式中同時具有影像編碼 (vcodec) 或聲音編碼 (acodec)。前一小節範例符合此種條件的格式只有 2 個，將其列出的程式碼為：

```
print(yt.streams.filter(progressive=True))
```

傳回值為：

```
[<Stream: itag="18" mime_type="video/mp4" res="360p" fps="30fps"
    vcodec="avc1.42001E" acodec="mp4a.40.2" progressive="True"
    type="video">,
  <Stream: itag="22" mime_type="video/mp4" res="720p" fps="30fps"
    vcodec="avc1.64001F" acodec="mp4a.40.2" progressive="True"
    type="video">]
```

3. **subtype、res**：「subtype」是以影片類型篩選，「res」是以解析度篩選，使用者通常會使用這兩個條件做為下載影片的依據。例如篩選影片類型為「mp4」，解析度為「720p」的格式：

```
yt.streams.filter(subtype='mp4', res='720p')
```

下載篩選條件影片

例如下載影片型態為「mp4」，影片格式為具有影像及聲音的第一個影片：

```
yt.streams.filter(subtype='mp4', res='360p', progressive=True).
  first().download("youtube")
```

由於 yt.streams 及 yt.streams.filter 傳回值是一個串列，也可以使用串列索引來下載指定影片，例如下載影片型態為「mp4」的第 2 個影片：

```
yt.streams.filter(subtype='mp4')[1].download("youtube")
```

以下是使用者常犯的錯誤語法，會使程式中斷執行：

```
yt.streams.download()    # 錯誤
yt.streams.filter(subtype='mp4').download()    # 錯誤
```

3.2.2 下載 YouTube 播放清單的影片

認識 YouTube 播放清單

YouTube 提供「播放清單」功能讓使用者可以將同性質的影音檔案集中管理，不但方便自己將影片分門別類整理，也可以很容易的分享給他人。在 YouTube 搜尋欄位輸入「播放清單」就可看到網友分享的大量播放清單。在左方圖片按滑鼠左鍵一下就進入播放清單頁面，同時播放第一個影片。

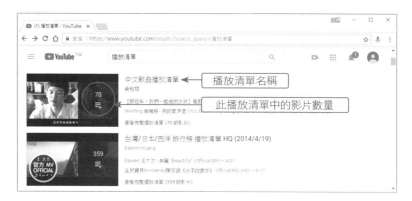

播放清單頁面右方有清單中所有影片的列表資料，網址列中有播放清單網址。

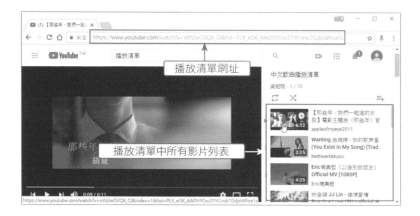

批次下載播放清單中所有影片

如何將播放清單中所有影片批次下載回來，一直是使用者夢寐以求的事。Pytube 模組提供了 Playlist 功能，可以讓使用者輕易獲取播放清單中所有影片的相關資訊。

1. 匯入 Pytube 模組 Playlist 類別的語法：

```
from pytube import Playlist
```

2. 接著以 Pytube 模組中 Playlist 類別建立物件，語法為：

```
播放清單物件變數 = Playlist( 播放清單網址 )
```

例如建立的播放清單物件變數為 p，要下載的播放清單網址為「https://www.youtube.com/watch?v=hGRplpwjbr0&list=PL316wRwpvsnHZprsPfXM8yPzyZ41bvuWl」：

```
p = Playlist("https://www.youtube.com/watch?v=hGRplpwjbr0
                      &list=PL316wRwpvsnHZprsPfXM8yPzyZ41bvuWl")
```

播放清單物件可以使用 title 屬性取得播放清單的名稱，video_urls 屬性會整理播放清單中所有的影片的網址，並以串列的格式回傳。

若想要批次下載播放清單中的所有影片，就必須根據播放清單的頁面配置進行分析進行下載的動作，程式碼如下：

範例：下載播放清單的影片

```
1   from pytube import Playlist
2   p = Playlist("https://www.youtube.com/watch?v=hGRplpwjbr0
                          &list=PL316wRwpvsnHZprsPfXM8yPzyZ41bvuWl")
3   print(" 共有 " + str(len(p.video_urls)) + " 部影片 ")
4   pathdir = "download"  # 下載資料夾
5   print(" 開始下載：")
6   try:
7     for index, video in enumerate(p.videos):
8       print(str(index+1) + '. ' + video.title)   # 顯示標題
9       video.streams.first().download(pathdir)
10  except:
11    pass
12  print(" 下載完成！")
```

程式說明

- **1-2** 　載入 Pytube 模組中的 Playlist 類別。並利用 Playlist 類別及播放清單的網址新增 p 物件。

- **3** 　使用 video_urls 取得播放清單中的影片網址串列資料，並利用 len() 計算串列數量，最後組合成顯示播放清單中的影片數量。

- **4** 　設定儲存下載影片的路徑。

- **7-9** 　逐一下載影片。

- **8** 　顯示影片標題。

- **9** 　下載單一影片。

- **12** 　顯示下載完成的訊息。

程式執行後會將下載的影片檔案存於 Colab 根目錄的 <download> 資料夾中：

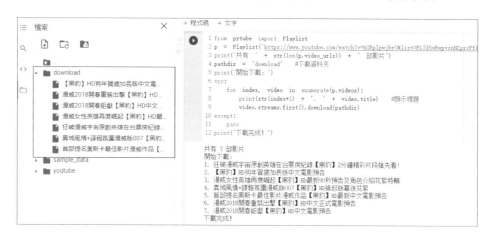

04

CHAPTER

多媒體圖片、聲音、影片處理

4.1 Pillow 模組：圖形處理

Pillow (PIL) 是 Python 很強的圖片處理模組，由許多不同的模組所組成，可以很輕鬆地在 Python 程式裡進行圖片的處理。Colab 已預先安裝 Pillow 模組，可直接使用。

模組名稱	Pillow
模組功能	圖片處理
官方網站	https://python-pillow.org/
安裝方式	!pip install pillow

▌4.1.1 Pillow 圖片處理

Pillow 模組提供強大的圖片編輯功能，可以裁切、平移、旋轉、改變尺寸、調置 (transpose)、灰階處理等，以下介紹幾種常用的功能。

本章使用的相關檔案需上傳到 Colab 根目錄才能在 Colab 中存取。於 Colab 檔案總管中按 **上傳** 鈕，於 **開啟** 對話方塊點選本章範例除 <.ipynb> 以外的檔案後按 **開啟** 鈕，完成上傳的動作。上傳完成後可在 Colab 根目錄看到上傳的檔案。

模組使用方法

1. Pillow 中的 Image 模組可以進行圖片的處理，匯入語法為：

```
from PIL import Image
```

2. 在 Colab 中可以在側邊欄的 **檔案** 中找到圖片檔案，點選二下即可開啟預覽窗格進行瀏覽。也可以使用 matplotlib 模組來顯示圖形，匯入的語法為：

```
import matplotlib.pyplot as plt
```

讀取圖片

對圖片進行處理的第一步就是用 open() 方法讀取圖片，語法為：

```
圖片變數 = Image.open( 圖片路徑 )
```

例如：讀取 <lion1.jpg> 圖片，圖片變數為 img。

```
img = Image.open("lion1.jpg")
```

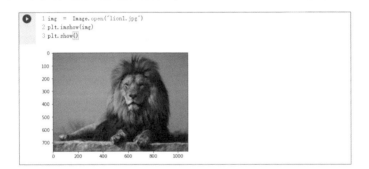

更改圖片大小

Pillow 模組的 resize() 方法可重設圖形尺寸，語法為：

```
圖片變數 .resize(( 圖片寬度 , 圖片高度 ), 品質旗標 )
```

■ **圖片寬度和圖片高度**：由一個元組組成。

■ **品質旗標**：設定重設尺寸後的圖形品質，可能值有：

　● **Image.NEAREST**：最低品質，此為預設值。

　● **Image.BILINEAR**：雙線性取樣算法。

　● **Image.BICUBIC**：三次樣條取樣算法。

　● **Image.ANTIALIAS**：最高品質。

例如：以最高品質將圖片寬度加倍而高度不變。

```
w, h = img.size
img1 = img.resize((w*2,h), Image.ANTIALIAS)
plt.imshow(img1)
plt.show()
```

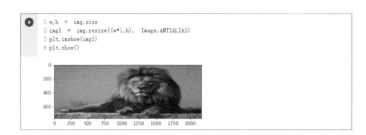

更改色彩格式

Pillow 模組的 convert() 方法可重設圖形色彩格式，語法為：

```
圖片變數 .convert(" 色彩格式代碼 ")
```

下表為色彩格式代碼及其意義：

格式代碼	意義
1（數字）	8 位元黑白圖片。
L	8 位元灰階圖片。
P	8 位元 256 色彩色圖片。
RGB	24 位元彩色圖片。
RGBA	32 位元彩色加透明度圖片。

格式代碼	意義
CMYK	32 位元印刷四分色圖片。
YCbCr	24 位元亮度色度分量圖片。
I	32 位元整數灰階圖片。
F	32 位元浮點數灰階圖片。

例如：將圖片轉變為黑白圖片。

```
img2 = img.convert('1')
```

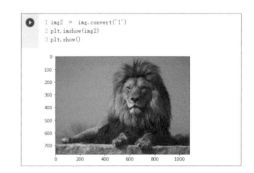

4.1.2 Pillow 基本繪圖

匯入模組

Pillow 中的 ImageDraw 模組可以在圖片上繪製點、線、矩形、圓或橢圓、多邊形，
也可以繪製文字。匯入 Pillow 模組基本繪圖功能的語法為：

```
from PIL import Image, ImageDraw
```

建立畫布圖片

首先要以 Image 模組的 new() 方法建立新的圖片當作畫布，然後使用 ImageDraw 模
組中各種繪圖方法在畫布圖片上畫圖。畫布圖片坐標是以左上角為 (0,0) 原點，x 坐
標向右遞增，y 坐標向下遞增，語法為：

```
畫布變數 = Image.new("RGB", ( 寬 , 高 ), 顏色 )
繪圖變數 = ImageDraw.Draw( 畫布變數 )
```

例如：建立繪圖變數為 drawimg，畫布變數為 img，寬高為 400*300 淡灰色的畫布。

```
img = Image.new("RGB", (400,300), "lightgray")
drawimg = ImageDraw.Draw(img)
```

繪製直線：line()

line() 方法可以繪製直線，語法為：

```
line([x1, y1,...,xn, yn][, width, fill])
```

第一個參數是數值組成的串列，

■ **[x1, y1,...,xn, yn]**：以成對數值的方式儲存為各點的坐標，line() 方法會將這些點
連接起來，這些值必須成對。

■ **width**：非必填參數，是線條寬度，省略時預設為 1。

■ **fill**：非必填參數，可以 RGBA() 或是直接以字串設定顏色，省略時預設為白色。

例如畫寬度為 3 的藍色直線：

```
drawimg.line([40,50,360,280], fill="blue", width=3)
```

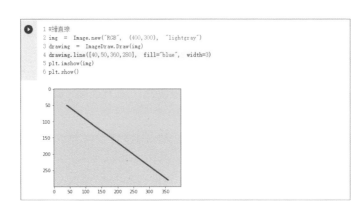

```
1 #繪直線
2 img  =  Image.new("RGB",  (400,300),  "lightgray")
3 drawimg  =  ImageDraw.Draw(img)
4 drawimg.line([40,50,360,280],  fill="blue",  width=3)
5 plt.imshow(img)
6 plt.show()
```

繪製矩形：rectangle()

rectangle() 方法可以繪製矩形，語法為：

```
rectangle((left, top, right, bottom)[, fill, outline])
```

- **(left, top, right, bottom)**：第一個參數是元組，四個數值分別是矩形左上角和右下角的坐標。
- **fill**：非必填參數，表示內部填滿的顏色，可以 RGBA() 設定或是直接指定顏色。
- **outline**：非必填參數，則是矩形外框顏色。

例如：畫外框為黑色，內填黃色的矩形。

```
drawimg.rectangle((100,80,300,240), fill="yellow", outline="black")
```

繪製點：point()

point() 方法可以繪點，語法：

```
point([(x1, y1),...,(xn, yn)][, fill])
```

- **[(x1, y1),...,(xn, yn)]**：第一個參數是元組組成的串列，(x,y) 為點的坐標，可以同時繪製多個點。
- **fill**：非必填參數，可以 RGBA() 或是直接以字串設定顏色，省略時預設為白色。

例如：畫 3 個紅色的點 (畫 1 個點太小不易觀察，所以繪製連續 3 個點便於查看)：

```
drawimg.point([(100,100), (100,101), (100,102)], fill='red')
```

繪製圓或橢圓：ellipse()

ellipse() 方法可以繪製圓形或橢圓形，語法：

```
ellipse((left, top, right, bottom)[, fill, outline])
```

- **(left, top, right, bottom)**：第一個參數是元組，四個數值分別是包住橢圓外部的矩形左上角和右下角坐標。
- **fill**：非必填參數，表示內部填滿的顏色，可以 RGBA() 設定或是直接指定顏色。
- **outline**：非必填參數，則是外框顏色。

例如：畫外框為綠色，內填紫色的橢圓。

```
drawimg.ellipse((50,50,350,250), fill="purple", outline="green")
```

繪製多邊形：polygon()

polygon() 方法可以繪製多邊形，語法：

```
polygon([(x1, y1),...,(xn, yn)][, fill, outline])
```

- **[(x1, y1),...,(xn, yn)]**：第一個參數是元組組成的串列，(x,y) 為點的坐標，最後會將這些點連接起來。
- **fill**：非必填參數，可以 RGBA() 或是直接以字串設定顏色，省略時預設為白色。
- **outline**：非必填參數，則是外框顏色。

例如：畫外框為紅色，內填棕色的三角形。

```
drawimg.polygon([(200,40),(60,250),(320,250)], fill="brown", outline="red")
```

繪製文字：text()

text() 方法可以繪製文字，語法：

```
text((x1, y1), text[, fill, font])
```

- **(x,y)**：第一個參數是元組，為文字的位置。
- **text**：為繪製的文字。
- **fill**：非必填參數，可以 RGBA() 設定或是直接指定顏色。
- **font**：可設定字型，省略時會用預設的字型。

注意：在 Colab 中若要使用非系統指定字型，甚至是中文字型，就必須匯入 **ImageFont** 模組，並以 **truetype()** 方法設定字型檔的路徑、檔案名稱和大小。

下面程式會顯示預設字體的英文文字及台北黑體的中文文字：

範例：繪製英文及中文文字

```
1   import requests
2   from PIL import Image, ImageDraw, ImageFont
3   import matplotlib.pyplot as plt
4   fontfile = requests.get("https://drive.google.com/
            uc?id=1QdaqR8Setf4HEulrIW79UEV_Lg_fuoWz&export=download")
5   with open('taipei_sans_tc_beta.ttf', 'wb') as f:
6       f.write(fontfile.content)
7
8   img = Image.new("RGB", (400,300), "lightgray")
9   drawimg = ImageDraw.Draw(img)
10  drawimg.text((120,80), "English Demo", fill="red")  #繪製英文文字
11  myfont = ImageFont.truetype("taipei_sans_tc_beta.ttf", 24)
12  drawimg.text((120,150), "中文字型示範", fill="blue",
                                            font=myfont) #繪製中文文字
13  plt.imshow(img)
14  plt.show()
```

程式說明

- 1-3　　匯入需要的模組。
- 4-6　　由網路上下載台北黑體的中文字型並設定檔案名稱。
- 10　　　以 text 方法繪製預設字體英文文字。
- 11　　　設定中文字型。
- 12　　　繪製中文文字。

執行結果：

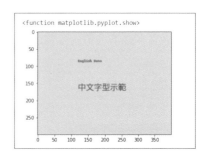

認識字型：「台北黑體」

目前能免費使用的繁體中文字型相當的少，而 **台北黑體** 是 **翰字鑄造** (https://sites.google.com/view/jtfoundry/zh-tw) 投入開源字型的改作，以思源黑體為基礎，讓繁體中文的使用者也能有適用於不同情境的印刷風格黑體。

4.1.3 應用：基本繪圖範例

繪製幾何圖形及文字，可以將其組合成實用圖案。例如：繪製人臉圖案。

```
1   import requests
2   from PIL import Image, ImageDraw, ImageFont
3   import matplotlib.pyplot as plt
4   fontfile = requests.get("https://drive.google.com/
            uc?id=1QdaqR8Setf4HEulrIW79UEV_Lg_fuoWz&export=download")
5   with open('taipei_sans_tc_beta.ttf', 'wb') as f:
6     f.write(fontfile.content)
7
8   img = Image.new("RGB", (300,400), "lightgray")
9   drawimg = ImageDraw.Draw(img)
10
11  # 繪圓
12  drawimg.ellipse((50,50,250,250), width=3, outline="gold")# 臉
13  # 繪多邊形
14  drawimg.polygon([(100,90), (120,130), (80,130)],
                            fill="brown", outline="red") # 左眼精
15  drawimg.polygon([(200,90), (220,130), (180,130)],
                            fill="brown", outline="red") # 右眼精
16  # 繪矩形
17  drawimg.rectangle((140,140,160,180),
                            fill="blue", outline="black") # 鼻子
18  # 繪橢圓
19  drawimg.ellipse((100,200,200,220), fill="red") # 嘴巴
20  # 繪文字
21  drawimg.text((130,280), "e-happy", fill="orange")   # 英文字
22  myfont = ImageFont.truetype("taipei_sans_tc_beta.ttf", 16)
23  drawimg.text((110,320), "文淵閣工作室", fill="red", font=myfont) # 中文字
24  plt.imshow(img)
25  plt.show()
```

執行結果：

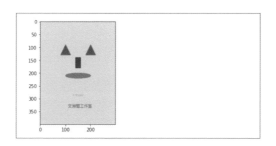

4.2 pydub 模組：聲音處理

pydub 模組是一個功能強大的聲音處理模組，而且簡潔易用。舉凡聲音的剪輯、合併、改變音量、淡入淡出，甚至將聲音反轉都難不倒 pydub 模組，其功能足以滿足一般人的聲音處理需求。

▍4.2.1 在 Colab 上播放聲音

Colab 是在雲端開發的平台，執行的介面是瀏覽器，如果要讓 Colab 上的程式來播放聲音，可以使用 IPython.display 模組，匯入的語法為：

```
import IPython.display as display
```

然後利用 Audio() 方法就可以播放聲音了！語法為：

```
display.Audio( 聲音檔路徑 , autoplay= 布林值 )
```

- **聲音檔路徑**：要播放的聲音檔路徑。
- **布林值**：True 表示載入聲音檔後會立刻播放，False 表示載入聲音檔後不會播放，使用者按播放面板的 ▶ 鈕才會播放。

例如自動播放 <record1.wav> 聲音檔：

```
display.Audio("record1.wav", autoplay=True)
```

執行後會播放聲音同時建立播放面板，任何時間按 ▶ 鈕即可播放。

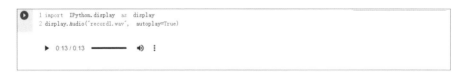

‖ 4.2.2 pydub 模組聲音處理功能

pydub 模組對於聲音提供完整強悍的聲音處理功能,安裝方便且功能強大,最重要的是使用上相當簡單喔!

模組名稱	pydub
模組功能	聲音處理
官方網站	http://pydub.com/
安裝方式	!pip install pydub

讀取聲音檔

要讀取聲音檔需先匯入 pydub 的 AudioSegment 模組,語法為:

```
from pydub import AudioSegment
```

接著以「from_xxx」方法讀取不同格式的聲音檔案。「from_xxx」方法常用的有 from_wav、from_mp3、from_ogg、from_flv,分別讀取附加檔名為 .wav、.mp3、.ogg、.flv 的聲音檔案,語法為:

```
聲音變數 = AudioSegment.from_xxx( 聲音檔路徑 )
```

例如聲音變數為 record1,讀取 <record1.wav> 聲音檔:

```
record1 = AudioSegment.from_wav("record1.wav")
```

聲音變數的 duration_seconds 屬性可取得聲音長度,單位為「秒」,語法為:

```
聲音變數 .duration_seconds
```

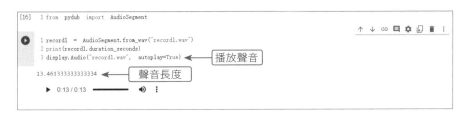

擷取部分聲音

處理聲音最常用的功能是由聲音檔擷取部分需要的聲音，語法為：

```
切片聲音變數 = 原始聲音變數 [ 開始聲音 : 結束聲音 ]
```

開始聲音及結束聲音的單位是「毫秒」。

「[開始聲音 : 結束聲音]」的操作方式與「串列」相同：若省略「開始聲音」表示從聲音起始處開始擷取，若省略「結束聲音」表示擷取到聲音結束處，若數值為負數表示由聲音最後向前倒數。

例如切片聲音變數為 record2，原始聲音變數為 record1：

```
record2 = record1[3000:9000]   # 擷取 3 到 9 秒聲音
record2 = record1[:6000]   # 擷取 0 到 6 秒聲音
record2 = record1[-5000:]   # 擷取最後 5 秒聲音
```

儲存聲音檔

處理過的聲音資料可以用 export() 方法存檔保存，語法為：

```
聲音變數 .export( 檔案路徑 , format= 檔案格式 )
```

例如聲音變數為 record2，檔案格式為 wav，檔名為 <record2.wav>：

```
record2.export("record2.wav", format="wav")
```

```
1 #record2 = record1[3000:9000]
2 #record2 = record1[:6000]
3 record2 = record1[-5000:]
4 print(record2.duration_seconds)
5 record2.export("record2.wav", format="wav")
6 display.Audio("record2.wav", autoplay=True)

5.0 ◄─── 最後 5 秒聲音
▶ 0:05 / 0:05 ──────  ◀) ⋮
```

增加或降低音量

無論是由網路中蒐集或自行錄製的聲音檔，都會有音量過大或太小的困擾，pydub 模組提供非常簡便直觀的方式為聲音檔增加或降低音量。

增加音量的語法為：

```
音量聲音變數 = 原始聲音變數 + 數值
```

降低音量的語法為：

```
音量聲音變數 = 原始聲音變數 - 數值
```

增減音量的單位為「db（分貝）」。

例如音量聲音變數為 record3，原始聲音變數為 record1：

```
record3 = record1 + 8    #聲音增加 8 分貝
record3 = record1 - 5    #聲音減少 5 分貝
```

合併聲音檔

另一個常用功能是將幾個聲音檔依照順序合併成為一個聲音檔。例如要錄製一段長時間音訊，可分段錄音，最後再將其結合。

合併聲音檔的語法為：

```
合併聲音變數 = 聲音變數 1 + 聲音變數 2 + ……
```

例如將 birth 及 record1 兩個聲音變數合併為聲音變數 record4：

```
record4 = birth + record1
```

下面程式讀取 <birth.wav> 後與前面讀取的 record1 聲音變數合併：

```
birth = AudioSegment.from_wav("birth.wav")
print(birth.duration_seconds)
record4 = birth + record1
print(record4.duration_seconds)
```

```
1 birth = AudioSegment.from_wav("birth.wav")
2 print("birth 長度：" + str(birth.duration_seconds))
3 record4 = birth + record1
4 print("合併長度：" + str(record4.duration_seconds))
5 record4.export("record4.wav", format="wav")
6 display.Audio("record4.wav", autoplay=True)
```

```
birth 長度：1.512
合併長度：14.9733125
```

▶ 0:14 / 0:14 ──────── 🔊 ⋮

執行結果可看到 <birth.wav> 長度為 1.5 秒，而 <record1.wav> 長度為 13.4 秒，所以合併後的長度為 14.9 秒。

聲音淡入及淡出

聲音淡入的語法為：

入出聲音變數 = *原始聲音變數* .fade_in(數值)

聲音淡出的語法為：

入出聲音變數 = *原始聲音變數* .fade_out(數值)

淡入或淡出的單位為「毫秒」。

例如入出聲音變數為 record5，原始聲音變數為 record1：

```
record5 = record1.fade_in(5000)    #5 秒淡入
record5 = record1.fade_out(3000)   #3 秒淡出
```

也可以將聲音同時加入淡入及淡出，例如：

```
record5 = record1.fade_in(5000).fade_out(3000)   #5 秒淡入 ,3 秒淡出
```

聲音反轉

pydub 提供 reverse 方法將聲音反轉，語法為：

反轉聲音變數 = *原始聲音變數* .reverse()

例如反轉聲音變數為 record6，原始聲音變數為 record1：

```
record6 = record1.reverse()
```

4.3　moviepy 模組：影片處理

moviepy 模組是一個用於影片處理的模組，可以為影片進行一些基礎的處理，如擷取部分影片片段、合併影片等，也能為影片加入一些特效，如加邊框、水平或垂直翻轉等。

▌4.3.1　Colab 中播放影片

如果要讓 Colab 上的程式來播放影片，可使用 IPython.display 模組的 HTML() 方式實現，匯入的語法為：

```
from IPython.display import HTML
```

接著利用 HTML 播放影片的語法來播放影片，例如播放 <holo1.mp4> 影片檔的程式碼為：

```
1 from IPython.display import HTML
2 from base64 import b64encode
3 mp4 = open('holo1.mp4','rb').read()
4 data_url = "data:video/mp4;base64," + b64encode(mp4).decode()
5 HTML("""
6 <video width=400 controls>
7     <source src="%s" type="video/mp4">
8 </video>
9 """ % data_url)
```

程式說明

- 3-4　　讀取影片檔並將二進位檔案化為 Base64 編碼。
- 5-9　　播放影片的 HTML 語法。
- 7,9　　將讀取的影片檔做為「src」屬性值。

執行後會顯示影片同時建立播放面板，任何時間按 ▶ 鈕即可播放。

```
1 from IPython.display import HTML
2 from base64 import b64encode
3 mp4 = open('holo1.mp4','rb').read()
4 data_url = 'data:video/mp4;base64,' + b64encode(mp4).decode()
5 HTML('''
6 <video width=400 controls>
7       <source src="%s" type="video/mp4">
8 </video>
9 ''' % data_url)
```

4.3.2 moviepy 模組影片處理功能

Colab 預設已安裝好 moviepy 模組，不需再安裝。

模組名稱	moviepy
模組功能	影片處理
官方網站	https://zulko.github.io/moviepy/
安裝方式	!pip install moviepy

讀取影片檔

1. 要讀取影片檔需先匯入 moviepy.editor 的所有模組，語法為：

```
from moviepy.editor import *
```

2. 接著以 VideoFileClip 模組讀取影片檔案。VideoFileClip 模組可以讀取大部分格式的影片檔，其語法為：

```
影片變數 = VideoFileClip( 影片檔路徑 )
```

例如影片變數為 vsr，讀取 <holo1.mp4> 影片檔：

```
vsr = VideoFileClip('holo1.mp4')
```

影片變數的 duration 屬性儲存影片長度，單位為「秒」，fps 屬性儲存每秒播放圖片數，單位為「fps」，size 屬性儲存影片解析度，傳回值為 (寬 , 高) 形成的元組：

```
1 from moviepy.editor import *
```

```
1 vsr = VideoFileClip('holo1.mp4')
2 print('長度: ' + str(vsr.duration))
3 print('幀數: ' + str(vsr.fps))
4 print('解析度: ' + str(vsr.size))
```

```
長度: 103.44
幀數: 25.0
解析度: [640, 480]
```

擷取部分影片

處理影片可以用 subclip() 方法，由影片檔擷取部分需要的片段，語法為：

```
切片影片變數 = 原始影片變數 .subclip( 開始時間 , 結束時間 )
```

開始時間及結束時間的單位是「秒」。

例如切片影片變數為 clip1，原始影片變數為 vsr，擷取 10 到 20 秒影片：

```
clip1 = vsr.subclip(10, 20)
```

儲存影片檔

處理過的影片資料可以使用 write_videofile() 方法存檔，語法為：

```
影片變數 .write_videofile( 檔案路徑 )
```

例如影片變數為 clip1，檔名為 <clip1.mp4>：

```
clip1.write_videofile('clip1.mp4')
```

為了做為後續合併影片的素材，下面程式擷取兩段影片並存檔：

```
1 clip1 = vsr.subclip(10, 20)
2 print('clip1 長度: ' + str(clip1.duration))
3 clip1.write_videofile('clip1.mp4')
4 clip2 = vsr.subclip(30, 50)
5 print('clip2 長度: ' + str(clip2.duration))
6 clip2.write_videofile('clip2.mp4')
```

```
clip1 長度: 10  ◄─────  第一段影片 10 秒
[MoviePy] >>>> Building video clip1.mp4
[MoviePy] Writing audio in clip1TEMP_MPY_wvf_snd.mp3
100%|                              | 221/221 [00:00<00:00, 581.44it/s][MoviePy] Done.

[MoviePy] >>>> Video ready: clip1.mp4

clip2 長度: 20  ◄─────  第二段影片 20 秒
[MoviePy] >>>> Building video clip2.mp4
[MoviePy] Writing audio in clip2TEMP_MPY_wvf_snd.mp3
100%|                              | 442/442 [00:00<00:00, 516.87it/s][MoviePy] Done.
```

合併影片檔

另一個常用功能是將幾個影片檔依照順序合併成為一個影片檔，例如要錄製一段長時間影片，可分段錄影，最後再將其結合。

合併影片檔可以使用 concatenate_videoclips() 方法，語法為：

```
合併影片變數 = concatenate_videoclips([ 影片變數 1 + 影片變數 2 + ……])
```

例如將 clip1 及 clip2 兩個影片變數合併為一個影片 clip3：

```
clip3 = concatenate_videoclips([clip1, clip2])
```

```
1 clip1  = VideoFileClip('clip1.mp4')
2 clip2  = VideoFileClip('clip2.mp4')
3 clip3  = concatenate_videoclips([clip1,  clip2])
4 print('clip3 長度: ' + str(clip3.duration))
5 clip3.write_videofile('clip3.mp4')

clip3 長度: 30.07 ◀──── 合併後影片長度為 30 秒
[MoviePy] >>>> Building video clip3.mp4
[MoviePy] Writing audio in clip3TEMP_MPY_wvf_snd.mp3
```

<clip1.mp4> 長度為 10 秒，<clip2.mp4> 長度為 20 秒，執行結果可看到合併後的長度為 30 秒。

由影片擷取聲音

影片檔的檔案大小較大，聲音檔案大小則小非常多。有些情況只需要聲音即可，例如跑步、騎車等場合適合聽聲音，就可以從影片中將聲音擷取出來。

從影片擷取聲音是使用 AudioFileClip 模組，語法為：

```
聲音變數 = AudioFileClip( 影片檔路徑 )
```

例如聲音變數為 audio1，擷取 <holo1.mp4> 影片的聲音：

```
audio1 = AudioFileClip('holo1.mp4')
```

儲存聲音檔可以用 write_audiofile() 方法存檔，語法為：

```
聲音變數 .write_audiofile( 檔案路徑 )
```

例如影片變數為 audio1，檔名為 <holo1.mp3>：

```
audio1.write_audiofile('/holo1.mp3')
```

```
1  audio1 = AudioFileClip('holo1.mp4')
2  audio1.write_audiofile('holo1.mp3')

[MoviePy] Writing audio in holo1.mp3
100%|██████████| 2281/2281 [00:03<00:00, 618.52it/s][MoviePy] Done.
```

影片加框

moviepy 模組還可對影片做各種特效處理。

首先是用 margin() 方法對影片加入指定寬度的黑色邊框，語法為：

```
黑邊影片變數 = 原始影片變數.margin(寬度)
```

「寬度」的單位為「像素」。

例如影片變數為 clip1_margin，原始影片變數為 clip1，為影片加 20 像素黑色邊框：

```
clip1_margin = clip1.margin(20)
```

影片水平及垂直翻轉

對影片進行水平翻轉的語法為：

```
X影片變數 = 原始影片變數.fx(vfx.mirror_x)
```

對影片進行垂直翻轉的語法為：

```
Y影片變數 = 原始影片變數.fx(vfx.mirror_y)
```

例如 X 影片變數為 clip1_mirrorx，Y 影片變數為 clip1_mirrory，原始影片變數為
clip1：

```
clip1_mirrorx = clip1.fx(vfx.mirror_x)
clip1_mirrory = clip1.fx(vfx.mirror_y)
```

影片尺寸改變

resize() 方法可以對影片改變尺寸，語法為：

```
尺寸影片變數 = 原始影片變數.resize(尺寸大小)
```

「尺寸大小」是一個浮點數，數值大於 1 表示放大，小於 1 表示縮小。

例如尺寸影片變數為 clip1_resize，原始影片變數為 clip1，將影片尺寸縮小為 0.5：

```
clip1_resize = clip1.resize(0.50)
```

如果對影片做多種特效處理時，不必逐一撰寫特效語法，可將前述特效語法連接即可。例如對影片進行水平翻轉及改變尺寸為 0.5：

```
clip1_mir_size = clip1.fx(vfx.mirror_x).resize(0.50)
```

```
 1 clip1_margin  = clip1.margin(20)        #加照邊
 2 clip1_margin.write_videofile('clip1_margin.mp4')
 3 clip1_mirrorx  = clip1.fx(vfx.mirror_x)     #水平翻轉
 4 clip1_mirrorx.write_videofile('clip1_mirrorx.mp4')
 5 clip1_mirrory  = clip1.fx(vfx.mirror_y)     #垂直翻轉
 6 clip1_mirrory.write_videofile('clip1_mirrory.mp4')
 7 clip1_resize = clip1.resize(0.50)     #改變尺寸
 8 clip1_resize.write_videofile('clip1_resize.mp4')
 9 clip1_mir_size = clip1.fx(vfx.mirror_x).resize(0.50)    #水平翻轉並改變尺寸
10 clip1_resize.write_videofile('clip1_resize.mp4')

[MoviePy] >>>> Building video clip1_margin.mp4
[MoviePy] Writing audio in clip1_marginTEMP_MPY_wvf_snd.mp3
100%|██████████████| 222/222 [00:00<00:00, 567.93it/s][MoviePy] Done.

[MoviePy] Writing video clip1_margin.mp4
100%|██████████████| 251/251 [00:04<00:00, 51.90it/s]
[MoviePy] Done.
[MoviePy] >>>> Video ready: clip1_margin.mp4

[MoviePy] >>>> Building video clip1_mirrorx.mp4
[MoviePy] Writing audio in clip1_mirrorxTEMP_MPY_wvf_snd.mp3
100%|██████████████| 222/222 [00:00<00:00, 563.51it/s][MoviePy] Done.
[MoviePy] Writing video clip1_mirrorx.mp4
```

05

語音文字處理

⊙ 文字語音轉換模組

gTTS 模組：文字轉語音

SpeechRecognition 模組：語音轉文字

⊙ 文字翻譯

google_trans_new 模組：文字翻譯

應用：AI 智慧讀報機

5.1 文字語音轉換模組

將文字轉換為語音稱為 TTS (Text To Speech)，目前 TTS 的技術已臻成熟，讀出的語音已可被大部分人們接受。

將語音轉換為文字稱為「語音辨識 (speech recognition)」，是以電腦自動將人類的語音內容轉換為相應的文字。語音辨識技術的應用很廣泛，包括語音撥號、語音導航、室內裝置控制等。

5.1.1 gTTS 模組：文字轉語音

模組名稱	gTTS
模組功能	透過線上翻譯，將文字轉換為語音，並將語音存檔。
官方網站	`https://github.com/pndurette/gTTS`
安裝方式	`!pip install gtts`

模組使用方式

1. 匯入 gTTS 模組的語法：

`import gtts`

2. 因為文字轉語音後需要播放語音，所以也要匯入 IPython.display 模組：

`import IPython.display as display`

3. 接著建立文字轉語音物件，語法為：

語音物件變數 = gtts.gTTS(text= 轉換的文字 , lang= 語言代碼 [,slow= 布林值])

- **text**：代表要轉換的文字字串。
- **lang**：lang 參數為 ISO 639-1 語言代碼。
- **slow**：設定發音速度，預設值為 False，若設為 True 會產生一個發音速度比較慢的 mp3 檔案。

設定支援語言

gTTS 模組提供 lang.tts_langs() 方法顯示支援的語言代碼讓使用者參考,語法為:

```
gtts.lang.tts_langs()
```

```
[4]  1 import gtts
     2 import IPython.display as display

     1 print(gtts.lang.tts_langs())

['af': 'Afrikaans', 'ar': 'Arabic', 'bn': 'Bengali', 'bs': 'Bosnian', 'ca': 'Catalan', 'cs': 'Czech', 'cy': 'Welsh', 'da': 'Danish', 'd
```

傳回值是字典資料,鍵值對為「語言代碼:文字」:

```
{'af': 'Afrikaans', 'ar': 'Arabic', 'bn': 'Bengali', ……}
```

下表為較常用的語言代碼:

語言代碼	文字	語言代碼	文字
zh-tw	繁體中文	zh-cn	簡體中文
en	英文	de	德文
ja	日文	ko	韓文
fr	法文	es	西班牙文

例如:語音物件變數為 tts,將「線上翻譯」繁體中文轉換為語音。

```
tts = gtts.gTTS(text=' 線上翻譯 ', lang='zh-tw')
```

將語音儲存為 mp3 檔:save()

1. 呼叫語音物件的 save() 方法可以將轉換的語音儲存為 mp3 檔,語法為:

```
tts.save( 檔案路徑 )
```

「檔案路徑」非必填,若未指定檔案路徑則存於目前工作目錄中。

例如:將 tts 語音物件變數內容存於 <gtts.mp3> 檔。

```
tts.save('gtts.mp3')
```

2. 最後就可用 IPython.display 模組讀出轉換後的語音,語法為:

```
display.Audio( 檔案路徑 , autoplay=True)
```

例如：想將一段文字轉換為語音後存檔，最後讀出語音。

範例：文字轉語音後播放

```
txt = 'gTTS 可以透過線上翻譯，將文字轉換為語音，並將語音存檔 '
tts = gtts.gTTS(text=txt, lang='zh-tw')
tts.save('gtts.mp3')
display.Audio("gtts.mp3", autoplay=True)
```

多段語音合併存檔：write_to_fp()

如果要轉換的文字太長，可以將文字分解為多個段落，分別轉換為語音後，共同存入同一個語音檔中。

語音物件的 write_to_fp() 方法可將多個語音物件內容寫入同一個檔案，語法為：

```
with open( 檔案路徑 , "wb") as 檔案變數 :
    語音物件 1 = gtts.gTTS(text= 第 1 段文字 , lang= 語音代碼 )
    語音物件 1 .write_to_fp( 檔案變數 )
    語音物件 2 = gtts.gTTS(text= 第 2 段文字 , lang= 語音代碼 )
    語音物件 2 .write_to_fp( 檔案變數 )
......
```

例如：想將兩段文字轉換為語音，並將兩段語音存入同一個檔案中。

範例：將多段文字轉語音進行語音合併

```
with open('gtts2.mp3', 'wb') as f:
  tts1 = gtts.gTTS(text=' 人之初 ', lang='zh-TW')
  tts2 = gtts.gTTS(text=' 性本善 ', lang='zh-TW')
  tts1.write_to_fp(f)
  tts2.write_to_fp(f)
display.Audio('gtts2.mp3')
```

5.1.2 SpeechRecognition 模組：語音轉文字

語音辨識 (speech recognition) 技術，其功能是以電腦自動將人類的語音內容轉換為相應的文字。利用 Google 語音辨識 API 可以將語音轉換成文字，而且可以翻譯成多國的語言。

模組名稱	SpeechRecognition
模組功能	將語音內容轉換為文字
官方網站	https://github.com/Uberi/speech_recognition
安裝方式	!pip install SpeechRecognition

於 Colab 檔案總管中按 **上傳** 🔼 鈕，於 **開啟** 對話方塊點選本章範例 <record1.wav> 後按 **開啟** 鈕，完成上傳的動作。

模組使用方法

1. 匯入 SpeechRecognition 模組的語法：

```
import speech_recognition as sr
```

2. 接著建立語音辨識物件，語法為：

```
語音辨識物件 = sr.Recognizer()
```

對語音檔進行語音辨識

1. 因為要由語音檔進行語音辨識，所以要讀取語音檔：首先由 SpeechRecognition 模組的 WavFile 方法建立檔案物件，再以語音辨識物件的 record 方法讀取語音檔內容並存於語音變數中，語法為：

```
with sr.WavFile( 語音檔路徑 ) as 檔案物件 :
    語音變數 = r.record( 檔案物件 )
```

例如取得 <record1.wav> 語音檔內容存於 audio 語音變數中：

```
with sr.WavFile("record1.wav") as source:
    audio = r.record(source)
```

2. 最後以語音辨識物件的 recognize_google 方法進行語音辨識，語法為：

```
語音辨識物件 .recognize_google( 語音變數 [, language= 語系 ])
```

語音辨識物件預設的辨識語言為英語，若要辨識中文則要加上參數「language="zh-TW"」。

例如語音變數為 audio，以中文辨識的語法為：

```
r.recognize_google(audio, language="zh-TW")
```

例如：下面的程式會讀取 <record1.wav> 語音檔內容，並將語音檔的語音轉換成文字顯示。

範例：讀取語音檔內容化為文字顯示

```python
import speech_recognition as sr
r = sr.Recognizer()
with sr.WavFile("record1.wav") as source:   #讀取 wav 檔
    audio = r.record(source)
try:
    word = r.recognize_google(audio, language="zh-TW")
    print(word)
except:
    print(" 語音辨識失敗！")
```

```
1 import speech_recognition as sr
2 r = sr.Recognizer()
3 with sr.WavFile("record1.wav") as source:   #讀取 wav 檔
4     audio = r.record(source)
5 try:
6     word = r.recognize_google(audio, language="zh-TW")
7     print(word)
8 except:
9     print("語音辨識失敗！")
城市設計的學習委实践运算思维教学的重要途径通过撰写程式能将运算思维中抽象的运作方式    ◄── 語音辨識結果
```

使用麥克風進行語音辨識

Colab 程式在遠端伺服器執行，無法直接以本機麥克風輸入語音。但因為 Colab 是在瀏覽器中運行，因此可以利用 JavaScript 來開啟本機麥克風讓使用者輸入語音，然後將聲音資料傳到 Colab 伺服器並存檔。

Colab 儲存的聲音檔格式為「webm」，而 SpeechRecognition 模組處理的檔案格式需為「wav」，所以要進行轉換：此轉換是使用前一章的 pydub 模組。

1. 首先安裝 pydub 及 ffmpeg 模組：

```
!pip install pydub
!pip install ffmpeg
```

2. 然後匯入 pydub 的 AudioSegment 模組：

```
from pydub import AudioSegment
```

3. 再以 AudioSegment 的 from_file 方法讀取聲音檔，語法為：

聲音變數 = AudioSegment.from_file(聲音檔案)

例如：聲音變數為 sound，聲音檔案為 record.webm。

```
sound = AudioSegment.from_file("record.webm")
```

4. 最後以 export 方法即可轉換聲音檔案格式，語法為：

聲音變數 .export(目標檔案 , format = 聲音格式)

例如轉換後的檔案名稱為 record.wav，聲音格式為「wav」：

```
sound.export("record.wav", format ='wav')
```

5.1.3 應用：線上即時語音輸入器

下面程式執行後會顯示 **開始錄音** 按鈕，按下按鈕後就開始錄音，同時按鈕文字變成 **停止錄音**，再按下按鈕後就結束錄音。錄音內容會在 Colab 伺服器存為 <record.webm> 檔，接著將錄音檔轉換為「wav」格式並進行語音辨識，最後顯示辨識結果。

```
1 import speech_recognition as sr
2 from pydub import AudioSegment
3 from IPython.display import display, Javascript
4 from google.colab.output import eval_js
5 from base64 import b64decode
6
7 def record_audio(filename):
8   js=Javascript("""
9     async function recordAudio() {
10        const div = document.createElement('div');
11        const capture = document.createElement('button');
```

```
12        capture.textContent = "開始錄音";
13        capture.style.background = "orange";
14        capture.style.color = "white";
15        div.appendChild(capture);
16        const stopCapture = document.createElement("button");
17        stopCapture.textContent = "停止錄音";
18        stopCapture.style.background = "red";
19        stopCapture.style.color = "white";
20        const audio = document.createElement('audio');
21        const recordingVid = document.createElement("audio");
22        audio.style.display = 'block';
23        const stream = await navigator.mediaDevices.getUserMedia({audio:true});
24
25        let recorder = new MediaRecorder(stream);
26        document.body.appendChild(div);
27        div.appendChild(audio);
28        audio.srcObject = stream;
29        audio.muted = true;
30        await audio.play();
31        google.colab.output.setIframeHeight(document.
             documentElement.scrollHeight, true);
32        await new Promise((resolve) => {capture.onclick = resolve; });
33        recorder.start();
34        capture.replaceWith(stopCapture);
35        await new Promise((resolve) => stopCapture.onclick = resolve);
36        recorder.stop();
37        let recData = await new Promise((resolve) =>
             recorder.ondataavailable = resolve);
38        let arrBuff = await recData.data.arrayBuffer();
39        stream.getAudioTracks()[0].stop();
40        div.remove();
41
42        let binaryString = "";
43        let bytes = new Uint8Array(arrBuff);
44        bytes.forEach((byte) => {
45          binaryString += String.fromCharCode(byte);
46        })
47    return btoa(binaryString);
48    }
49    """)
50    try:
51      display(js)
```

```
52      data=eval_js('recordAudio({})')
53      binary=b64decode(data)
54      with open(filename,"wb") as audio_file:
55        audio_file.write(binary)
56    except Exception as err:
57      print(str(err))
58
59 record_audio("record.webm")
60 sound = AudioSegment.from_file("record.webm")
61 sound.export("record.wav", format ='wav')
62 r = sr.Recognizer()
63 with sr.WavFile("record.wav") as source:
64      audio = r.record(source)
65 try:
66      word = r.recognize_google(audio, language="zh-TW")
67      print(" 語音辨識結果：\n" + word)
68 except:
69      print(" 語音辨識失敗！")
```

程式說明

- ■ 7-57   record_audio 為錄音函式：參數 filename 為儲存錄音檔的檔名。
- ■ 8-49   為錄音並傳回聲音資料的 Javascript 程式。
- ■ 11-15   建立 **開始錄音** 按鈕。
- ■ 16-19   建立 **停止錄音** 按鈕。
- ■ 20-23   開啟麥克風。
- ■ 25-31   等待麥克風啟動完成。
- ■ 32   等待使用者按 **開始錄音** 鈕。
- ■ 33   開始錄音。
- ■ 34   將按鈕替換為 **停止錄音** 鈕。
- ■ 35   等待使用者按 **停止錄音** 鈕。
- ■ 36   結束錄音。
- ■ 37-39   取得錄音資料。
- ■ 40   移除按鈕顯示。
- ■ 42-47   傳回錄音資料。
- ■ 51-52   執行 Javascript 程式碼並傳回錄音資料。
- ■ 53   解碼取得的錄音資料成二進位資料。

- 54-55　儲存聲音檔案。
- 59　　　在主程式執行 record_audio 錄音函式，聲音檔名為「record. webm」。
- 60-61　將聲音檔案轉換為「wav」格式。
- 62-69　對聲音檔案進行語音辨識並顯示辨識結果。

執行結果：下面程式執行後會顯示 **開始錄音** 按鈕，按下按鈕後就開始錄音，同時按鈕文字變成 **停止錄音**，再按下按鈕後就結束錄音。

錄音內容存為 <record.webm> 檔，轉換為「wav」格式存為 <record.wav> 檔，最後顯示語音辨識結果。

5.2 文字翻譯

現在是地球村的時代，即使在國內也常會接觸外國語文，若出國更是生活在另一個語文的環境。「文字翻譯」是將一種語文翻譯為另一種語文，在這個世界一家的時代更顯重要。

▌5.2.1 google_trans_new 模組：文字翻譯

模組名稱	google-trans-new
模組功能	實現 Google Translate API 文字翻譯的工作
官方網站	https://github.com/lushan88a/google_trans_new
安裝方式	!pip install google_trans_new

目前 google_trans_new 模組執行時有錯誤，需修改模組中 <google_trans_new.py> 檔案程式碼，修改的命令為：

```
!sed -i "s/response = (decoded_line + ']')/response = decoded_line/g"
/usr/local/lib/python3.7/dist-packages/google_trans_new/google_trans_new.py
```

這個命令是在 <google_images_download.py> 檔中以「response = decoded_line」取代「response = (decoded_line + ']')」。

模組使用方式

1. 匯入 google_trans_new 模組的語法：

```
from google_trans_new import google_translator
```

2. 接著建立文字翻譯物件，語法為：

```
文字翻譯物件 = google_translator()
```

   例如建立變數名稱為 translator 的文字翻譯物件：

```
translator = google_translator()
```

翻譯文字到指定語言

文字翻譯物件的 translate() 方法可以將指定的文字翻譯另一種語言的文字，並將翻譯後文字傳回，語法為：

```
翻譯結果變數 = translator.translate( 要翻譯的文字 , lang_src= 語言代碼 ,
    lang_tgt= 語言代碼 , pronounce= 布林值 )
```

- **要翻譯的文字**：代表要轉換的文字字串。
- **lang_src**：要轉換文字的語言代碼。如果未設定，系統會自動偵測。
- **lang_tgt**：翻譯後文字的語言代碼。預設值為「en」，即翻譯為英文。
- **pronounce**：設定是否顯示拼音。預設值為 False，若設為 True 會顯示翻譯前及翻譯後的文字拼音。

例如：將中文「今天天氣很好」翻譯為日文並顯示拼音，將翻譯結果存於 word 變數之中。

```
word = translator.translate(" 今天天氣很好 ", lang_src='zh-TW',
    lang_tgt='ja', pronounce=True)
```

執行結果：

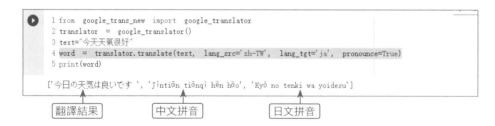

```
1 from google_trans_new import google_translator
2 translator = google_translator()
3 text="今天天氣很好"
4 word = translator.translate(text, lang_src='zh-TW', lang_tgt='ja', pronounce=True)
5 print(word)

['今日の天気は良いです ', 'Jīntiān tiānqì hěn hǎo', 'Kyō no tenki wa yoidesu']
```

翻譯結果　　　中文拼音　　　日文拼音

如果是要翻譯為英文且不顯示拼音，因系統會自動偵測要翻譯文字的語言代碼，所以不必傳送任何參數，只要 3 列程式就完成翻譯並顯示結果。例如翻譯日文「今日の天 は良いです」為英文：

```
1 from google_trans_new import google_translator
2 translator = google_translator()
3 print(translator.translate("今日の天気は良いです"))

The weather today is good
```

偵測文字語言

如果不知道要翻譯的文字是何種語言，文字翻譯物件提供 detect() 方法可以偵測文字是何種語言，語法為：

```
文字翻譯物件 .detect( 文字字串 )
```

例如偵測「今日の天 は良いです」是何種語言：

```
translator.detect(" 今日の天 は良いです ")
```

```
1 lang  =  translator.detect("今日の天気は良いです")
2 print(lang)

['ja', 'japanese']
```

語言代碼　　語言

5.2.2 應用：AI 智慧讀報機

前面章節曾利用 newspaper3k 模組擷取世界知名新聞網站的新聞內容，但其內容是英文 (大部分中文新聞網站無法擷取新聞內容)，我們可將英文新聞內容翻譯為中文，再利用文字轉語音功能讀出中文新聞內容，如此就算不懂英文，也可以「聽」世界知名新聞網站的新聞。

1. 首先安裝 newspaper3k、gTTS 及 google_trans_new 模組：

```
!pip install newspaper3k
!pip install gTTS
!pip install google_trans_new
```

2. 下面為讀報機程式碼：

```
1 import newspaper
2 from newspaper import Article
3 from google_trans_new import google_translator
4 import gtts
5 import IPython.display as display
6 import random
7
8 paper = newspaper.build('http://cnn.com', language='en')
9 # paper = newspaper.build('http://www.cnbc.com', language='en')
```

```
10 # paper = newspaper.build('http://www.bbc.co.uk', language='en')
11 # paper = newspaper.build('http://www.foxnews.com', language='en')
12 urls = []
13 for article in paper.articles:
14     url = article.url
15     if '.html' in url:
16         try:  #有時會產生無法擷取的錯誤，故使用 try
17             article = Article(url)
18             article.download()
19             article.parse()
20             content = article.text
21             if len(content)>0:
22                 urls.append(url)
23                 if len(urls)>10:
24                     break
25         except: pass
26 if len(urls)>0:
27     r = random.randint(0,len(urls)-1)
28     url = urls[r]
29     article = Article(url)
30     article.download()
31     article.parse()
32     content = article.text
33     if len(content)>5000: content = content[:4999]
34     translator = google_translator()
35     ret = translator.translate(content, lang_tgt='zh-TW')
36     print(ret)
37 else:
38     ret = '無可用新聞！'
39 tts = gtts.gTTS(text=ret, lang='zh-tw')
40 tts.save('news.mp3')
41 display.Audio("news.mp3", autoplay=True)
```

程式說明

- 1-6　　　匯入所需模組。

- 8-11　　因 newspaper3k 模組取得新聞內容時，連線常會被阻隔，通常在第一次連線時大部分會成功，第二次以後的連線常失敗，需等待數十分鐘。此處建立 4 個新聞網站連線，若連線失敗時，使用者可更換新聞網站嘗試連線。

- 12　　　urls 串列儲存取得的新聞連結。

- 13-25　逐一處理取得的新聞。

■ 14　　　取得單一新聞連結。

■ 15　　　新聞連結包含兩種：新聞類別及單一新聞，我們需要的是單一新聞，它們是以「.html」做為附加檔名，因此若新聞連結中有「.html」文字者才處理。

■ 16 及 25　因讀取新聞連結的新聞內容時，有時會產生錯誤而導致程式終止執行，這兩列程式讓發生錯誤時就忽略該則新聞，繼續處理其他新聞。

■ 17-20　讀取新聞內容。

■ 21-22　有時讀取新聞內容雖未產生錯誤，但得到的是空字串，因此檢查新聞內容不為空字串時才將該新聞連結加入 urls 串列中。

■ 23-24　有些新聞網站的新聞連結非常多，完全讀取新聞連結會耗費很多時間，因此限制最多讀取 10 則新聞連結。

■ 26-36　若有讀取到新聞連結才進行翻譯及轉為語音功能。

■ 27　　　本應用僅唸出一則新聞內容，此列程式以亂數選取一則新聞。

■ 28　　　取得新聞連結。

■ 29-32　取得新聞內容。

■ 33　　　Google 文字轉語音功能限制最多只能轉換 5000 個字元，此列程式檢查新聞內容若大於 5000 個字元就取前 4999 個字元。

■ 34-35　將英文新聞內容翻譯為中文。

■ 36　　　顯示中文新聞內容。

■ 37-38　若未讀取到新聞連結就讀出「無可用新聞！」告知使用者。

■ 39-40　將中文新聞內容轉換為語音並儲存於 <news.mp3> 檔。

■ 41　　　讀出新聞內容。經實測，「display.Audio」程式碼必須置於列首才會正常執行，若位置經過縮排就不會讀出語音檔。

程式執行後會由新聞網站隨機挑選一則新聞後將其翻譯為中文，執行結果會顯示中文新聞內容並以語音讀出。

美國總統拜登（Joe Biden）在2021年1月22日於華盛頓白宮的國家餐廳中談論了美國政府計畫在冠狀病毒病（COVID-19）應對活動中應對經濟危機的計畫

總統拜登（Joe Biden）總統在任職的頭幾天就描繪了該國冠狀病毒爆發的慘淡景象，警告說扭轉流行病的軌跡將花費數月的時間，預計死亡人數將在未來

拜登在周五簽署了兩項旨在減少凱餓和提倡大流行中的工人權利的行政命令之前說："許多美國正在遭受傷害，該病毒正在激增，我們將有40萬人喪生，這

根據約翰·霍普金斯大學（Johns Hopkins University）彙編的數據，在星期二，美國的Covid-19總死亡人數超過40萬，其中有四分之一在過去36天內

拜登還五警告說，隨著疫情的蔓延，"我們無法在未來幾個月內改變大流行的軌跡，"總統多次警告說，情況有可能在改善之前惡化。

儘管尚不清楚拜登指的是什麼預測，但衛生計量與評估研究所的一項重要預測估計，如果各州放寬社會疏遠指令，到3月，美國可能會檔60萬例Covid-1

拜登政府發言人沒有立即就總統的預測發表評論。

▶ 0:05 / 2:49　━━━━━━━ ◀》 ⋮

06

CHAPTER

金融匯率股票相關

6.1　匯率相關模組

現在國人常常出國旅行，出發前通常會先換目的國家的貨幣，此時就需要匯率資訊。目前投資的管道非常多元，外幣投資是許多人熱衷的投資項目，投資外幣更需時刻關心匯率的變化。

6.1.1　twder 模組：新台幣匯率擷取

模組名稱	twder
模組功能	擷取台灣銀行新台幣匯率報價
官方網站	https://github.com/jimms/twder
安裝方式	!pip install twder

模組使用方式

1. 匯入 twder 模組的語法：

```
import twder
```

2. **currencies()**：可以取得所有貨幣代碼。

```
twder.currencies()
```

```
1 print(twder.currencies())
['USD', 'HKD', 'GBP', 'AUD', 'CAD', 'SGD', 'CHF', 'JPY', 'ZAR', 'SEK', 'NZD', 'THB', 'PHP', 'IDR', 'EUR', 'KRW', 'VND', 'MYR', 'CNY']
```

貨幣代碼的幣別如下表：

USD	美元	JPY	日幣	EUR	歐元	KRW	韓幣
HKD	港幣	ZAR	南非幣	KRW	韓幣	VND	越南幣
GBP	英鎊	SEK	瑞典幣	VND	越南幣	MYR	馬來幣
AUD	澳幣	NZD	紐幣	MYR	馬來幣	CNY	人民幣
CAD	加幣	THB	泰銖	CNY	人民幣		
SGD	新幣	PHP	菲律賓幣	IDR	印尼幣		
CHF	瑞士法郎	IDR	印尼幣	EUR	歐元		

3. **currency_name_dict()**：傳回字典格式所有貨幣代碼。

```
twder.currency_name_dict()
```

```
1 print(twder.currency_name_dict())
['USD': '美金 (USD)', 'HKD': '港幣 (HKD)', 'GBP': '英鎊 (GBP)', 'AUD': '澳幣 (AUD)', 'CAD': '加拿大幣 (CAD)', 'SGD': '新加坡幣 (SGD)',
```

3. **now_all()**：取得所有貨幣匯率。

```
twder.now_all()
```

```
1 print(twder.now_all())
['USD': ('2021/01/26 14:19', '27.615', '28.285', '', ''), 'HKD': ('2021/01/26 14:19', '3.458', '3.662', '', ''), 'GBP': ('2021/01/26 14:
```

貨幣資料括號內數值的意義為：

(時間 ， 現金買入 ， 現金賣出 ， 即期買入 ， 即期賣出)

4. **now()**：取得單一貨幣的匯率資料。

```
twder.now( 貨幣代碼 )
```

例如，取得美元的匯率資料：

```
twder.now('USD')
```

```
1 print(twder.now('USD'))
('2021/01/26 14:22', '27.61', '28.28', '', '')
```

<u>注意：目前 **now_all()** 及 **now()** 方法未提供即期買入與即期賣出資料。</u>

5. **past_day()**：可取得單一貨幣過去一段時間的匯率資料。

```
twder.past_day( 貨幣代碼 )
```

例如，取得美元今天到目前有記錄的匯率資料：

```
twder.past_day('USD')
```

```
1 print(twder.past_day('USD'))
'27.59', '28.26', '27.94', '28.04'), ('2021/01/26 09:02:08', '27.585', '28.255', '27.935', '28.035'), ('2021/01/26 09:03:08', '27.58',
```

6. **past_six_month()**：可取得單一貨幣過去六個月的匯率資料。

   twder.past_six_month(貨幣代碼)

   例如取得美元過去六個月的匯率資料：

   twder.past_six_month('USD')

   傳回值為每天一筆匯率資料：

```
1 print(twder.past_six_month('USD'))
```
```
[('2021/01/26', '27.615', '28.285', '27.965', '28.065'), ('2021/01/25', '27.96', '28.63', '28.31', '28.41'), ('2021/01/22', '27.96', '2
```

7. **specify_month()**：可取得單一貨幣指定月份的匯率資料。

   twder.specify_month(貨幣代碼 , 西元年 , 月份)

   例如取得美元 2020 年 5 月的匯率資料：(只能查今年及去年的月份)

   twder.specify_month('USD', 2020, 5)

```
1 print(twder.specify_month('USD', 2020, 5))
```
```
[('2020/05/29', '29.62', '30.29', '29.97', '30.07'), ('2020/05/28', '29.62', '30.29', '29.97', '30.07'), ('2020/05/27', '29.61', '30.28
```

6.1.2 應用：新台幣國際匯率查詢

本應用可讓使用者在下拉式選單選取要查詢的貨幣，然後就會顯示目前該貨幣的即時匯率。

```
1 import twder
2
3 currencies = {' 美元 ':'USD',' 港幣 ':'HKD',' 英鎊 ':'GBP',
    ' 澳幣 ':'AUD',' 加拿大幣 ':'CAD',' 加幣 ':'CAD',
4         ' 新加坡幣 ':'SGD',' 瑞士法郎 ':'CHF',' 日幣 ':'JPY',
    ' 南非幣 ':'ZAR',' 瑞典幣 ':'SEK',
5         ' 紐幣 ':'NZD',' 泰銖 ':'THB',' 菲律賓幣 ':'PHP',
    ' 印尼幣 ':'IDR',' 歐元 ':'EUR',' 韓元 ':'KRW',\
6         ' 越南盾 ':'VND',' 越南幣 ':'VND',' 馬來幣 ':'MYR',
    ' 人民幣 ':'CNY' }
7 keys = currencies.keys()
8 tlist = [' 現金買入 ', ' 現金賣出 ', ' 即期買入 ', ' 即期賣出 ']
```

```
 9 currency = '美元' #@param ['美元','港幣','英鎊','澳幣',
     '加拿大幣','加幣','新加坡幣','瑞士法郎','日幣','南非幣',
     '瑞典幣','紐幣','泰銖','菲律賓幣','印尼幣','歐元',
     '韓元','越南盾','越南幣','馬來幣','人民幣']
10 show = currency + '匯率:\n'
11 if currency in keys:
12     for i in range(4):
13         exchange = twder.now(currencies[currency])[i+1]
14         show = show + tlist[i] + ':' + str(exchange) + '\n'
15     print(show)
16 else:
17     print('無此貨幣資料!')
```

程式說明

- **3-6**　　建立貨幣名稱與貨幣代碼的字典資料。
- **7**　　取得所有貨幣名稱。
- **8**　　建立所有匯率種類串列。
- **9**　　建立下拉式選單,預設值為美元。
- **11**　　如果貨幣名稱正確才進行處理。
- **12-15**　逐一顯示各種匯率。
- **13**　　以 twder 模組的 now() 方法取得各種匯率。
- **16-17**　如果貨幣名稱不正確就顯示錯誤訊息。

程式執行後在右方下拉式選單選取要查詢的貨幣,再按 **執行** ▶ 鈕下方就會顯示目前該貨幣的各種匯率。

6.1.3 google-currency 模組：不同幣值換算

twder 模組的功能算是相當完整，但它只能查詢新台幣對其它貨幣的匯率，無法取得任意兩種貨幣之間的匯率，google-currency 正好可以補足這個功能。

模組名稱	google-currency
模組功能	取得任意兩種貨幣之間的匯率
官方網站	https://github.com/om06/google-currency
安裝方式	!pip install google-currency

模組使用方式

google-currency 模組的功能非常簡單：計算一種貨幣任意數量換算為另一種貨幣得到的數值，若數量值為「1」時的值就是匯率。

1. 匯入 google-currency 的 convert 模組的語法：

```
from google_currency import convert
```

2. 使用 convert 模組的語法為：

```
convert( 原始貨幣代碼 , 目標貨幣代碼 , 數量 )
```

- **原始貨幣代碼**：轉換前的貨幣代碼。
- **目標貨幣代碼**：轉換後的貨幣代碼。
- **數量**：原始貨幣的數量。

  例如將 230 元美元轉換為日幣：

```
convert('USD', 'JPY', 230)
```

  傳回值為：

```
{"from": "USD", "to": "JPY", "amount": "23859.51", "converted": true}
```

- **amount**：轉換後的貨幣數量。
- **converted**：轉換是否成功。

```
1 convert('USD', 'JPY', 230)
'{"from": "USD", "to": "JPY", "amount": "23859.51", "converted": true}'
```

▌6.1.4 應用：美元日元幣值計算器

本應用可讓使用者在文字欄位輸入美元的數量，程式執行後會輸出美元轉換後的日幣金額。

```
1 from google_currency import convert
2 import json
3 samount = 100 #@param {type:'integer'}
4 damount = convert('USD', 'JPY', samount)
5 retdict = json.loads(damount)
6 print('{} 元美金 = 日幣 {} 元'.format(samount, retdict['amount']))
```

程式說明

- 3　　　　建立文字欄位讓使用者輸入美元數量。
- 4　　　　轉換為日幣數量。
- 5　　　　傳回值是 json 資料，將其轉換為字典資料。
- 6　　　　顯示轉換前後的貨幣資料。

執行結果：

```
1 from google_currency import convert        samount: 100
2 import json
3 samount = 100  #@param {type:'integer'}
4 damount = convert('USD', 'JPY', samount)
5 retdict = json.loads(damount)
6 print('{} 元美金 = 日幣 {} 元'.format(samount, retdict

100 元美金 = 日幣 10379.40 元
```

6.2 twstock 模組：台灣股市資訊

twstock 是台灣股市的專用模組，可以讀取指定股票的歷史記錄、股票分析和即時股票的買賣資訊等。

模組名稱	twstock
模組功能	讀取台灣股票資訊
官方網站	https://github.com/mlouielu/twstock
安裝方式	!pip install twstock

▌6.2.1 查詢歷史股票資料

模組使用方式

1. 匯入 twstock 模組的語法：

```
import twstock
```

2. twstock 模組利用 Stock() 方法查詢個股歷史股票資料，語法為：

```
歷史股票變數 = twstock.Stock(' 股票代號 ')
```

例如，設定歷史股票變數為 stock，查詢鴻海股票 (代碼 2317) 的歷史資料，預設會讀取最近 31 日的歷史記錄。

```
stock = twstock.Stock('2317')
```

取得股票歷史資料

1. 利用 Stock 物件的屬性即可以讀取指定的歷史資料，Stock 物件的屬性：

屬性	說明	屬性	說明
date	日期 (datetime.datetime)	low	最低價
capacity	總成交股數 (單位：股)	price	收盤價
turnover	總成交金額 (單位：元)	close	收盤價
open	開盤價	change	漲跌價差
high	最高價	transaction	成交筆數

例如：顯示「鴻海」最近 31 筆收盤價資。

```
print(stock.price)
```

```
1 stock = twstock.Stock('2317')
2 print(stock.price)

[87.8, 87.7, 88.0, 87.7, 88.8, 89.6, 91.8, 91.8, 90.4, 91.6, 92.0, 99.9, 104.0, 105.0, 107.0, 108.0, 107.5, 104.0, 106.5, 116.0, 115.5,
```

傳回結果為串列，可使用串列語法擷取部分資料，例如顯示最近 1 日開盤價、最高價、最低價及收盤價：

```
print(" 日期：",stock.date[-1])
print(" 開盤價：",stock.open[-1])
print(" 最高價：",stock.high[-1])
print(" 最低價：",stock.low[-1])
print(" 收盤價：",stock.price[-1])
```

```
1 print("日期: ",stock.date[-1])
2 print("開盤價: ",stock.open[-1])
3 print("最高價: ",stock.high[-1])
4 print("最低價: ",stock.low[-1])
5 print("收盤價: ",stock.price[-1])

日期: 2021-01-29 00:00:00
開盤價: 119.0
最高價: 120.0
最低價: 111.5
收盤價: 111.5
```

2. Stock 物件也提供下列 fetch()、fetch_31() 及 fetch_from() 方法可以讀取指定期間的歷史資料。

方法	傳回資料
fetch(西元年 , 月)	傳回參數指定月份的資料。
fetch_31()	傳回最近 31 日的資料。
fetch_from(西元年 , 月)	傳回參數指定月份到現在的資料。

例如：以 fetch 取得 2020 年 1 月的資料

```
stock.fetch(2020,1)
```

```
1 stock.fetch(2020,1)

[Data(date=datetime.datetime(2020, 1, 2, 0, 0), capacity=20758722, turnover=1886677519, open=91.0, high=91.5, low=90.3, close=90.8, cha
Data(date=datetime.datetime(2020, 1, 3, 0, 0), capacity=37936877, turnover=3471335594, open=91.4, high=92.2, low=90.8, close=91.6, cha
Data(date=datetime.datetime(2020, 1, 6, 0, 0), capacity=26352522, turnover=2388785688, open=91.1, high=91.1, low=90.1, close=90.5, cha
Data(date=datetime.datetime(2020, 1, 7, 0, 0), capacity=43978140, turnover=3935667984, open=90.5, high=90.5, low=88.3, close=89.1, cha
Data(date=datetime.datetime(2020, 1, 8, 0, 0), capacity=56101121, turnover=4891344755, open=87.9, high=88.1, low=86.5, close=86.5, cha
Data(date=datetime.datetime(2020, 1, 9, 0, 0), capacity=28513381, turnover=2491571248, open=87.3, high=87.7, low=87.0, close=87.1, cha
Data(date=datetime.datetime(2020, 1, 10, 0, 0), capacity=32264863, turnover=2852056044, open=88.0, high=89.0, low=87.5, close=89.0, cha
Data(date=datetime.datetime(2020, 1, 13, 0, 0), capacity=23369554, turnover=2084580613, open=89.7, high=89.7, low=88.6, close=89.6, cha
Data(date=datetime.datetime(2020, 1, 14, 0, 0), capacity=19568838, turnover=1758920258, open=90.0, high=90.1, low=89.6, close=90.0, cha
Data(date=datetime.datetime(2020, 1, 15, 0, 0), capacity=23798041, turnover=2141165898, open=90.0, high=90.3, low=89.5, close=89.9, cha
```

例如：以 fetch_from() 方法取得 2020 年 9 月至今的資料。

```
stock.fetch_from(2020,9)
```

IP 會被鎖定

當以 fetch()、fetch_31() 和 fetch_from() 方法向台灣證券交易所網頁讀取資料時，如果資料量太大，很容易會被視為攻擊而被鎖定 IP，如此就無法連上該網站，必須等一段時間才可再連上證券交易所網頁。若下載資料量多時，建議分時間、分次下載，避免一次下載太多資料，而且每次下載的時間最好有點間隔。

6.2.2 查詢股票即時交易資訊

twstock 模組利用 realtime.get() 方法查詢個股即時股票資訊，語法為：

```
即時股票變數 = twstock.realtime.get(' 股票代號 ')
```

例如：設定即時股票變數為 real，查詢鴻海股票 (代碼 2317) 的即時交易資訊。

```
real = twstock.realtime.get('2317')
```

傳回資料為：

```
{'timestamp': 1611901800.0, 'info': {'code': '2317', 'channel':
'2317.tw', 'name': ' 鴻海 ', 'fullname': ' 鴻海精密工業股份有限公司 ',
'time': '2021-01-29 06:30:00'}, 'realtime': {'latest_trade_
price': '111.5000', 'trade_volume': '20289', 'accumulate_trade_
volume': '179678', 'best_bid_price': ['111.5000', '111.0000',
'110.5000', '110.0000', '109.5000'], 'best_bid_volume': ['1350',
'3175', '2552', '4918', '127'], 'best_ask_price': ['112.0000',
'112.5000', '113.0000', '113.5000', '114.0000'], 'best_ask_
volume': ['92', '135', '577', '1278', '1844'], 'open': '119.0000',
'high': '120.0000', 'low': '111.5000'}, 'success': True}
```

```
1 real = twstock.realtime.get('2317')
2 print(real)
```

['timestamp': 1611901800.0, 'info': ['code': '2317', 'channel': '2317.tw', 'name': '鴻海', 'fullname': '鴻海精密工業股份有限公司', 'tim

傳回資訊包括「timestamp」欄位的時間、「info」欄位的公司基本資料外,主要股票資料都在 「realtime」欄位中,包含了**即時股價 (latest_trade_price)、成交量 (trade_volume)、累積成交量 (accumulate_trade_volume)、委買及委賣資料、開盤價 (open)、盤中最高 (high) 及最低價 (low)**。

例如,即時股價就在 「realtime」欄位的「latest_trade_price」欄位,顯示即時股價的程式碼為:

```
print(real['realtime']['latest_trade_price'])
```

傳回資訊的最後欄位為「success」,此欄位為 True 表示傳回資訊正確,如果是 False 表示發生錯誤,並同時將錯誤訊息存於「rtmessage」欄位中。程式設計者通常會先檢查此欄位,若為 True 才處理傳回資料,程式碼為:

```
if real['success']:
    處理股票資料程式碼
else:
    print('錯誤:' + real['rtmessage'])
```

下面範例顯示 twstock 模組取得的部分即時資料和股票名稱:

```
if real['success']:
    print('股票名稱、即時股票資料:')
    print('股票名稱:',real['info']['name'])
    print('開盤價:',real['realtime']['open'])
    print('最高價:',real['realtime']['high'])
    print('最低價:',real['realtime']['low'])
    print('目前股價:',real['realtime']['latest_trade_price'])
else:
    print('錯誤:' + real['rtmessage'])
```

```
股票名稱、即時股票資料:
股票名稱: 鴻海
開盤價: 119.0000
最高價: 120.0000
最低價: 111.5000
目前股價: 111.5000
```

6.2.3 免費的通知利器：LINE Notify

許多投資人長時間在證券公司或家中螢幕前觀看股價變化，一刻也不敢鬆懈，擔心錯過買賣股票的最佳時機。可以利用 twstock 模組每隔指定時間讀取個股即時股價，股價若高於設定價錢時，就發 LINE 訊息告知使用者可賣出股票；若低於設定價錢時，就發 LINE 訊息告知使用者可買入股票，如此一來，投資人即使不看盤也不會錯過買賣股票的時機。

申請 LINE Notify 權杖

對於使用者和開發者而言，LINE Notify 的最大優勢，就是可以免費接收 LINE 的推播通知，不會被依訊息則數來收費。它是一個官方帳號，加為好友之後，就可以用它來接收你的服務發送過來的推播通知，也可以使用程式發送推播通知。

1. 要以 LINE Notify 傳送訊息必須先到 LINE Notify 官網取得權杖。開啟 LINENotify 官網「https://notify-bot.line.me/zh_TW/」，以 LINE 帳號登入後，在右上方「姓名」下拉選單中點選 **個人頁面**。

2. 於 **發行存取權杖 (開發人員用)** 項目按 **發行權杖** 鈕。

3. **請填寫權杖名稱** 欄輸入權杖名稱 (此處輸入「即時股價」)，接著點選 **透過 1 對 1 聊天接收 Line Notify 的通知**，表示僅傳送資料給自己。最後按 **發行** 鈕。

4. 中間的紅色文字就是 LINE Notify 權杖，按 **複製** 鈕複製備用，在程式中會使用此權杖。按 **關閉** 鈕結束對話方塊。

5. 在 LINE Notify 個人頁面就可見到剛建立的權杖服務。注意此處不會顯示權杖，複製的權杖要妥善保管，若忘記將無法尋回。

Line 中加入 Line Notify 為朋友

在 LINE 中必須將 Line Notify 加入成為朋友，才會顯示由 LINE Notify 傳送的訊息。

於行動裝置開啟 LINE，點選 **主頁 / 搜尋好友**。於 **搜尋好友** 頁面，上方核選 **ID**，搜尋欄輸入「@linenotify」後按 **搜尋** 鈕。出現 LINE Notify，按 **加入** 鈕即完成設定。

 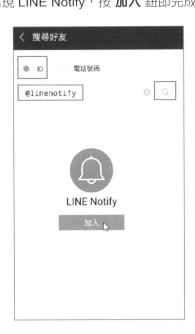

發送 LINE Notify 通知

有了 LINE Notify 權杖後，只要呼叫 LINE Notify 提供的 API 就能發送 LINE Notify 通知了！LINE Notify 的 API 網址為「https://notify-api.line.me/api/notify」，語法為：

```
headers = {
    "Authorization": "Bearer " + 權杖 ,
    "Content-Type" : "application/x-www-form-urlencoded"
}
payload = {'message': 文字訊息 }
通知變數 = requests.post("https://notify-api.line.me/api/notify",
    headers = headers, params = payload)
```

- **權杖**：前一小節申請的 LINE Notify 權杖。

- **文字訊息**：要傳送給 LINE 的訊息。

例如，以通知變數 notify 傳送文字訊息：

```
notify = requests.post("https://notify-api.line.me/api/notify",
    headers = headers, params = payload)
```

通知變數的 **status_code** 屬性值若為「200」表示傳送訊息成功，通常會檢查此屬性值進行 LINE Notify 傳送訊息的後續處理：

```
if 通知變數.status_code == 200:
    傳送訊息成功處理程式碼
else:
    傳送訊息失敗處理程式碼
```

下面程式示範傳送 LINENotify 通知：

```
import requests

msg = ' 這是 LINE Notify 發送的訊息。'
token = ' 你的 LINE Notify 權杖 '   # 權杖
headers = {
    "Authorization": "Bearer " + token,
    "Content-Type" : "application/x-www-form-urlencoded"
}
payload = {'message': msg}
notify = requests.post("https://notify-api.line.me/api/notify",
    headers = headers, params = payload)
if notify.status_code == 200:
    print(' 發送 LINE Notify 成功！')
else:
    print(' 發送 LINE Notify 失敗！')
```

使用本章所附程式時，記得將第 4 列程式替換為使用者的 LINE Notify 權杖。開啟使用者行動裝置 LINE 應用程式，可見到剛傳送過來的 LINE Notify 通知。

▌6.2.4 應用：使用 LINE 監控即時股價

twstock 模組具備讀取即時股價的能力，在指定條件發生時發送 LINE 訊息，就能監控股票價格，當股票價格達到指定價位時以 LINE 訊息通知使用者。

本應用執行後，每 5 分鐘讀取鴻海公司即時股價一次，若股價達到用 110 元以上 (含) 就發 LINE 訊息告知使用者可賣出股票；若股價達到 90 元以下 (含) 就發 LINE 訊息告知使用者可買入股票。為了避免使用者疏忽 LINE 訊息而傳送太多 LINE 訊息，設定最多只發送 3 次 LINE 訊息就結束程式。同樣的，若讀取即時股價產生錯誤，最多顯示 3 次錯誤訊息就結束程式。

```python
1  import twstock
2  import time
3  import requests
4
5  def lineNotify(token, msg):
6      headers = {
7          "Authorization": "Bearer " + token,
8          "Content-Type" : "application/x-www-form-urlencoded"
9      }
10
11     payload = {'message': msg}
12     notify = requests.post("https://notify-api.line.me/api/notify",
           headers = headers, params = payload)
13     return notify.status_code
14
15 def sendline(mode, realprice, counterLine, token):
16     print('鴻海目前股價：' + str(realprice))
17     if mode == 1:
18         message = '現在鴻海股價為 ' + str(realprice) + ' 元，可以賣出股票了！'
19     else:
20         message = '現在鴻海股價為 ' + str(realprice) + ' 元，可以買入股票了！'
21     code = lineNotify(token, message)
22     if code == 200:
23         counterLine = counterLine + 1
24         print('第 ' + str(counterLine) + ' 次發送 LINE 訊息。')
25     else:
26         print('發送 LINE 訊息失敗！')
27     return counterLine
28
29 token = '你的 LINE ifNoty 權杖 '  #權杖
30 counterLine = 0  #儲存發送次數
```

```
31 counterError = 0    #儲存錯誤次數
32
33 print(' 程式開始執行！')
34 while True:
35     realdata = twstock.realtime.get('2317')    #即時資料
36     if realdata['success']:
37        realprice = realdata['realtime']['latest_trade_price']    #目前股價
38        if realprice != '-':
39          if float(realprice) >= 40:
40              counterLine = sendline(1, realprice, counterLine, token)
41          elif float(realprice) <= 20:
42              counterLine = sendline(2, realprice, counterLine, token)
43        if counterLine >= 3:    #最多發送 3 次就結束程式
44              print(' 程式結束！')
45              break
46     else:
47        print('twstock 讀取錯誤，錯誤原因：' + realdata['rtmessage'])
48        counterError = counterError + 1
49        if counterError >= 3:    #最多錯誤 3 次
50            print(' 程式結束！')
51            break
52     for i in range(300):    #每 5 分鐘讀一次
53        time.sleep(1)
```

程式說明

- 1-3　　匯入模組。

- 5-13　　發送 LINE Notify 通知的自訂函式。

- 7　　　參數 token 為 LINE Notify 權杖，msg 為傳送的通知內容文字。

- 15-27　根據不同股價發送對應 LINE Notify 通知的自訂函式。

- 15　　　參數 mode=1 表示股價大於等於設定的股價高點，mode=2 表示股價小於等於設定的股價低點。realprice 為目前即時股價，counterLine 為目前傳送 LIN ENotify 通知的次數。

- 17-18　mode=1 表示股價大於等於設定的股價高點，可以賣出股票。

- 19-20　mode=2，表示股價小於等於設定的股價低點，可以買入股票。

- 21　　　發送 LINE Notify 通知。

- 22-24　若發送成功就將發送 LINE 訊息次數增加一次。

- 29　　　LINE Notify 權杖。記得將此處置換為使用者自己的權杖。

- 30-31　counterLine 變數記錄發送 LINE 訊息的次數，counterError 變數記錄顯示錯誤訊息的次數。

- 34-53　使用無窮迴圈不斷監視股價。

- 35　　　讀取鴻海股票即時資料。

- 36-44　讀取成功才執行 37-45 列程式。

- 37　　　取得目前股價。

- 38　　　取得的股價不是「-」才執行 39-45 列程式。

- 39-40　若股價大於或等於 40 就發送賣出股票的 LINE Notify 通知。

- 41-42　若股價小於或等於 20 就發送買入股票的 LINE Notify 通知。

- 43-45　發送 LINE Notify 通知 3 次就結束程式。

- 46-51　若讀取即時股價產生錯誤就執行此段程式：顯示錯誤原因，錯誤次數加 1，最多顯示 3 次錯誤訊息就結束程式。

- 52-53　每隔 300 秒（5 分鐘）讀取即時股票資料一次。

下圖為目前股價為 111.5 元的執行結果：程式會發送三次訊息給 LINE 告知使用者目前股價，然後結束程式。

```
48              if counterError >= 3:   #最多錯誤3次
49                  print('程式結束!')
50                  break
51          for i in range(300):   #每5分鐘讀一次
52              time.sleep(1)
```

```
程式開始執行!
鴻海目前股價: 111.5000
第 1 次發送 LINE 訊息。
鴻海目前股價: 111.5000
第 2 次發送 LINE 訊息。
鴻海目前股價: 111.5000
第 3 次發送 LINE 訊息。
程式結束!
```

LINE 中的通知訊息：

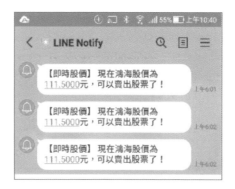

6.3　中央銀行統計資料庫

中央銀行是我國最高金融機構，數十年來累積了相當多的金融資料，使用者可在中央銀行統計資料庫網頁查詢及下載。TWCB 模組提供方便下載中央銀行統計資料庫資料的方法，更提供批次下載功能，可將所有資料一次全部下載。

6.3.1　中央銀行統計資料庫網頁

中央銀行統計資料庫網頁的網址為「https://cpx.cbc.gov.tw/Tree/TreeSelect」，首頁的搜尋功能很難使用，建議直接在樹狀結構尋找所要的資料項目，此處以「我國與主要貿易對手通貨對美元之匯率」日報表為例：

可選擇需要資料的日期及幣別，此處都點選 **全選**，即所有資料，按 **查詢** 鈕。

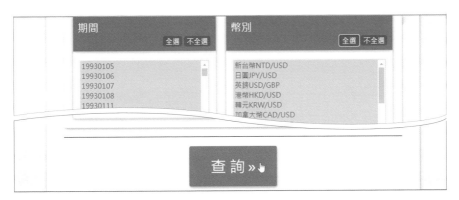

網頁會顯示所有查詢的資料供使用者觀看。如果要下載資料，點選 **另存新檔** 鈕，再點選檔案格式即可將資料存於本機。

6.3.2 TWCB 模組：下載中央銀行資料庫

模組名稱	TWCB
模組功能	批次下載中央銀行統計資料
官方網站	https://github.com/TwQin0403/TWCB
安裝方式	!pip install TWCB

安裝 TWCB 時會有相依模組版本不符的錯誤訊息，不會影響 TWCB 模組功能，可不予理會。

模組使用方式

中央銀行統計資料庫可供下載的資料多達 197 種，要逐一下載將是繁複且無趣的工作。TWCB 模組提供批次下載功能，可將所有資料一次全部下載。

1. 匯入 TWCB 模組的語法：

```
import TWCB
```

2. 中央銀行統計資料庫的資料種類繁多，下載時需要知道資料的代碼。TWCB 模組提供 get_info() 方法取得資料代碼，語法為：

```
TWCB.get_info()
```

傳回值為：(tb_name 為資料種類，code 為資料代碼)

tb_name	code
中央銀行統計資料庫_我國與主要貿易對手通貨對美元之匯率_日	BP01D01.px
中央銀行統計資料庫_我國與主要貿易對手通貨對美元之匯率_月	BP01M01.px
....	

3. 執行任何 TWCB 程式碼後會自動生成 <reference.csv> 檔，其內容是中央銀行統計資料庫所有資料類別及資料代碼列表。在 Colab 中使用者可以在 <reference.csv> 上按滑鼠左鍵兩下，即可查看 <reference.csv> 檔的內容：

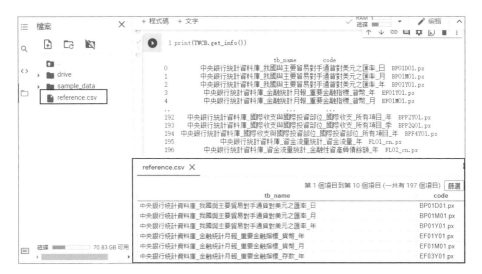

下載指定資料

例如資料變數為 df1，下載我國與主要貿易對手通貨對美元之匯率日報表，其資料代碼為 BP01D01.px：

```
df1 = TWCB.get('BP01D01.px')
```

傳回值為 DataFrame 格式。

雖然 TWCB 模組並未提供下載資料的方法，但因為傳回值為 DataFrame 格式，如此就可利用 DataFrame 的存檔功能下載資料。例如利用 DataFrame 的 to_csv() 方法將資料存於雲端硬碟的 < 匯率日報表 .csv> 檔案：

```
df1.to_csv(' 匯率日報表 .csv')
```

另一種下載資料的方式是以 get_by_search() 方法查詢資料類別部分文字，只要資料類別文字包含查詢文字的資料都會被下載，語法為：

```
資料變數 = TWCB.get_by_search(' 查詢文字 ')
```

例如資料變數為 data_list，查詢文字為「美元之匯率」：

```
data_list = TWCB.get_by_search(' 美元之匯率 ')
```

傳回值是一個串列，串列元素為下載的資料，例如上面例子有三筆符合的資料：

![執行結果截圖，顯示 data_list = TWCB.get_by_search('美元之匯率') 的輸出，In the table name 中央銀行統計資料庫_我國與主要貿易對手通常對美元之匯率_日 with code BP01D01.px 等三筆符合的資料，以及 Start to process the BP01D01.px 等下載三筆資料]

下載全部資料

TWCB 模組提供 get_all() 方法可下載中央銀行統計資料庫全部資料 (197 個類別)，語法為：

```
TWCB.get_all()
```

因資料龐大，執行的時間很長，請耐心等待。執行結果產生 <download_TWCB. json> 檔。

![Colab 執行畫面，左側檔案總管顯示 drive、sample_data、download_TWCB.json、reference.csv 等檔案，右側顯示 TWCB.get_all() 的執行結果 Start to process the BP01D01.px 等一系列輸出]

TWCB 並未提供將個別資料存檔的功能，下面是自行撰寫的程式，可將 197 個類別資料分別存檔：

```
1 import json
2 import pandas as pd
3 import os
4 with open('download_TWCB.json','r',encoding='utf-8') as f:
5     test_data = json.load(f)
6 if not os.path.isdir('twcb'):
7     os.mkdir('twcb')
8 for key in test_data.keys():
9     data = pd.read_json(test_data[key])
10    data.to_csv('twcb/' + key + '.csv')
```

程式說明

■ 4　　　　讀取 <download_TWCB.json> 檔。

■ 5　　　　將文字 JSON 格式轉為字典。

■ 6-7　　　將資料檔案存於 <twcb> 資料夾，這 2 列程式檢查 <twcb> 資料夾是否存在，若不存在就建立該資料夾。

■ 8　　　　取得所有資料類別名稱，並逐一處理資料類別。

■ 9　　　　根據資料類別取得資料。

■ 10　　　將資料存檔。

執行完畢後就將所有資料都存於 <twcb> 資料夾中。

07

CHAPTER

臉部辨識分析

7.1　face_engine 模組：簡單易用臉部辨識

目前影像偵測與辨識的技術已臻成熟，並且深入應用在我們的生活之中，如指紋辨識、瞳孔辨識或車牌辨識 … 等，而臉部辨識更是熱門的應用技術。Python 的臉部辨識模組很多，本節將介紹 face-engine 模組的使用方式。

7.1.1　建立 face-engine 模組使用環境

模組名稱	`face-engine`
模組功能	進行圖片臉部辨識
官方網站	`https://github.com/guesswh0/face_engine`
安裝方式	`!pip install face-engine`

face-engine 模組會使用 dlib 模組，Colab 預設已安裝 dlib 模組，在 Colab 中可直接使用 face-engine 模組，**如果不是在 Colab 環境，要記得安裝 dlib 模組。**

另外，在 Colab 中 face-engine 模組需要 GPU 才能正常執行，因此本章的筆記本檔案需將 筆記本設定 / 硬體加速器 的選項設定為「GPU」模式。

上傳本章資源 Colab 根目錄

於 Colab 檔案總管中按 **上傳** 鈕，於 **開啟** 對話方塊點選本章範例除 <.ipynb> 及 <member> 資料夾以外的檔案後按 **開啟** 鈕，完成上傳的動作。上傳完成後可在 Colab 根目錄看到上傳的檔案。

在 Colab 中加入 dlib 預設模型檔

使用 face-engine 模組進行臉部辨識功能時，會使用 dlib 模組的預設模型檔，所以要先在 face-engine 模組的指定路徑中加入 dlib 模組的預設模型檔，否則執行時會產生錯誤。

1. dlib 模組使用的所有模型皆可由「http://dlib.net/files/」網頁下載：此處需要 <dlib_face_recognition_resnet_model_v1.dat.bz2> 及 <shape_predictor_5_face_landmarks.dat.bz2> 兩個模型壓縮檔，點選該項目即可下載。

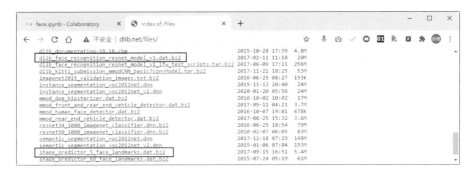

解壓縮檔案會得到 <dlib_face_recognition_resnet_model_v1.dat> 及 <shape_predictor_5_face_landmarks.dat> 模型檔。(本章範例檔中已包含可直接使用)

2. dlib 模組的模型檔必須置於 </usr/local/lib/python3.7/dist-packages/face_engine/resources/data/> 資料夾，在 Colab 中必須使用以下列命令建立此資料夾：

```
!mkdir -p /usr/local/lib/python3.7/dist-packages/face_engine/resources/data/
```

3. 最後將模型檔複製到上述資料夾就完成 face-engine 模組的使用環境建置。

```
!cp "dlib_face_recognition_resnet_model_v1.dat" /usr/local/lib/
    python3.7/dist-packages/face_engine/resources/data
!cp "shape_predictor_5_face_landmarks.dat" /usr/local/lib/
    python3.7/dist-packages/face_engine/resources/data
```

‖ 7.1.2 face-engine 臉部偵測

臉部偵測是在圖片中偵測是否有人的臉部存在，若存在就指出臉部的矩形區域。

模組使用方式

1. 匯入 face-engine 模組的語法：

```
from face_engine import FaceEngine
```

2. 通常進行臉部偵測後會將臉部框選起來查看偵測結果是否正確， 因此要匯入 Pillow 及 Matplotlib 模組：

```
from PIL import Image, ImageDraw
import matplotlib.pyplot as plt
```

3. 首先建立 FaceEngine 物件，語法為：

```
臉部物件變數 = FaceEngine()
```

例如建立臉部物件變數為 engine 的物件：

```
engine = FaceEngine()
```

4. face-engine 模組使用 find_faces() 方法偵測圖片中的人臉，語法為：

```
_, 區塊變數 = 臉部物件變數 .find_faces( 圖片檔案路徑 )
```

find_faces() 方法有兩個傳回值，第一個傳回值未使用，第二個傳回值是串列， 串列元素為臉部的矩形區塊坐標。

例如區塊變數為 boxes，臉部物件變數為 engine，圖片檔案為 <face1.jpg>：

```
_, boxes = engine.find_faces("face1.jpg")
```

下面為第二個傳回值的範例：(偵測到兩張人臉)

```
[(476, 128, 626, 277), (148, 148, 272, 272)]
```

坐標依次為 (左上角 x 坐標 , 左上角 y 坐標 , 右下角 x 坐標 , 右下角 y 坐標)。

標示人臉位置矩形

face-engine 模組僅傳回人臉矩形區塊坐標，必須在圖片上畫出此矩形才能看出偵測的結果是否正確，但是 face-engine 模組並未提供繪製矩形的方法，使用者需自行撰寫程式繪製。

範例：偵測人臉矩形區塊坐標並繪製矩形

```
1 engine = FaceEngine()
2 filename = 'person1.jpg'
3 # filename = 'person2.jpg'
4 # filename = 'person3.jpg'
5 try:
6     _, boxes = engine.find_faces(filename)
7     print(boxes)
8
9     img = Image.open(filename)
10    drawing = ImageDraw.Draw(img)
11    for i in range(len(boxes)):
12        drawing.rectangle(boxes[i], outline='red', width=2)
13    plt.imshow(img)
14    plt.show()
15 except:
16    print(' 未偵測到人臉！ ')
```

程式說明

- 1　　　建立 FaceEngine 物件。
- 2-4　　face-engine 模組可以同時偵測多張人臉：<person1.jpg> 為一張人臉，<person2.jpg> 為二張人臉，<person3.jpg> 為三張人臉。使用者可移除註解符號「#」後執行查看結果。
- 5,15　 find_faces() 方法若未偵測到人臉，第 6 列程式會出錯並中斷程式，因此需置於 try…except 中。
- 6　　　偵測人臉。
- 7　　　列印人臉矩形區塊坐標串列。
- 9　　　讀取圖片。
- 10　　 在圖片上繪圖。
- 11-12　逐一繪製人臉矩形。
- 13-14　顯示圖形。

執行結果：

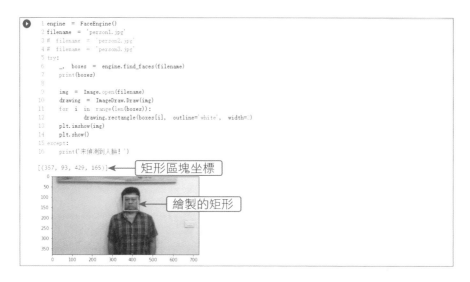

<person2.jpg> 及 <person3.jpg> 的執行結果：

7.1.3 face-engine 臉部比對

臉部比對是指在多人的圖片中偵測指定對象的臉部。

1. face-engine 模組使用 compare_faces() 方法進行臉部比對，語法為：

```
信心指數 , 區塊變數 = 臉部物件變數 .compare_faces( 圖片檔案路徑 1, 圖片檔案路徑 2)
```

2. compare_faces() 方法有兩個傳回值，第一個傳回值為信心指數，表示偵測人臉的可信度；第二個傳回值是元組，表示臉部的矩形區塊坐標。

「圖片檔案路徑 1」是包含一張人臉的圖片，「圖片檔案路徑 2」是包含多張人臉的圖片，目的是在圖片檔案路徑 2 中找出圖片檔案路徑 1 的人臉。

例如，信心指數為 score，區塊變數為 box，臉部物件變數為 engine，「圖片檔案路徑 1」為 <singleface.jpg>，「圖片檔案路徑 2」為 <multiface.jpg>：

```
score, box = engine.compare_faces("singleface.jpg", "multiface.jpg")
```

範例：利用圖片比對標示所屬人臉區塊並繪製矩形

```
 1 engine = FaceEngine()
 2 img1 = 'sample1.jpg'
 3 # img1 = 'sample2.jpg'
 4 # img1 = 'sample3.jpg'
 5 img2 = 'person3.jpg'
 6 score, box = engine.compare_faces(img1, img2)
 7 print(score, box)
 8 img = Image.open(img2)
 9 drawing = ImageDraw.Draw(img)
10 drawing.rectangle(box, outline='white', width=2)
11 plt.imshow(img)
12 plt.show()
```

程式說明

- 2-4   <sample1.jpg> 到 <sample3.jpg> 為單一人臉圖片。
- 5   <person3.jpg> 含三張人臉。
- 6   比對人臉。
- 7   列印信心指數及人臉矩形區塊坐標。
- 8-12   在 <person3.jpg> 繪製比對到的人臉矩形。

執行結果：

使用者可移除第 3 或 4 列的註解符號執行，可看到皆正確比對出單張人臉圖片的臉部。但若使用不在 <person3.jpg> 中人臉的圖片時，仍然會傳回比對人臉 (此為錯誤比對結果)。

7.1.4 face-engine 臉部辨識

臉部辨識與臉部偵測的不同處：臉部偵測只是偵測圖片中的人臉並得到臉部的位置，臉部辨識則會進一步得知偵測到的臉部是什麼人的臉，即知道人臉的身分。

1. 臉部辨識的第一個步驟是建立人臉資料庫，再將未知人臉圖片與人臉資料庫比對，就能取得未知人臉的身分。face-engine 模組使用 fit() 方法建立人臉資料庫，fit() 方法的語法為：

臉部物件變數 .fit([圖片 1, 圖片 2,……], [姓名 1, 姓名 2,……])

例如，下面建立三張圖片的人臉資料庫：

```
engine.fit(['face1.jpg', 'face2'.jpg', 'face3'.jpg],
    ['jeng', 'chiou', 'david'])
```

2. 建立人臉資料庫後，就可以利用 make_prediction() 方法進行臉部辨識，語法為：

姓名變數 , 區塊變數　= 臉部物件變數 .make_prediction(未知圖片)

make_prediction() 方法可同時辨識多張人臉，傳回的姓名變數及區塊變數都是串列，元素即為人臉的姓名及人臉矩形坐標。

例如姓名變數為 names，區塊變數為 boxes，未知圖片為 <test.jpg>：

```
names, boxes = engine.make_prediction('test.jpg')
```

下面為辨識出兩張人臉的傳回值範例：

```
['jeng', 'chiou'] [(476, 128, 626, 277), (148, 148, 272, 272)]
```

其回傳值的意義為第一張人臉為 jeng，矩形坐標為 (476, 128, 626, 277)；第二張人臉為 chiou，矩形坐標為 (148, 148, 272, 272)。

以下程式會先建立人臉資料庫再對未知圖片進行臉部辨識：

範例：建立人臉資料庫進行臉部辨識

```
1 engine = FaceEngine()
2 img1 = 'sample1.jpg'
3 img2 = 'sample2.jpg'
4 img3 = 'sample3.jpg'
5 engine.fit([img1, img2, img3], ['jeng', 'chiou', 'david'])
```

```
 6
 7 testimage = 'catch.jpg'
 8 # testimage = 'person2.jpg'
 9 names, boxes = engine.make_prediction(testimage)
10 print(names, boxes)
11 img = Image.open(testimage)
12 drawing = ImageDraw.Draw(img)
13 for i in range(len(boxes)):
14     drawing.rectangle(boxes[i], outline='white', width=2)
15 plt.imshow(img)
16 plt.show()
```

程式說明

- 2-5　　建立人臉資料庫。

- 7　　　單一人臉未知圖片。

- 8　　　兩張人臉未知圖片。

- 9　　　進行臉部辨識。

- 10　　列印姓名串列及人臉矩形區塊坐標串列。

- 11-16　在未知圖片繪製辨識結果的人臉矩形。

執行結果：

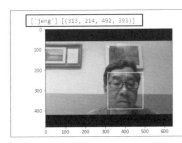

7.1.5 儲存及載入人臉資料庫

進行臉部辨識功能之前必須先建立人臉資料庫，當人臉資料庫中的資料數量龐大時，若每次執行程式都重新建立人臉資料庫，將耗費相當多的時間與電腦資源。最佳方式是將建立好的人臉資料庫儲存起來，以後要進行臉部辨識功能時只要載入人臉資料庫檔案即可。

儲存人臉資料庫

face-engine 模組儲存人臉資料庫的語法為：

```
臉部物件變數 .save( 檔案路徑 )
```

通常人臉資料庫檔案的附加檔名為「.p」。

例如，臉部物件變數為 engine，人臉資料庫檔案為 <ehappy.p>：

```
engine.save('ehappy.p')
```

下面程式將建立好的人臉資料庫存於 <ehappy.p> 檔：

```
engine = FaceEngine()
img1 = 'sample1.jpg'
img2 = 'sample2.jpg'
img3 = 'sample3.jpg'
engine.fit([img1, img2, img3], ['jeng', 'chiou', 'david'])
engine.save('ehappy.p')
```

載入人臉資料庫

1. face-engine 模組載入人臉資料庫需先匯入 load_engine 模組：

```
from face_engine import load_engine
```

2. 再用 load_engine() 建立物件，語法為：

```
臉部物件變數 = load_engine( 人臉資料庫檔案 )
```

例如，臉部物件變數為 engine，人臉資料庫檔案為 <ehappy.p>，然後就可利用臉部物件變數進行臉部辨識了！

```
engine = load_engine('ehappy.p')
```

以下的程式中會先載入 <ehappy.p> 人臉資料庫檔再進行臉部偵測：

範例：載入人臉資料庫進行臉部偵測

```
from face_engine import load_engine

engine = load_engine('ehappy.p')
testimage = 'catch.jpg'
names, boxes = engine.make_prediction(testimage)
print(names, boxes)
```

```
1 from face_engine import load_engine
2
3 engine = load_engine('ehappy.p')
4 testimage = 'catch.jpg'
5 names, boxes = engine.make_prediction(testimage)
6 print(names, boxes)

['jeng'] [(313, 214, 492, 393)]
```

7.2　face-recognition 模組：效果絕佳人臉辨識

face-engine 模組的功能算是相當完整，但其執行時會有一些限制。例如臉部偵測功能，當人臉較小時就偵測不到；而臉部辨識功能，當未知圖片並非人臉資料庫中的人臉時，卻仍會辨識出結果，常會造成困擾。face-recognition 模組的偵測及辨識效果都比 face-engine 模組好，值得使用者參考。

7.2.1　face-recognition 臉部偵測

模組名稱	face-recognition
模組功能	進行圖片臉部辨識，效果比 face-engine 模組好。
官方網站	https://github.com/ageitgey/face_recognition
安裝方式	!pip install face-recognition

face-recognition 模組需要 GPU 才能正常執行。

模組使用方式

1. 匯入 face-recognition 模組的語法：

```
import face_recognition
```

2. 為了圖片顯示及處理，也要匯入 Pillow 及 Matplotlib 模組繪圖：

```
from PIL import Image, ImageDraw
import matplotlib.pyplot as plt
```

3. 要進行臉部偵測功能，首先以 load_image_file() 方法讀取圖片檔，語法為：

```
圖片變數 = face_recognition.load_image_file( 圖片路徑 )
```

　例如圖片變數為 image，圖片檔案為 <face1.jpg>：

```
image = face_recognition.load_image_file('face1.jpg')
```

　傳回值區塊變數是串列，串列元素為臉部的矩形區塊坐標。

```
區塊變數 = face_recognition.face_locations( 圖片變數 )
```

例如，區塊變數為 boxes，圖片變數為 image：

```
boxes = face_recognition.face_locations(image)
```

下面為偵測到兩張人臉的區塊變數範例，坐標依次為 (左上角 y 坐標, 右下角 x 坐標, 右下角 y 坐標, 左上角 x 坐標)：

```
[(476, 128, 626, 277), (148, 148, 272, 272)]
```

4. 使用 Pillow 的 ImageDraw 模組在圖片上畫出矩形時需特別注意：ImageDraw 的坐標順序為：

(左上角 x 坐標 , 左上角 y 坐標 , 右下角 x 坐標 , 右下角 y 坐標)

face-engine 模組傳回值即為此順序，因此可直接繪出矩形。而 face-recognition 模組的傳回值順序為：

(左上角 y 坐標 , 右下角 x 坐標 , 右下角 y 坐標 , 左上角 x 坐標)

所以必須將第四個值移到第一個才能繪出正確的矩形。

範例：列印人臉矩形區塊坐標並繪製矩形

```
1  # filename = 'person1.jpg'
2  # filename = 'person2.jpg'
3  # filename = 'person3.jpg'
4  filename = 'person12.jpg'
5  image = face_recognition.load_image_file(filename)
6  boxes = face_recognition.face_locations(image)
7  print(boxes)
8
9  img = Image.open(filename)
10 drawing = ImageDraw.Draw(img)
11 for i in range(len(boxes)):
12     drawing.rectangle((boxes[i][3],boxes[i][0],boxes[i][1],
           boxes[i][2]), outline='red', width=2)
13 plt.imshow(img)
14 plt.show()
```

程式說明

■ 1-3　　分別為 1 到 3 張人臉的圖片，這 3 張圖片在前一節的 face-engine 模組皆可以正確偵測人臉。

- ■ 4　　　含 12 張人臉的圖片，此張圖片因臉部太小，在 `face-engine` 模組時完全偵測不到人臉，但在 `face-recognition` 模組中全部可偵測到。

- ■ 5　　　讀取圖片檔。

- ■ 6　　　偵測人臉。

- ■ 7　　　列印人臉矩形區塊坐標串列。

- ■ 9-14　　在圖片上繪出矩形並顯示。

- ■ 12　　　`face-recognition` 模組傳回的矩形坐標與 ImageDraw 的坐標不同，需經過轉換：將第四個坐標移到第一個才能繪出正確的矩形。

執行結果：

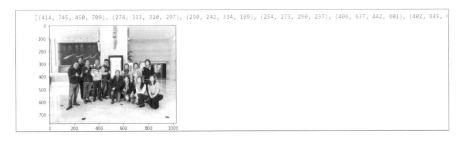

7.2.2 face-recognition 臉部特徵點

臉部特徵點偵測是指找到眼睛、嘴巴、鼻子等的位置，由於這些器官必須以曲線來描述，因此是採用器官邊緣的點來指出其位置。

1. face-recognition 模組使用 face_landmarks() 方法偵測臉部特徵點，語法為：

```
特徵變數 = face_recognition.face_landmarks( 圖片變數 )
```

例如，特徵變數為 landmarks，圖片變數為 image：

```
landmarks = face_recognition.face_landmarks(image)
```

傳回值特徵變數非常複雜，需由很多點指出臉部各器官的位置，例如：

```
[{'chin': [(74, 215), (78, 253), ………],
  'left_eyebrow': [(112, 204), (127, 185), ………],
  'right_eyebrow': [(238, 172), (262, 163), ………],
  'nose_bridge': [(219, 199), (220, 220), ………],
```

```
'nose_tip': [(194, 280), (208, 281), ………],
'left_eye': [(143, 211), (156, 202), ………],
'right_eye': [(253, 202), (266, 192), ………],
'top_lip': [(164, 323), (183, 311), ………],
'bottom_lip': [(282, 314), (264, 340), ………]
}]
```

其中包含了臉頰 (chin)、左右眉毛 (left_eyebrow、right_eyebrow)、鼻樑 (nose_
bridge)、鼻尖 (nose_tip)、左右眼睛 (left_eye、right_eye) 及上下嘴唇 (top_lip、
bottom_lip) 的位置。

2. 如果要取得某器官的位置，可使用下面語法：

```
特徵變數 [0]['器官名稱'])
```

例如，特徵變數為 landmarks，取得鼻樑位置的程式為：

```
landmarks[0]['nose_bridge'])
```

範例：取得臉部特徵點並畫出各器官的輪廓

```
1 filename = 'obama.jpg'
2 image = face_recognition.load_image_file(filename)
3 landmarks = face_recognition.face_landmarks(image)
4 print(landmarks)
5 print('鼻樑位置：{}'.format(landmarks[0]['nose_bridge']))
6
7 img = Image.open(filename)
8 drawing = ImageDraw.Draw(img)
9 for landmark in landmarks:
10     for feature in landmark.keys():
11         drawing.line(landmark[feature], width=5)
12 plt.imshow(img)
13 plt.show()
```

程式說明

- 1-2　讀取圖片檔。

- 3　　取得臉部特徵點。

- 4　　列印臉部特徵點坐標。

- 5　　列印鼻樑位置坐標。

- 7-8　讀取圖片並在圖片上繪圖。

- 9　　　依序取得各器官坐標資料。
- 10　　逐一處理器官每一個坐標點。
- 11　　將各器官坐標點以直線連接就畫出器官輪廓。
- 12-13　顯示圖片。

執行結果：

7.2.3　face-recognition 臉部辨識

face-recognition 模組是利用為圖片編碼的方式建立人臉資料庫，要進行臉部辨識功能時，將編碼的未知圖片與人臉資料庫比對，即可得知未知圖片者的身分。

1. face-recognition 模組使用 face_encodings() 方法為圖片編碼，語法為：

```
編碼變數 = face_recognition.face_encodings(圖片變數)[0]
```

　　例如編碼變數為 encoding，圖片變數為 image：

```
encoding = face_recognition.face_encodings(image)[0]
```

2. 然後將所有圖片編碼與對應的姓名建立串列，這兩個串列即為人臉資料庫：

```
編碼串列變數 = [圖片編碼1, 圖片編碼2,……]
姓名串列變數 = [姓名1, 姓名2,……]
```

3. 最後再以 compare_faces() 方法進行臉部辨識，語法為：

```
辨識變數 = face_recognition.compare_faces(編碼串列變數, 未知圖片編碼)
```

　　例如，辨識變數為 results，編碼串列變數為 known_faces，未知圖片編碼為 encoding_unknown：

```
results = face_recognition.compare_faces(known_faces, encoding_unknown)
```

傳回值是針對人臉資料庫每一個圖片編碼給予一個布林值，True 表示辨識出該圖片人臉，False 表示該圖片人臉不存在。例如在三個圖片編碼的人臉資料庫，傳回值的範例：

```
[True, False, True]
```

表示未知圖片包含人臉資料庫中第一、三個圖片的人臉。

範例：建立人臉資料庫後對未知圖片進行臉部辨識 (1)

```
 1 img1 = face_recognition.load_image_file('sample1.jpg')
 2 img2 = face_recognition.load_image_file('sample2.jpg')
 3 img3 = face_recognition.load_image_file('sample3.jpg')
 4 encoding1 = face_recognition.face_encodings(img1)[0]
 5 encoding2 = face_recognition.face_encodings(img2)[0]
 6 encoding3 = face_recognition.face_encodings(img3)[0]
 7 known_faces = [encoding1, encoding2, encoding3]
 8 names = ['jeng', 'chiou', 'david']
 9
10 unknown = face_recognition.load_image_file("catch.jpg")
11 # unknown = face_recognition.load_image_file("lily2.jpg")
12 encoding_unknown = face_recognition.face_encodings(unknown)[0]
13 results = face_recognition.compare_faces(known_faces, encoding_unknown)
14 print(results)
15 face = ''
16 for i in range(len(results)):
17   if results[i]: face = face + names[i] + ' '
18 if face == '': print(' 圖片中辨識不到資料庫中人臉！')
19 else: print(' 圖片中的人臉：' + face)
```

程式說明

- ■ 1-6　　建立三張圖片的圖片編碼。
- ■ 7-8　　建立人臉資料庫。
- ■ 10-12　建立未知圖片編碼。第 10 列 <catch.jpg> 有人臉資料庫包含的人臉，11 列 <lily2.jpg> 沒有人臉資料庫包含的人臉。
- ■ 13　　　進行臉部辨識。
- ■ 14　　　列印臉部辨識結果傳回值。
- ■ 15-19　以文字重新組合辨識結果。

- 15-17　逐一將辨識出的姓名加入辨識結果中。
- 18-19　列印辨識結果。

執行結果：

```
[True, False, True]
圖片中的人臉：jeng   david
```

上面辨識結果多了 david（應只有 jeng）。若是使用第 11 列圖片，仍會辨識出 jeng、david，結果仍是錯的。

改善臉部辨識正確率

face-recognition 模組另外提供 face_distance() 方法也可進行臉部辨識，不同的是其傳回值不是對人臉資料庫圖片的布林值，而是距離指數。

face_distance() 方法進行臉部辨識的語法為：

```
辨識變數 = face_recognition.face_distance( 編碼串列變數 , 未知圖片編碼 )
```

例如辨識變數為 distances，編碼串列變數為 known_faces，未知圖片編碼為 encoding_unknown：

```
distances = face_recognition.face_distance(known_faces, encoding_unknown)
```

傳回值是針對人臉資料庫每一個圖片編碼給予一個距離指數，例如：

```
[0.48076498 0.65504819 0.58839368]
```

數值越小表示人臉越相似，官網建議以 0.5 做為分界點：即數值小於 0.5 為相同人臉，否則為不同人臉。

下面程式是以 face_distance() 方法進行臉部辨識：(1-12 列程式與前面程式相同)

範例：建立人臉資料庫後對未知圖片進行臉部辨識 (2)

```
...
13 distances = face_recognition.face_distance(known_faces, encoding_unknown)
14 print(distances)
15 face = ''
16 for i in range(len(distances)):
17   if distances[i] < 0.5: face = face + names[i] + ' '
```

```
18 if face == '': print('圖片中辨識不到資料庫中人臉！')
19 else: print('圖片中的人臉：' + face)
```

程式說明

- 13　以 face_distance() 方法進行臉部辨識。

- 17　距離數值小於 0.5 表示辨識出該人臉。

執行結果是正確的：

```
[0.48076498 0.65504819 0.58839368]
圖片中的人臉：jeng
```

若是使用第 11 列圖片，則未辨識出任何人臉，結果也是正確的。

```
[0.60607843 0.53861205 0.5340068 ]
圖片中辨識不到資料庫中人臉！
```

注意：此處使用官網建議的分界值「0.5」，其結果相當不錯。若在其他圖片辨識效果不佳時，可參考其傳回值適當修改第 17 列程式的分界值來增加正確率。

7.3　偵測臉部表情及口罩

臉部偵測另一個常見的應用是偵測人臉是屬於何種表情，例如快樂、憤怒、哀傷等，設計者可根據不同表情進行對應處理。

目前新冠肺炎疫情尚未解除，偵測圖片中人臉是否戴口罩是許多設計者期盼的功能，偵測到某人未戴口罩就能適時給予提醒。

7.3.1　fer 模組：偵測臉部表情

模組名稱	fer
模組功能	偵測臉部表情
官方網站	https://github.com/justinshenk/fer
安裝方式	!pip install fer

模組使用方式

1. 匯入 fer 模組的語法：

```
from fer import FER
```

2. 使用 fer 模組需要以 OpenCV 模組讀取圖片檔，因此也要匯入 OpenCV 模組：

```
import cv2
```

3. 使用 fer 模組首先要以 OpenCV 模組讀取圖片檔，語法為：

```
圖片變數 = cv2.imread( 圖片檔案路徑 )
```

　　例如圖片變數為 img，圖片檔案為 <angry1.jpg>：

```
img = cv2.imread("angry1.jpg")
```

4. 接著建立 FER 物件，語法為：

```
偵測物件變數 = FER(mtcnn= 布林值 )
```

■ **mtcnn**：非必填參數，功能是設定使用何種方式偵測圖片：True 為使用 MTCNN 神經網路，False 為使用 OpenCV 的 Haar 方式。MTCNN 神經網路的效果較好，但會耗費較多資源，預設值為 False。

例如偵測物件變數為 detector，使用 OpenCV 的 Haar 偵測人臉：

```
detector = FER()
```

5. 最後以 FER 物件的 detect_emotions() 方法偵測臉部表情，語法為：

表情變數 = 偵測物件變數 .detect_emotions(圖片變數)

例如，表情變數為 emotion，偵測物件變數為 detector，圖片變數為 img：

```
emotion = detector.detect_emotions(img)
```

傳回值是串列，元素為人臉矩形坐標及各種表情的機率，例如下面是偵測到一張人臉的傳回值範例：

```
[{'box': (86, 22, 114, 114),          ←————  人臉矩形坐標
  'emotions': {'angry': 1.0, 'disgust': 0.0, 'fear': 0.0,
    'happy': 0.0, 'sad': 0.0, 'surprise': 0.0, 'neutral': 0.0}
}]
                    ↑
                 表情機率
```

表情包含七種：憤怒 (angry)、厭惡 (disgust)、害怕 (fear)、快樂 (happy)、悲傷 (sad)、驚訝 (surprise)、神經質 (neutral)。

機率最大的就是該人臉的表情。例如上面範例人臉表情為憤怒。

```
1 img  = cv2.imread("angry1.jpg")
2 detector  = FER()
3 emotion  = detector.detect_emotions(img)
4 print(emotion)

/usr/local/lib/python3.7/dist-packages/tensorflow/python/keras/engine/training.py:2424: UserWarning: `Model.state_updates` will be remo
  warnings.warn(' Model.state_updates' will be removed in a future version.
[[{'box': (86, 22, 114, 114), 'emotions': {'angry': 1.0, 'disgust': 0.0, 'fear': 0.0, 'happy': 0.0, 'sad': 0.0, 'surprise': 0.0, 'neutra
```

直接取得臉部表情

使用 detect_emotions() 方法傳回所有表情機率，使用者還要自行撰寫程式找出何者是臉部表情，因此 fer 模組另提供 top_emotion() 方法傳回機率最高的表情類別及其機率，這樣使用者就可直接取得臉部表情，語法為：

```
表情變數 , 機率變數 = 偵測物件變數 .top_emotion( 圖片變數 )
```

top_emotion() 方法傳回兩個值：第一個傳回值為表情種類，第二個傳回值為該表情種類的機率。

例如表情變數為 emotion，機率變數為 score：

```
emotion, score = detector.top_emotion(img)
```

下面程式取得人臉表情為憤怒，機率是 1.0：

```
1 img = cv2.imread("angry1.jpg")
2 # img = cv2.imread("happy1.jpg")
3 detector = FER()
4 try:
5    emotion, score = detector.top_emotion(img)
6    print(emotion, score)
7 except:
8    print(' 未偵測到人臉！ ')
```

```
1 img  = cv2.imread("angry1.jpg")
2 #  img  = cv2.imread("happy1.jpg")
3 detector = FER()
4 try:
5     emotion,  score = detector.top_emotion(img)
6     print(emotion,  score)
7 except:
8     print('未偵測到人臉！')

angry 1.0
/usr/local/lib/python3.7/dist-packages/tensorflow/python/keras/engine/training.py:2424: UserWarning: `Model.state_updates` will be remc
  warnings.warn('`Model.state_updates` will be removed in a future version. '
```

如果註解第 1 列程式而取消註解第 2 列程式，執行時會產生錯誤，這是因為 <happy1.jpg> 圖片的人臉太小，使用 OpenCV 的 Haar 方式偵測不到人臉，若改用 MTCNN 神經網路就可偵測到人臉。

將「detector = FER()」改為「detector = FER(mtcnn=True)」偵測的 <happy1.jpg> 圖片的執行結果為：

```
1 # img = cv2.imread("angry1.jpg")
2 img = cv2.imread("happy1.jpg")
3 detector = FER(mtcnn=True)
```
...

```
img = cv2.imread("happy1.jpg")
detector = FER(mtcnn=True)
3 try:
4     emotion, score = detector.top_emotion(img)
5     print(emotion, score)
6 except:
7     print('未偵測到人臉！')
```
```
/usr/local/lib/python3.7/dist-packages/tensorflow/python/keras/engine/training.py:2424: UserWarning: `Model.state_updates` will be remc
  warnings.warn('`Model.state_updates` will be removed in a future version. '
```
```
happy 0.81
```

top_emotion() 方法需置於 try…except 中

使用 detect_emotions() 方法偵測臉部表情時，若偵測不到人臉會傳回空字串，程式執行不會產生錯誤。但使用 top_emotion() 方法偵測臉部表情時，若偵測不到人臉，程式執行會產生錯誤而終止程式，因此需將 top_emotion() 方法程式碼置於 try…except 中自行處理錯誤訊息。

‖ 7.3.2 facemask_detection 模組：偵測是否戴口罩

模組名稱	facemask-detection
模組功能	偵測人臉是否有戴口罩
官方網站	https://github.com/ternaus/facemask_detection
安裝方式	!pip install facemask-detection

模組使用方式

1. 匯入 facemask_detection 的取得模型 get_model 模組的語法為：

```
from facemask_detection.pre_trained_models import
    get_model as get_classifier
```

2. 另外也要匯入一些必要模組：

```
import albumentations as A
import torch
import cv2
import numpy as np
```

3. 首先利用 get_classifier 載入 facemask_detection 的模型。語法為：

```
模型變數 = get_classifier("tf_efficientnet_b0_ns_2020-07-29")
模型變數 .eval()
```

　　例如模型變數為 model：

```
model = get_classifier("tf_efficientnet_b0_ns_2020-07-29")
model.eval()
```

4. 接著以 OpenCV 模組讀取圖片檔，語法為：

```
圖片變數 = cv2.cvtColor(cv2.imread( 圖片檔案路徑 ), cv2.COLOR_BGR2RGB)
```

　　例如圖片變數為 image1，圖片檔案為 <angry1.jpg>：

```
image1 = cv2.cvtColor(cv2.imread("angry1.jpg"), cv2.COLOR_BGR2RGB)
```

5. 要讓 facemask_detection 辨識的圖片必須經過轉換，轉換的語法為：

```
transform = A.Compose([A.SmallestMaxSize(max_size=256, p=1),
                       A.CenterCrop(height=224, width=224, p=1),
                       A.Normalize(p=1)])
trans_image = transform(image= 圖片變數 )['image']
輸入變數 = torch.from_numpy(np.transpose(trans_image, (2, 0, 1))).unsqueeze(0)
```

例如輸入變數為 input，圖片變數為 image1：

```
transform = A.Compose([A.SmallestMaxSize(max_size=256, p=1),
                       A.CenterCrop(height=224, width=224, p=1),
                       A.Normalize(p=1)])
trans_image = transform(image=image1)['image']
input = torch.from_numpy(np.transpose(trans_image, (2, 0, 1))).unsqueeze(0)
```

6. 最後將轉換後的圖片傳給 facemask_detection 模型處理，語法為：

```
模型變數 ( 輸入變數 )[0].item()
```

例如模型變數為 model，輸入變數為 input：

```
model(input)[0].item()
```

傳回值為圖片中的人臉戴口罩的機率。

```
 1 model = get_classifier("tf_efficientnet_b0_ns_2020-07-29")
 2 model.eval()
 3 image1 = cv2.cvtColor(cv2.imread("mask1.jpg"), cv2.COLOR_BGR2RGB)
 4 # image1 = cv2.cvtColor(cv2.imread("person1.jpg"), cv2.COLOR_BGR2RGB)
 5 transform = A.Compose([A.SmallestMaxSize(max_size=256, p=1),
 6                        A.CenterCrop(height=224, width=224, p=1),
 7                        A.Normalize(p=1)])
 8 trans_image = transform(image=image1)['image']
 9 input = torch.from_numpy(np.transpose(trans_image, (2, 0, 1))).unsqueeze(0)
10 print("戴口罩的機率為: ", model(input)[0].item())

/usr/local/lib/python3.7/dist-packages/torch/hub.py:480: UserWarning: Falling back to the old format < 1.6. This support will be deprec
  warnings.warn('Falling back to the old format < 1.6. This support will be '
戴口罩的機率為:  1.0
```

如果註解第 3 列程式而取消註解第 4 列程式，<person1.jpg> 是沒戴口罩的圖片，則傳回的機率只有 0.14。

本程式只會傳回一個數值，若是有多個人臉的圖片，只要有一個人臉戴口罩，就會傳回接近 1 的機率數值。通常較實用的場景應是將所有人臉標示出來，並且判斷每張人臉是否戴口罩，在 facemask_detection 官網有此功能的示範程式，但其程式碼相當複雜，本章範例程式檔最後面有筆者略為修改的程式，讀者可自行參考研究。若要直接使用此功能，也可將讀者的圖片替換程式中的圖片檔即可。

7.4 Deepface 模組：人臉特徵分析工具

Deepface 是 Facebook 所開發的人臉識別模組，不但可以具備人臉偵測、辨識等功能，還能進行人臉年齡、性別、情緒、種族等特徵分析。Deepface 同時支援多個功能強大的模型，讓使用者輕鬆取得各種人臉資訊。

模組名稱	Deepface
模組功能	進行圖片臉部辨識及人臉特徵分析
官方網站	https://github.com/serengil/deepface
安裝方式	!pip install deepface

Deepface 的人臉搜尋功能需要以目錄存放要比對的人臉圖片，而 Colab 檔案總管並未提供資料夾上傳功能，必須自行建立目錄，再將檔案上傳到該目錄中。

於 Colab 檔案總管第一個項目 按滑鼠右鍵，於快顯功能表點選 **新增資料夾**，再修改資夾名稱為「member」。在新增的 <member> 按滑鼠右鍵，於快顯功能表點選 **上傳**，於 **開啟** 對話方塊點選本章範例 <member> 資料夾中所有檔案後按 **開啟** 鈕，完成上傳的動作。

▍7.4.1 Deepface 臉部偵測 (Face Detection)

Deepface 的臉部偵測功能是擷取圖片中的人臉圖形。

1.　首先含入 deepface 模組：

```
from deepface import DeepFace
```

2.　接著以 detectFace() 方法偵測人臉，語法為：

```
圖片變數 = DeepFace.detectFace(img_path= 圖片路徑 , detector_backend=
    模型名稱 , enforce_detection= 布林值 )
```

- **img_path**：圖片檔案路徑。

- **detector_backend**：偵測模型名稱。可用的模型名稱有 opencv、retinaface、
  mtcnn、dlib 及 ssd，預設值為 opencv。(經實測：ssd 模型會產生錯誤)

- **enforce_detection**：值為 True 時，若未偵測到人臉會產生錯誤而終止程式執
  行，False 時不會產生錯誤而傳回原始圖片。預設值為 True。

  傳回值「圖片變數」為偵測到的人臉圖像。例如，圖片變數為 image，圖片為
  person1.jpg，偵測模型使用 opencv：

```
image = DeepFace.detectFace(img_path= 'person1.jpg')
```

範例：偵測圖片中的人臉並存檔

1.　下面範例偵測 person1.jpg 中的人臉並將其存檔，首先顯示原始圖片：

```
from deepface import DeepFace
import matplotlib.pyplot as plt
import cv2
imgpath = 'person1.jpg'
img_sr = cv2.imread(imgpath)
plt.imshow(cv2.cvtColor(img_sr, cv2.COLOR_BGR2RGB))
```

2. 偵測人臉並顯示：

```
image = DeepFace.detectFace(img_path=imgpath, enforce_detection=False)
plt.imshow(image)
```

偵測時最好將「enforce_detection」參數設為 False，否則若圖片中沒有人臉時會產生錯誤。

偵測的人臉圖片解析度為 224X224。

3. 最後將偵測的人臉存檔：

```
image *= 255.0
cv2.imwrite("detectFace.jpg", image[:, :, ::-1])
```

4. 若以其他模型進行偵測人臉：

```
image = DeepFace.detectFace(img_path=imgpath,
                                    detector_backend='retinaface')
#image = DeepFace.detectFace(img_path=imgpath, detector_backend='mtcnn')
#image = DeepFace.detectFace(img_path=imgpath, detector_backend='dlib')
#image = DeepFace.detectFace(img_path=imgpath,
                                    detector_backend='ssd')    #有錯誤
plt.imshow(image)
```

- 執行結果為 ssd 模型會產生錯誤。

- 使用本範例的圖片時，各模型效果相差不多；若使用人臉較小的圖片時，會發現 retinaface 及 mtcnn 模型的效果較佳。

- 若使用含有多張人臉的圖片，實測結果是只會傳回一張人臉圖片。

▌ 7.4.2 Deepface 臉部驗證 (Face Verify)

臉部驗證是找出兩張圖片中的人臉是否為同一人的人臉。臉部驗證的原理是先偵測人臉並擷取人臉圖形,再計算兩張人臉圖形的差異,以差異值判斷是否為同一人。

Deepface 模組以 **verify()** 方法進行人臉驗證,語法為:

```
驗證變數 = DeepFace.verify(img1_path= 圖片路徑 1, img2_path= 圖片路徑 2,
    model_name=驗證模型名稱, model=建立模型 , detector_backend=偵測模型名稱,
    distance_metric= 距離計算方式 , enforce_detection= 布林值 )
```

- **img_path1, img_path2**:兩張圖片檔案路徑。

- **model_name**:驗證模型名稱。可用的模型名稱有 VGG-Face、Facenet、OpenFace、 DeepFace、DeepID、Dlib、ArcFace 及 Ensemble, 預 設 值 為 VGG-Face。

- **model**:是否預先建立模型。Deepface 每次使用 verify() 方法時會建立驗證模型,本參數會預先建立驗證模型,第二次以後使用 verify() 方法就不必再建立模型了,如果程式中會多次使用 verify() 方法的話,設定本參數可加快程式執行速度。設定本參數的語法為:

```
model=DeepFace.build_model( 驗證模型名稱 )
```

例如驗證模型名稱為 VGG-Face:

```
model=DeepFace.build_model('VGG-Face')
```

- **detector_backend**:偵測模型名稱。可用的模型名稱有 opencv、retinaface、mtcnn、dlib 及 ssd,預設值為 opencv。

- **distance_metric**:距離計算的方式。可用的方式有 cosine、euclidean 及 euclidean_l2,預設值為 cosine。

- **enforce_detection**:True 時,若未偵測到人臉時會產生錯誤而終止程式執行,False 時不會產生錯誤而傳回原始圖片。預設值為 True。

傳回值「驗證變數」格式為字典,內容包含各種驗證結果訊息,格式為:

```
{'verified': 布林值 ,
 'distance': 圖片差異距離 ,
 'max_threshold_to_verify': 最大差異值 ,
 'model': 驗證模型名稱 ,
 'similarity_metric': 距離計算方式 }
```

- **verified**：為 True 表示同一人的人臉，False 表示不同人的人臉。
- **distance**：計算所得的圖片差異距離。距離越小表示同一人的人臉機率越大。
- **max_threshold_to_verify**：為同一人的人臉圖片最大差異距離。即 distance 值小於此數值表示為同一人的人臉，否則為不同人的人臉。
- **model**：驗證模型名稱。
- **similarity_metric**：距離計算的方式。

例如：

```
{'verified': False,
'distance': 0.4389264875715566,
'max_threshold_to_verify': 0.23,
'model': 'DeepFace',
'similarity_metric': 'cosine'}
```

範例：偵測兩張圖片中的人臉是否為同一人

下面程式將偵測兩張圖片的人臉是否為同一人的人臉，其中 <bear1.jpg>、<bear2.jpg> 是同一人的人臉，<jeng1.jpg>、<david1.jpg> 是其他人的人臉。

```
face1 = 'bear1.jpg'
face2 = 'bear2.jpg'
#face2 = 'jeng1.jpg'
#face2 = 'david1.jpg'
result = DeepFace.verify(face1, face2, model_name='DeepFace',
    model=DeepFace.build_model('DeepFace'))
print(result)
if result["verified"]: print(' 兩張圖片是同一人！')
else: print(' 兩張圖片不是同一人！')
```

執行結果：

```
1 face1 = 'bear1.jpg'
2 face2 = 'bear2.jpg'
3 #face2 = 'jeng1.jpg'
4 #face2 = 'david1.jpg'
5 result = DeepFace.verify(face1, face2, model_name='DeepFace', model=DeepFace.build_model('DeepFace'),
6 print(result)
7 if result["verified"]: print('兩張圖片是同一人！')
8 else: print('兩張圖片不是同一人！')

{'verified': True, 'distance': 0.022725541662972137, 'max_threshold_to_verify': 0.23, 'model': 'DeepFace', 'sir
兩張圖片是同一人！
```

實作時發現使用預設的 VGG-Face 模型時，兩組不同人臉皆無法正確分辨，故使用 DeepFace 模型。

下面程式碼使用各種模型進行不同人臉辨識並顯示結果：(Ensemble 是組合模型，未包含在內)

```
face1 = 'bear1.jpg'
face2 = 'jeng1.jpg'
models = ["VGG-Face", "Facenet", "OpenFace", "DeepFace",
          "DeepID", "Dlib", "ArcFace"]
result =[]
for model in models:
    ret= DeepFace.verify(face1, face2, model_name = model)
    result.append(ret)
print(result)
```

執行結果：

```
[{'verified': True, 'distance': 0.37792752590251, 'max_threshold_to_
    verify': 0.4, 'model': 'VGG-Face', 'similarity_metric': 'cosine'},
 {'verified': False, 'distance': 0.8004344975598858, 'max_threshold_
    to_verify': 0.4, 'model': 'Facenet', 'similarity_metric': 'cosine'},
 {'verified': False, 'distance': 0.408737649046081, 'max_threshold_to_
    verify': 0.1, 'model': 'OpenFace', 'similarity_metric': 'cosine'},
 {'verified': False, 'distance': 0.30553795636547854, 'max_threshold_
    to_verify': 0.23, 'model': 'DeepFace', 'similarity_metric': 'cosine'},
 {'verified': False, 'distance': 0.050481087002359204, 'max_threshold_
    to_verify': 0.015, 'model': 'DeepID', 'similarity_metric': 'cosine'},
 {'verified': False, 'distance': 0.1727742326468621, 'max_threshold_
    to_verify': 0.07, 'model': 'Dlib', 'similarity_metric': 'cosine'},
 {'verified': False, 'distance': 0.8965740987672499, 'max_threshold_to_
    verify': 0.68, 'model': 'ArcFace', 'similarity_metric': 'cosine'},]
```

注意：Dlib 模型需使用 GPU 模式。結果顯示：除預設的 VGG-Face 模型無法正確分辨外，其他模型皆可正確分辨。

讀者可使用自己的圖片測試，嘗試變更不同模型，找到最佳效果的模型。

▌7.4.3 Deepface 搜尋人臉 (Face Find)

搜尋人臉是在包含眾多圖片的資料庫中找出指定人臉的圖片。搜尋人臉功能可以找出單一指定的人臉圖片，可用於人臉登入系統、員工打卡系統等；也可以將所有指定人臉的圖片全部取出，可用於顯示相簿中所有某人圖片等。

搜尋人臉的原理是先偵測指定人臉圖片並擷取人臉圖形，再逐一與資料庫中的人臉圖形比對，找出所有指定人臉的圖片。

搜尋人臉的運作方法

Deepface 模組以 find() 方法進行搜尋人臉，語法為：

```
搜尋變數 = DeepFace.find(img_path=圖片路徑 , db_path=圖片資料夾目錄路徑 ,
    model_name=驗證模型名稱 , model=建立模型 , detector_backend=偵測模型名稱 ,
    distance_metric=距離計算方式 , enforce_detection=布林值 )
```

- **img_path**：指定人臉圖片的檔案路徑。
- **db_path**：要尋找的人臉圖片資料庫的目錄路徑。

其餘參數與「人臉驗證」相同。

傳回值「搜尋變數」格式為 DataFrame，內容包含資料庫圖片名稱 (identity) 及圖片差異距離 (VGG-Face_cosine)，例如：

```
          identity        VGG-Face_cosine
0    member/bear1.jpg         0.021389
1    member/jeng1.jpg         0.347630
2    member/david1.jpg        0.363201
```

傳回值會依圖片差異距離由小到大排列，圖片差異距離越小則圖片越相似，因此排在越前面則為相同人臉的機率越大。

人臉圖片資料庫模型檔

Deepface 執行人臉搜尋 find() 方法時，會查看人臉圖片資料庫模型檔案：<representations_vgg_face.pkl> 是否存在，如果不存在就會訓練圖片建立該檔案，若該檔案存在就直接使用該檔案以增加執行效率。使用者若是在人臉圖片資料庫目錄中增減圖片時，記得要先刪除 <representations_vgg_face.pkl> 檔案，讓 Deepface 重新訓練產生新的人臉圖片資料庫模型檔案。

範例：取得單一相同人臉

下面範例會在圖片資料庫中取得最近似的人臉，此功能可用於人臉登入系統、員工打卡系統等。

```
1 face1 = 'bear2.jpg'
2 df = DeepFace.find(img_path = face1, db_path = 'member')
3 #print(df)
4 count = np.sum((df['VGG-Face_cosine']<=0.25)!=0) #計算符合的人臉數量
5 if count > 0:
6   split1 = df['identity'][0].split('/')
7   print(split1[-1])
8 else:
9   print('沒有符合的人臉！')
```

程式說明

- 1   設定要搜尋的人臉圖片。

- 2   在圖片資料庫中搜尋人臉圖片。圖片資料庫為 <member> 目錄。

- 3   顯示搜尋結果。

- 4   計算符合的人臉數量。此處圖片差異距離設為 0.25 是實測一些圖片得到，使用者可依情況調整此數值：圖片差異距離小於等於 0.25 就視為同一人臉。

- 5-7   為若搜尋到符合人臉就顯示第一筆資料的圖片檔名。

- 8-9   為若未搜尋到符合人臉就顯示訊息告知使用者。

執行結果：

```
bear1.jpg
```

範例：取得所有相同人臉

另一種情況是取得圖片資料庫中所有同一人的人臉圖片，此功能可用於顯示相簿中某人圖片等。

```
1 face1 = 'tem.jpg'
2 df = DeepFace.find(img_path = face1, db_path = 'member')
3 print(df)
4 count = np.sum((df['VGG-Face_cosine']<=0.25)!=0) #計算符合的人臉數量
5 if count > 0:
6   for i in range(count):
7     split1 = df['identity'][i].split('/')
8     print(split1[-1])
9 else:
10   print('沒有符合的人臉！')
```

程式說明

■ 6-8　　逐一列印符合條件的圖片名稱。

執行結果：

```
jeng3.jpg
jeng2.jpg
jeng1.jpg
```

▌7.4.4　應用：WebCam 人臉登入系統

使用人臉辨識進行手機解鎖已是許多手機具備的功能，而筆記型電腦幾乎都有攝影鏡頭，若是能以人臉辨識取代密碼做為登入系統的機制，對使用者非常方便，也可增加系統安全性。

Deepface 模型可在圖片資料庫比對圖片特定人臉，我們只要使用攝影機拍攝圖片後再與會員照片資料庫比對，就可得知登入者是否會員了！

若是在 Colab 伺服器上執行開啟攝影機程式時，因 Colab 伺服器並沒有攝影機，無法從本機攝影機獲取圖像。而 Colab 是在瀏覽器中運行，我們可以利用 JavaScript 來開啟本機攝影機。

本範例執行會開啟 WebCam 攝影機，使用者按 **拍攝** 鈕會拍攝照片，然後將照片與資料庫中的圖片比對，若是會員就讓其登入系統，否則顯示登入者不是會員的訊息。

```
1 from IPython.display import display, Javascript
2 from google.colab.output import eval_js
3 from base64 import b64decode
4 from IPython.display import Image
5 import pandas as pd
6 import numpy as np
7
8 def take_photo(filename='person.jpg', quality=0.8):
9   js = Javascript('''
10    async function takePhoto(quality) {
11      const div = document.createElement('div');
12      const capture = document.createElement('button');
13      capture.textContent = '拍攝';
14      div.appendChild(capture);
15      const video = document.createElement('video');
16      video.style.display = 'block';
17      const stream = await navigator.mediaDevices.getUserMedia({video: true});
18      document.body.appendChild(div);
19      div.appendChild(video);
20      video.srcObject = stream;
21      await video.play();
22      google.colab.output.setIframeHeight(document.
           documentElement.scrollHeight, true);
23      await new Promise((resolve) => capture.onclick = resolve);
24      const canvas = document.createElement('canvas');
25      canvas.width = video.videoWidth;
26      canvas.height = video.videoHeight;
27      canvas.getContext('2d').drawImage(video, 0, 0);
28      stream.getVideoTracks()[0].stop();
29      div.remove();
30      return canvas.toDataURL('image/jpeg', quality);
31    }
32    ''')
33  display(js)
34  data = eval_js('takePhoto({})'.format(quality))
35  binary = b64decode(data.split(',')[1])
36  with open(filename, 'wb') as f:
37    f.write(binary)
38  return filename
39
40 try:
41  filename = take_photo()
```

```
42    display(Image(filename))
43 except Exception as err:
44    print('攝影錯誤：{}'.format(str(err)))
45
46 df = DeepFace.find(img_path = 'person.jpg', db_path = 'tem',
       enforce_detection=False)
47 #print(df)
48 count = np.sum((df['VGG-Face_cosine']<=0.25)!=0)  # 計算符合的人臉數量
49 if count > 0:
50    print('歡迎登入系統！')
51 else:
52    print('抱歉！你不是會員！')
```

程式說明

- ■ 8-38　　擷取攝影機圖像的函式：參數 filename 為儲存圖片的檔名，quality 為圖像品質。
- ■ 10-31　擷取攝影機圖像並傳回圖像的 Javascript 程式。
- ■ 12-14　建立 **拍攝** 按鈕。
- ■ 15-17　開啟攝影機。
- ■ 18-21　等待攝影機啟動完成。
- ■ 22　　　調整攝影機畫面顯示區域，此時就會顯示攝影機動態畫面。
- ■ 23　　　等待使用者按 **拍攝** 鈕，使用者按「拍攝」鈕後才會執行 24-29 列。
- ■ 24-27　擷取攝影機畫面。
- ■ 28-29　關閉攝影機畫面。
- ■ 30　　　傳回擷取的攝影機畫面。
- ■ 33-34　執行 Javascript 程式碼並取得傳回的擷取攝影機圖像。
- ■ 35　　　解碼擷取的攝影機圖像成二進位資料。
- ■ 36-37　儲存圖片檔案。
- ■ 38　　　傳回圖片檔名。
- ■ 41-42　在主程式取得並顯示拍攝的圖片。
- ■ 46-48　在資料庫圖片搜尋符合的人臉。
- ■ 49-50　若有符合人臉就顯示歡迎登入訊息。
- ■ 51-52　若沒有符合人臉就顯示非會員訊息。

執行結果：

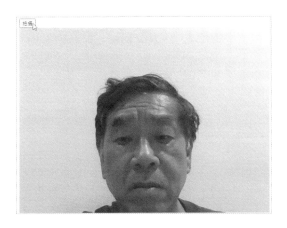

按 **拍攝** 鈕會拍攝照片,接著傳回是否登入成功訊息。

歡迎登入系統!

7.4.5 Deepface 人臉屬性分析 (Face Analyze)

Deepface 的人臉屬性分析功能是偵測指定人臉的年齡、性別、種族及情緒。

Deepface 模組以 analyze() 方法進行人臉屬性分析,語法為:

```
屬性變數 = DeepFace.analyze(img_path= 圖片路徑 , actions= 屬性串列 ,
    detector_backend= 偵測模型名稱 , enforce_detection= 布林值 )
```

■ **img_path**:要分析屬性的圖片的檔案路徑。

■ **actions**:要分析的屬性組成的串列:年齡 (age)、性別 (gender),種族 (race),情緒 (emotion)。預設值為所有屬性:「['age', 'gender', 'race', 'emotion']」。

傳回值「屬性變數」格式為字典,內容包含所有分析的屬性值及人臉矩形區域坐標,例如:

```
{'age': 43,
 'region': {'x': 208, 'y': 137, 'w': 256, 'h': 256},
 'gender': 'Man',
 'race': {'asian': 57.571446895599365, 'indian': 6.934894621372223,
    'black': 16.14430546760559, 'white': 1.157054863870144, 'middle
    eastern': 0.3940247464925051, 'latino hispanic': 17.798280715942383},
 'dominant_race': 'asian',
 'emotion': {'angry': 1.2024875730276108, 'disgust': 7.737392024864675e-05,
```

```
    'fear': 0.35714905243366957, 'happy': 2.7743663638830185,
    'sad': 8.030864596366882, 'surprise': 0.1607726444490254,
    'neutral': 87.4742865562439},
  'dominant_emotion': 'neutral'}
```

■ **age**：年齡。

■ **region**：人臉矩形區塊的左上角坐標及矩形長、寬。

■ **gender**：性別。

■ **race**：所有種族的機率。

■ **dominant_race**：機率最大的種族名稱。

■ **emotion**：所有情緒的機率。

■ **dominant_emotion**：機率最大的情緒名稱。

下面範例分析指定圖片中的人臉各項屬性。

```
face1 = 'bear1.jpg'
img = cv2.imread(face1)
plt.imshow(cv2.cvtColor(img, cv2.COLOR_BGR2RGB))
obj = DeepFace.analyze(img_path = face1, actions = ['age', 'gender',
    'race', 'emotion'], enforce_detection=False)
#print(obj)
print(' 年齡:{}'.format(obj['age']))
print(' 性別:{}'.format(obj['gender']))
print(' 種族:{}'.format(obj['dominant_race']))
print(' 情緒:{}'.format(obj['dominant_emotion']))
```

執行結果：

範例：攝影機拍攝分析人臉特徵

使用攝影機拍攝照片後立刻偵測使用者的人臉各項屬性，是件蠻有趣的應用。

本範例執行會開啟攝影機，使用者按 **拍攝** 鈕會拍攝照片，然後進行人臉屬性分析，告知使用者人臉屬性訊息。

....

```
44 obj = DeepFace.analyze(img_path = 'person.jpg', actions =
   ['age', 'gender', 'race', 'emotion'], enforce_detection=False)
45 label = {'angry':'生氣', 'disgust':'厭惡', 'fear':'恐懼',
   'happy':'開心', 'neutral':'中性', 'sad':'悲傷', 'surprise':'吃驚',
46           'Man':'男', 'Woman':'女',
47           'asian':'亞洲', 'black':'黑', 'indian':'印第安', 'latino
             hispanic':'拉丁美洲', 'middle eastern':'中東', 'white':'白'}
48 print('\n你是{}歲的{}性{}人，目前情緒似乎是{}'.format(obj['age'],
   label[obj['gender']], label[obj['dominant_race']],
   label[obj['dominant_emotion']]))
```

程式說明

- 1-42　　與前一節「攝影機拍攝登入系統」範例相同。
- 44　　　進行人臉屬性分析。
- 45-47　建立情緒、性別及種族的英文與中文對照字典。
- 48　　　顯示中文人臉分析結果。

執行結果：

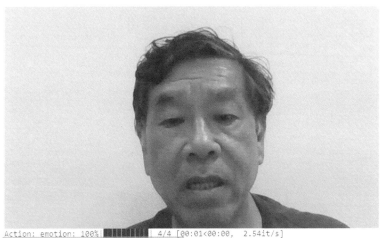

```
Action: emotion: 100%|██████████| 4/4 [00:01<00:00,  2.54it/s]
你是47歲的男性亞洲人，目前情緒似乎是悲傷
```

08

CHAPTER

圖片偵測及內容偵測

8.1 ImageAI 模組：物體偵測

物體偵測 (Object detection) 是在圖片中查看有哪些物體存在，例如貓、狗、汽車、桌子等。最有名的物體偵測模組莫過於 Yolo，Yolo 能偵測超過 80 種類的物體，且速度極快。但 Yolo 安裝的過程極繁複，且多數功能是在命令視窗中操作，相當不方便。

ImageAI 模組是由奈及利亞拉哥斯的 Moses Olafenwa 和 John Olafenwa 開發並維護，可以使用現有模型，較常使用的是 Yolov3 模型。使用 ImageAI 模組進行物體偵測功能時不需要 GPU (Yolo 則要用 GPU)，使用 CPU 的偵測速度就已經相當快 (ImageAI 模組自行訓練模型時才需要 GPU)。

8.1.1 圖片物體偵測

模組名稱	ImageAI
模組功能	進行圖片物體偵測
官方網站	https://github.com/OlafenwaMoses/ImageAI
安裝方式	!pip install imageai

上傳本章資源 Colab 根目錄

首先下載本章要使用兩個模型檔：

1. 下載 Yolov3 模型檔 <yolo.h5>：

   !wget -O yolo.h5 https://github.com/OlafenwaMoses/ImageAI/releases/download/1.0/yolo.h5

2. 下載 Resnet 模型檔 <resnet50_imagenet_tf.2.0.h5>。

   !wget -O resnet50_imagenet_tf.2.0.h5 https://github.com/OlafenwaMoses/ImageAI/releases/download/1.0/resnet50_imagenet_tf.2.0.h5

於 Colab 檔案總管中按 **上傳** 🔼 鈕，於 **開啟** 對話方塊點選本章範例除 <.ipynb> 以外的檔案後按 **開啟** 鈕，完成上傳的動作。上傳完成後可在 Colab 根目錄看到上傳的檔案。

物體偵測程式

1. ImageAI 模組使用 ObjectDetection 模組來偵測圖片中的物體，匯入 ImageAI 的 ObjectDetection 模組的語法：

```
from imageai.Detection import ObjectDetection
```

2. 建立 ObjectDetection 物件，語法為：

```
偵測變數 = ObjectDetection()
```

　　例如建立偵測變數為 detector 的物件：

```
detector = ObjectDetection()
```

3. 設定使用模型的型態，語法為：

```
偵測變數 . 模型型態
```

　　模型型態有三種：

- **setModelTypeAsYOLOv3**：使用 Yolov3 模型。
- **setModelTypeAsTinyYOLOv3**：使用 Tiny-Yolov3 模型，此模型比 Yolov3 小，執行速度較快，但辨識效果較差。
- **setModelTypeAsRetinaNet**：使用 RetinaNet 模型。

　　設定不同的模型型態需下載對應的模型檔，例如本章範例使用 Yolov3 模型：

```
detector.setModelTypeAsYOLOv3()
```

4. 再來就要載入設定的模型型態對應模型檔，語法為：

```
偵測變數 .setModelPath( 模型檔路徑 )
偵測變數 .loadModel()
```

　　Yolov3 模型檔為 <yolo.h5>。例如偵測變數為 detector，載入模型檔的程式為：

```
detector.setModelPath("yolo.h5")
detector.loadModel()
```

5. 最後使用 detectObjectsFromImage() 方法即可進行物體偵測，語法為：

```
物體變數 = detector.detectObjectsFromImage(input_image=
    原始圖片路徑, output_image_path=結果圖片路徑,
    minimum_percentage_probability=機率數值)
```

- **input_image**：要進行物體偵測的圖片。
- **output_image_path**：ObjectDetection 模組會在原始圖片上框選偵測到的物體並標示物體名稱，然後將圖形儲存於此設定的路徑。
- **minimum_percentage_probability**：系統會給予偵測到的物體一個機率，此參數設定大於此機率數值者才視為偵測到的物體。數值越大，偵測到的物體越少。

例如物體變數為 detections，原始圖片為 <img.jpg>，結果圖片為 <detect.jpg>，機率數值為 30：

```
detections = detector.detectObjectsFromImage(input_image=
    "img.jpg", output_image_path="detect.jpg",
    minimum_percentage_probability=30)
```

傳回值是字典組成的串列，每一個元素是一個物體資訊，物體資訊以字典表示：name 為物體名稱，percentage_probability 為物體的機率，box_points 為物體位置坐標。

下面是一個傳回值的範例：(圖片中有一個手機、一台筆電及一個人)

```
[{'name': 'cell phone', 'percentage_probability':
    30.431413650512695, 'box_points': [213, 286, 240, 303]},
 {'name': 'laptop', 'percentage_probability':
    99.54893589019775, 'box_points': [169, 258, 422, 413]},
 {'name': 'person', 'percentage_probability':
    99.60529208183289, 'box_points': [0, 93, 278, 521]}]
```

範例：偵測圖片中的物體

偵測 <img3.jpg> 圖片的物體，同時將結果圖片儲存於 <detect.jpg>。

```
1 from imageai.Detection import ObjectDetection
2 detector = ObjectDetection()
3 detector.setModelTypeAsYOLOv3()
```

```
 4 detector.setModelPath("yolo.h5")
 5 detector.loadModel()
 6 detections = detector.detectObjectsFromImage(
 7     input_image="img3.jpg",
 8     output_image_path="detect.jpg",
 9     minimum_percentage_probability=30)
10 #print(detections)
11
12 for eachObject in detections:
13     print("{} : {} : {}".format(eachObject["name"], eachObject
           ["percentage_probability"], eachObject["box_points"]))
```

程式說明

- 10　　　取消註解可列印偵測到的物體資訊串列。

- 12-13　物體資訊串列不易閱讀，因此撰寫程式表列物體資訊：物體名稱、物體
　　　　機率及物體位置，一目了然。

執行結果：

除了顯示偵測到的物體資訊外，於產生的 <detect.jpg> 按滑鼠左鍵兩下，可顯示框
選物體的圖片。

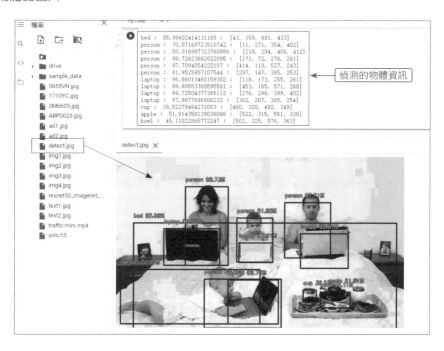

▌8.1.2 影片物體偵測

ImageAI 模組除了可以在圖片中進行物體偵測，也可以在影片中進行物體偵測。在影片中進行物體偵測的方式與圖片中進行物體偵測相同，是將影片分解為若干張圖片，再逐一對每張圖片進行物體偵測，最後再組合為影片。

1. ImageAI 模組使用 VideoObjectDetection 模組來偵測影片中的物體，匯入 ImageAI 的 VideoObjectDetection 模組語法：

```
from imageai.Detection import VideoObjectDetection
```

2. 建立 VideoObjectDetection 物件，語法為：

```
偵測變數 = VideoObjectDetection()
```

例如建立偵測變數為 detector 的物件：

```
detector = VideoObjectDetection()
```

3. 設定使用模型型態及載入模型檔的方式與圖片物體偵測相同，程式為：

```
detector.setModelTypeAsYOLOv3()
detector.setModelPath("yolo.h5")
detector.loadModel()
```

4. 然後就可使用 detectObjectsFromVideo() 方法進行物體偵測，語法為：

```
detector.detectObjectsFromImage(input_file_path=原始影片路徑,
    output_file_path=結果影片路徑, frames_per_second=每秒幀數,
    log_progress=布林值)
```

- **input_file_path**：要進行物體偵測的影片。
- **output_file_path**：框選偵測到物體並標示物體名稱的影片儲存於此設定的路徑。此處不必輸入附加檔名，系統會自動加上「.avi」做為附加檔名。
- **frames_per_second**：影片每秒的圖片數量。
- **log_progress**：設定程式執行時是否顯示執行過程：True 為顯示執行過程，False 為不顯示。讀者務必設為 True，因影片偵測時間很冗長，若不顯示目前執行的狀況，使用者常會認為機器當掉。

例如原始影片為 <test.mp4>，結果影片為 <test_detect>，每秒 20 幀圖片，執行顯示過程：

```
detector.detectObjectsFromVideo(input_file_path="test.mp4",
  output_file_path= "test_detect", frames_per_second=20,
  log_progress=True)
```

傳回值是字典組成的串列，每一個元素是一個物體資訊，物體資訊以字典表示：name 為物體名稱，percentage_probability 為物體機率，box_points 為物體位置坐標。

範例：偵測圖片中的物體

偵測 <traffic-mini.mp4> 影片的物體，同時將結果影片儲存於 <traffic_detected.avi>。

```
1 from imageai.Detection import VideoObjectDetection
2 detector = VideoObjectDetection()
3 detector.setModelTypeAsYOLOv3()
4 detector.setModelPath("yolo.h5")
5 detector.loadModel()
6 detector.detectObjectsFromVideo(
7     input_file_path="traffic-mini.mp4",
8     output_file_path= "traffic_detected",
9     frames_per_second=20,
10    log_progress=True)
```

執行結果：

```
Processing Frame :  1
Processing Frame :  2
Processing Frame :  3   ◄──  逐一處理影片中的圖片
Processing Frame :  4
Processing Frame :  5
Processing Frame :  6
```

同時產生 <traffic_detected.avi> 影片，可以下載到本機播放：

▎8.1.3 圖片預測

ImageAI 模組另提供圖片預測 (Image prediction) 功能。圖片預測與圖片物體偵測雷同，只是可使用不同模型偵測物體，而其傳回值較簡單，只有物體名稱及物體機率。

1. ImageAI 模組使用 ImagePrediction 模組來實現圖片預測功能，匯入 ImageAI 的 ImagePrediction 模組的語法：

```
from imageai.Prediction import ImagePrediction
```

2. 建立 ImagePrediction 物件，語法為：

```
預測變數 = ImagePrediction()
```

例如建立預測變數為 prediction 的物件：

```
prediction = ImagePrediction()
```

3. 接著設定使用模型的型態，語法為：

```
預測變數 . 模型型態
```

模型型態有四種：

- **setModelTypeAsSqueezeNet**：使用 SqueezeNet 模型，預測速度最快，精確度中等。

- **setModelTypeAsResNet**：使用 ResNet50 模型，預測速度快，精確度高。

- **setModelTypeAsInceptionV3**：使用 InceptionV3 模型，預測速度慢，但精確度較高。

- **setModelTypeAsDenseNet**：使用 DenseNet121 模型，預測速度最慢，但精確度最高。

本範例使用 ResNet50 模型：

```
prediction.setModelTypeAsResNet()
```

4. 再來就要載入模型檔，ResNet50 模型檔載入方法為：

```
prediction.setModelPath("resnet50_weights_tf_dim_ordering_tf_kernels.h5")
prediction.loadModel()
```

5. 最後使用 predictImage() 方法即可進行圖片預測，語法為：

```
物體變數, 機率變數 = prediction.predictImage( 圖片路徑, result_count=數值 )
```

● **物體變數**：傳回偵測到的物體名稱串列。

● **機率變數**：傳回偵測到的物體機率串列。

● **圖片路徑**：要進行圖片預測的圖片路徑。

● **result_count**：傳回偵測到的物體數量。此參數非必填，預設值為 5。

例如物體變數為 predictions，機率變數為 probabilities，原始圖片為 <img.jpg>：

```
predictions, probabilities = prediction.predictImage("img.jpg")
```

傳回值物體變數與機率變數是對應的串列：物體變數中的物體名稱對應機率變數中的機率。例如物體變數傳回值為：

```
['lab_coat', 'notebook', 'desk', 'candle', 'jean']
```

機率變數傳回值為：

```
[36.245658, 34.365269, 10.245264, 2.444626, 2.311109]
```

則 lab_coat 的機率為 36.245658，notebook 的機率為 34.365269，依此類推。

範例：預測圖片中的物體

對 <img3.jpg> 圖片進行圖片預測，並且顯示 5 個物體名稱及其機率。

```
 1 from imageai.Prediction import ImagePrediction
 2 prediction = ImagePrediction()
 3 prediction.setModelTypeAsResNet()
 4 prediction.setModelPath("resnet50_imagenet_tf.2.0.h5")
 5 prediction.loadModel()
 6 predictions, probabilities = prediction.predictImage("img3.jpg")
 7 # predictions, probabilities = prediction.predictImage(
     "/img3.jpg", result_count=10 )
 8 # print(predictions)
 9 # print(probabilities)
10 for i in range(len(predictions)):
11   print('{} : {}'.format(predictions[i], probabilities[i]))
```

程式說明

- 6　　　進行圖片預測並傳回 5 個物體名稱及其機率。

- 7　　　若取消註解，會進行圖片預測並傳回 10 個物體名稱及其機率。

- 8-9　　列印物體名稱及機率串列。

- 10-11　物體名稱及機率串列不易閱讀，因此撰寫程式表列物體名稱及其對應的機率。

執行結果：

```
1 from imageai.Prediction import ImagePrediction
2 prediction = ImagePrediction()
3 prediction.setModelTypeAsResNet()
4 prediction.setModelPath("resnet50_imagenet_tf.2.0.h5")
5 prediction.loadModel()
6 predictions, probabilities = prediction.predictImage("img3.jpg")
7 # predictions, probabilities = prediction.predictImage("img3.jpg", result_count=10)
8 # print(predictions)
9 # print(probabilities)
10 for i in range(len(predictions)):
11     print('{} : {}'.format(predictions[i], probabilities[i]))

/usr/local/lib/python3.7/dist-packages/ipykernel_launcher.py:3: MatplotlibDeprecationWarning: '.setModelTypeAsResNet()' has been deprecated!
  This is separate from the ipykernel package so we can avoid doing imports until
/usr/local/lib/python3.7/dist-packages/ipykernel_launcher.py:6: MatplotlibDeprecationWarning: '.predictImage()' has been deprecated! Please u

web_site :  29.989558458328247
monitor :  17.46486723423004
desktop_computer :  16.020306944847107
screen :  9.08573865890503
television :  3.7341780960559845
```

8.2　OCR 光學文字辨識模組

光學文字辨識 (Optical Character Recognition，OCR) 的功能是將圖片翻譯為文字。有了光學文字辨識後，許多文字工作可以被 OCR 取代，只要以相機對文件拍照，再以 OCR 轉換為文字即可。OCR 另一個常見的應用是車牌辨識系統，對車牌拍照後就可輕鬆取得車牌號碼文字做後續處理。

▌8.2.1　pyocr 模組：簡單易用 OCR

模組名稱	pyocr
模組功能	辨識圖片中的文字
官方網站	https://gitlab.gnome.org/World/OpenPaperwork/pyocr
安裝方式	!pip install pyocr

安裝 Tesseract

Tesseract 是目前使用最廣泛的 OCR 軟體，它已經有 30 年歷史，一開始它是惠普實驗室的一款專利軟體，從 2006 年後由 Google 贊助進行後續的開發和維護。

Python 中將 Tesseract 包裝應用的模組相當多，此處使用簡單易用且效能不錯的 pyocr 模組。

使用 pyocr 模組之前需安裝 Tesseract，在 Colab 中安裝 Tesseract 相當簡單，以下列命令即可完成安裝：

```
!apt install tesseract-ocr libtesseract-dev tesseract-ocr
```

模組使用方式

1. 匯入 pyocr 模組的語法：

```
import pyocr
```

2. 匯入 Pillow 模組來讀取圖片檔案：

```
from PIL import Image
```

3. 以 get_available_tools() 方法取得可用的 OCR 工具，語法為：

```
工具串列變數 = pyocr.get_available_tools()
```

例如工具串列變數為 tools：

```
tools = pyocr.get_available_tools()
```

傳回值是可用工具組成的串列，此處已安裝 Tesseract，其傳回值為：

```
[<module 'pyocr.tesseract' from '/usr/local/lib/python3.6/
    dist-packages/pyocr/tesseract.py'>,
 <module 'pyocr.libtesseract' from '/usr/local/lib/python3.6/
    dist-packages/pyocr/libtesseract/__init__.py'>]
```

注意：如果未安裝 Tesseract，傳回值將是空串列。

4. 接著由工具串列變數取得 OCR 工具，語法為：

```
工具變數 = 工具串列變數 [0]
```

例如工具變數為 tool，工具串列變數為 tools：

```
tool = tools[0]
```

5. 最後就可利用 image_to_string() 方法進行文字辨識，語法為：

```
文字變數 = 工具變數 .image_to_string(
    Image.open( 圖片檔路徑 ),
    builder=pyocr.builders.TextBuilder()
)
```

例如文字變數為 txt 就是辨識結果，工具變數為 tool，圖片檔為 <text1.jpg>：

```
txt = tool.image_to_string(
    Image.open('text1.jpg'),
    builder=pyocr.builders.TextBuilder()
    )
```

範例：辨識圖片中的文字

辨識 <text1.jpg> 圖片並顯示辨識的文字。<text1.jpg> 圖片為：

> How to change background image without changing drawn lines

```
1  import pyocr
2  from PIL import Image
3  tools = pyocr.get_available_tools()
4  # print(tools)
5  if len(tools) == 0:
6      print(" 沒有可用的 OCR！")
7  else:
8      tool = tools[0]
9      txt = tool.image_to_string(
10         Image.open('text1.jpg'),
11         builder=pyocr.builders.TextBuilder()
12     )
13     print(" 辨識文字：{}".format(txt))
```

程式說明

■ 5-6　　如果 tools 是空串列表示沒有可用的 OCR 工具，無法進行文字辨識。最可能的原因是未安裝 Tesseract。

■ 7-13　　有可用的 OCR 工具就進行文字辨識並顯示辨識結果。

執行結果：

```
1 import pyocr
2 from PIL import Image
3 tools = pyocr.get_available_tools()
4 # print(tools)
5 if len(tools) == 0:
6     print("沒有可用的OCR！")
7 else:
8     tool = tools[0]
9     txt = tool.image_to_string(
10        Image.open('text1.jpg'),
11        builder=pyocr.builders.TextBuilder()
12    )
13    print("辨識文字: {}".format(txt))
辨識文字: How to change background image without changing drawn lines    ◄── 辨識結果
```

文字辨識圖片宜預處理

經實測，要進行文字辨識的圖片，文字最好是印刷體、文字不要太靠近圖片邊緣、圖片中不要有文字以外的內容等，否則會造成無法辨識。如果圖片無法辨識時，需用圖形編輯軟體對圖形預處理，移除前述狀況再進行文字辨識。

▌8.2.2 keras-ocr 模組：效果強大 OCR

模組名稱	`keras-ocr`
模組功能	進行文字辨識並傳回文字區塊的位置坐標及辨識文字結果
官方網站	`https://github.com/faustomorales/keras-ocr`
安裝方式	`!pip install keras-ocr`

模組使用方式

1. 匯入 keras-ocr 模組的語法：

```
import keras_ocr
```

2. keras-ocr 模組繪製結果圖片需傳送 matplotlib 繪圖坐標軸做為參數，因此必須匯入 matplotlib 模組：

```
import matplotlib.pyplot as plt
```

3. keras-ocr 以 Pipeline 類別來進行文字辨識，首先要建立 Pipeline 物件，語法為：

```
管道變數 = keras_ocr.pipeline.Pipeline()
```

例如管道變數為 pipeline：

```
pipeline = keras_ocr.pipeline.Pipeline()
```

4. 然後即可使用 Pipeline 物件的 recognize() 方法進行文字辨識，語法為：

```
辨識串列變數 = 管道變數.recognize(圖片串列)
```

- **圖片串列**：keras-ocr 模組可同時對多張圖片進行辨識，因此傳入的參數是讀取圖片路徑組成的串列。

例如辨識串列變數為 prediction_groups，管道變數為 pipeline，圖片串列為 images：

```
prediction_groups = pipeline.recognize(images)
```

傳回值 prediction_groups 是串列，元素是辨識文字與文字在圖片中矩形區塊坐標組成，下面是傳回值的範例：

辨識文字　　　　　　　文字區塊坐標

```
[[('mirriad', array([[295.1172 ,  44.26758], [423.49316,  44.26758],
   [423.49316,  82.63281], [295.1172 ,  82.63281]], dtype=float32)),
  ('emotionally', array([[ 489.71216,  243.56075], [1052.0199 ,  241.15775],
   [1052.3073 ,  308.40286], [489.99945,  310.80588]], dtype=float32)),
   ........
```

5. keras-ocr 模組有提供繪製辨識結果圖片的功能，該功能需傳送 matplotlib 的 subplots() 方法坐標軸做為參數，subplots() 方法的語法為：

```
_, 坐標變數 = plt.subplots(ncols=len( 圖片串列 ), figsize=( 寬 , 高 ))
```

- **ncols**：設定繪製多個圖形時是由左向右水平排列，欄位數量就是圖片數量。

  例如坐標變數為 axs，寬及高皆為 10：

```
_, axs = plt.subplots(ncols=len(images), figsize=(10, 10))
```

6. keras-ocr 模組以 drawAnnotations() 方法繪製辨識結果圖片，語法為：

```
keras_ocr.tools.drawAnnotations(image= 圖片變數 ,
    predictions= 辨識變數 , ax= 坐標變數 )
```

  例如圖片變數為 img，辨識變數為 predict，坐標變數為 axs：

```
keras_ocr.tools.drawAnnotations(image=img, predictions=predict, ax=axs)
```

範例：辨識圖片中的所有文字

辨識 <ad1.jpg> 圖片並在圖上標示辨識的文字。

```
 1 import keras_ocr
 2 import matplotlib.pyplot as plt
 3 pipeline = keras_ocr.pipeline.Pipeline()
 4 images = []
 5 imgfiles = [
 6     'ad1.jpg',
 7     # 'ad02.jpg',
 8 ]
 9 for imgfile in imgfiles:
10     images.append(keras_ocr.tools.read(imgfile))
11 prediction_groups = pipeline.recognize(images)
```

```
12 # print(prediction_groups)
13 _, axs = plt.subplots(ncols=len(images), figsize=(10, 10))
14 for i in range(len(prediction_groups)):
15     if len(prediction_groups) == 1:
16         keras_ocr.tools.drawAnnotations(image=images[i],
              predictions=prediction_groups[i], ax=axs)
17     else:
18         keras_ocr.tools.drawAnnotations(image=images[i],
              predictions=prediction_groups[i], ax=axs[i])
```

程式說明

- 4-10　建立讀取圖片組成的圖片串列。

- 5-7　圖片路徑串列。

- 7　若取消註解會同時對兩張圖片進行文字辨識。

- 9-10　逐一讀取圖片後加入圖片串列。

- 12　若取消註解會列印辨識傳回值。

- 14-18　逐一繪製圖片並標示辨識的文字。

- 15-16　若只有一張圖片時，axs 傳回值不是串列而是單一 AxesSubplot 物件，因此 drawAnnotations() 方法的第三個參數直接使用 axs。

- 17-18　若有多張圖片時，axs 傳回值是串列，其元素是 AxesSubplot 物件，因此 drawAnnotations() 方法的第三個參數需使用 axs[i]。

執行結果：

8.2.3 應用：車牌辨識系統

車牌辨識一直是電腦視覺應用的重要課題，也是目前使用最為廣泛的應用之一。利用 keras-ocr 模組進行車牌辨識可以省去在圖片中切割車牌區塊圖形的麻煩，直接由拍攝的圖片辨識車牌號碼文字，且效果相當不錯。

本章範例檔中有多張車牌圖片，圖片檔是以車牌號碼做為檔案名稱，如此使用者由檔名即可得知車牌號碼。大部分車牌辨識可得到單一辨識文字，則此文字即為車牌號碼；少部分辨識則會將車牌號碼分為多個區塊，這樣就會得到多個辨識文字，我們必須撰寫程式將這些文字組成正確車牌號碼。

檢查文字是否只包含小寫字母及數字函式

首先撰寫檢查辨識文字是否只包含小寫字母及數字的函式：圖片中可能含有非車牌號碼的文字，因車牌號碼只包含字母及數字 (keras-ocr 模組辨識的字母一律傳回小寫字母)，若傳回文字包含非字母及數字就將其捨棄。我們使用正規表達式來檢查：只包含小寫字母及數字就傳回 True，否則傳回 False。

```
def checkcharnum(str1):
    if re.match("^[a-z0-9]*$", str1):
        return True
    else:
        return False
```

辨識得到的多個文字並沒有依照順序排列，要如何得到正確的順序呢？原理是依照文字位置由左至右排列就是正確的順序，即依照辨識文字位置左上角的 X 坐標由小至大排序即可。例如 <1710YC.jpg> 辨識傳回值為：

```
[[('10yc', array([[125., 110.], [220., 110.],
    [220., 158.], [125., 158.]], dtype=float32)),
  ('17', array([[ 79., 111.], [124., 111.],
    [124., 157.], [ 79., 157.]], dtype=float32))]]
```

其位置坐標順序為「[左上角,右上角,右下角,左下角]」，即文字「10yc」左上角 X 坐標為 125，文字「17」左上角 X 坐標為 79，可知文字「17」在文字「10yc」左方，故車牌號碼為「1710yc」。

車牌辨識程式

下面程式會辨識車牌號碼並顯示，可同時辨識多張圖片。

```
 1 import keras_ocr
 2 import re
 3
 4 def checkcharnum(str1):
 5     if re.match("^[a-z0-9]*$", str1):
 6         return True
 7     else:
 8         return False
 9
10 pipeline = keras_ocr.pipeline.Pipeline()
11 images = []
12 imgfiles = [
13     '1710YC.jpg',
14     # '0655VN.jpg',
15 ]
16 for imgfile in imgfiles:
17     images.append(keras_ocr.tools.read(imgfile))
18 prediction_groups = pipeline.recognize(images)
19 for n in range(len(prediction_groups)):
20     result = ''
21     if len(prediction_groups[n]) == 1:
22         result = prediction_groups[n][0][0]
23     else:
24         txt = []
25         xpos = []
```

```
26        for i in range(len(prediction_groups[n])):
27          temstr = prediction_groups[n][i][0]
28          if checkcharnum(temstr) and len(temstr)<=7:
29              txt.append(temstr)
30              xpos.append(prediction_groups[n][i][1][0][0])
31        xtem = xpos.copy()
32        xtem.sort()
33        for i in range(len(xpos)):
34            result += txt[xpos.index(xtem[i])]
35    result = result.upper()
36    print(' 第 {} 個車牌號碼：{}'.format(n+1, result))
```

程式說明

- **4-8**　檢查字串是否只含字母及數字的函式。

- **10**　建立 Pipeline 物件。

- **11-17**　建立讀入圖片檔串列。

- **14**　若取消核選可同時辨識兩個圖片。

- **18**　進行文字辨識。

- **21-22**　如果只傳回一個辨識文字，則該文字就是車牌號碼。

- **23-36**　若傳回多個辨識文字，就將所有文字組成車牌號碼。

- **24-25**　txt 串列儲存組合辨識文字，xpos 串列儲存辨識文字的 X 坐標。

- **26-30**　逐一處理辨識文字。

- **27**　取得辨識文字。

- **28-30**　若文字辨識只包含字母及數字且長度小於等於 7 才視為部分車牌號碼文字，將辨識文字及 X 坐標加入對應串列中。

- **31**　複製一份坐標串列，如此可保存原始坐標串列。

- **32**　將複製坐標串列排序。

- **33-34**　根據排序後的 X 坐標依序取得辨識文字組成車牌號碼。

- **35**　因辨識文字的字母皆為小寫，將其轉換為大寫字母。

執行結果：

```
Looking for /root/.keras-ocr/craft_mlt_25k.h5
Looking for /root/.keras-ocr/crnn_kurapan.h5
第 1 個車牌號碼：1710YC
```

自然語言處理：基本應用

⊙ 繁體簡體中文互換模組
  OpenCC 模組：繁簡文句轉換
  lotecc 模組：繁簡批次檔案轉換

⊙ 中文分詞模組
  jieba 模組：最常用中文分詞工具
  pywordseg 模組：繁體中文分詞

⊙ 文章摘要及文字雲
  sumy 模組：對網頁或文章進行摘要
  wordcloud 模組：文字雲

9.1　繁體簡體中文互換模組

兩岸互動頻繁，許多文件常有簡體、繁體轉換的需求，尤其目前機器學習的資料集以對岸的簡體資料居多，我們使用時通常要轉換為繁體。簡體與繁體除了字體不同外，很多用語也不同，例如繁體的「滑鼠」在簡體稱為「鼠標」，如果在轉換時能同時替換為慣用詞語就更好了！

9.1.1　OpenCC 模組：繁簡文句轉換

模組名稱	opencc-python-reimplemented
模組功能	繁體中文與簡體中文互相轉換
官方網站	https://github.com/yichen0831/opencc-python
安裝方式	!pip install opencc-python-reimplemented

操作前請將本章相關檔案上傳到 Colab。請於 Colab 檔案總管中按 **上傳** 🔼 鈕，於 **開啟** 對話方塊點選本章範例除 <.ipynb> 及 <simple> 資夾以外的檔案後按 **開啟** 鈕，完成上傳動作。上傳完成後可在 Colab 根目錄看到上傳的檔案。

模組使用方式

OpenCC 模組可以將繁體中文與簡體中文互相轉換，且有多種轉換格式可以選擇。

1. 安裝 OpenCC 模組的語法：

```
!pip install opencc-python-reimplemented
```

2. 匯入 OpenCC 模組的語法：

```
from opencc import OpenCC
```

3. 使用 OpenCC 模組首先要建立 OpenCC 物件，語法為：

```
轉換物件變數 = OpenCC( 轉換模式 )
```

- **轉換模式**：簡體中文只有一種，而繁體中文則有台灣繁體中文及香港繁體中文兩種。轉換時又分為單純文字轉換及慣用語轉換：單純文字轉換只做繁簡體文字轉換，速度較快；慣用語轉換則會將台灣慣用語和大陸慣用語進行替換，速度較慢。

可用的轉換模式整理於下表：

模式	意義
hk2s	繁體中文 （香港） -> 簡體中文
s2hk	簡體中文 -> 繁體中文 （香港）
s2t	簡體中文 -> 繁體中文
s2tw	簡體中文 -> 繁體中文 （台灣）
s2twp	簡體中文 -> 繁體中文 （台灣， 包含慣用詞轉換）
t2hk	繁體中文 -> 繁體中文 （香港）
t2s	繁體中文 -> 簡體中文
t2tw	繁體中文 -> 繁體中文 （台灣）
tw2s	繁體中文 （台灣） -> 簡體中文
tw2sp	繁體中文 （台灣） -> 簡體中文 （包含慣用詞轉換 ）

例如轉換物件變數為 cc，轉換模式為繁體轉簡體：

```
cc = OpenCC('t2s')
```

4. 然後使用 OpenCC 物件的 convert() 方法就可進行轉換，語法為：

轉換物件變數 .convert(轉換文字)

例如轉換物件變數為 cc，轉換文字為「今天天氣很好！」：

```
cc.convert(' 今天天氣很好！ ')
```

下面程式可將繁體文字轉換為簡體文字：

範例：將繁體文字轉為簡體文字

```
cc = OpenCC('t2s')
text = ' 自然語言認知和理解是讓電腦把輸入的語言變成有意思的符號和關係，然後根據
    目的再處理。自然語言生成系統則是把計算機數據轉化為自然語言。'
print(cc.convert(text))
```

[2] 1 from opencc import OpenCC

↑ ↓ ⊝ 🔲 ✿ 🗐 🗑 ⋮

1 enCC('t2s')
2 '自然語言認知和理解是讓電腦把輸入的語言變成有意思的符號和關係，然後根據目的再處理。自然語言生成系統則是把計算機數據轉化為自然語言。
3 convert(text))

自然语言认知和理解是让电脑把输入的语言变成有意思的符号和关系，然后根据目的再处理。自然语言生成系统则是把计算机数据转化为自然语言。

慣用語轉換

OpenCC 模組最大特色是「慣用語」模式，轉換後閱讀完全沒有障礙。雖然慣用語模式執行需花費較多時間，但經實測轉換速度仍極快，使用者可多利用此模式進行轉換。下面程式使用慣用語轉換及一般轉換進行繁體文字轉換為簡體文字的比較：

繁體文字轉簡體文字慣用語轉換

```
text = ' 滑鼠在螢幕上移動 '
cc = OpenCC('t2s')
print(' 一般轉換：{}'.format(cc.convert(text)))
cc = OpenCC('tw2sp')
print(' 慣用語轉換：{}'.format(cc.convert(text)))
```

```
[4]  1 text = '滑鼠在螢幕上移動'
     2 cc = OpenCC('t2s')
     3 print('一般轉換: {}'.format(cc.convert(text)))
     4 cc = OpenCC('tw2sp')
     5 print('慣用語轉換: {}'.format(cc.convert(text)))

一般轉換: 滑鼠在荧幕上移动
慣用語轉換: 鼠标在屏幕上移动
```

注意繁體的「滑鼠」轉換為簡體的「鼠标」，繁體的「螢幕」轉換為簡體的「屏幕」。

▌9.1.2 lotecc 模組：繁簡批次檔案轉換

OpenCC 模組僅能進行文句繁簡體轉換，無法滿足對於大量轉換的需求。lotecc 模組是針對檔案進行繁簡體轉換的模組，不但可以對單一檔案進行轉換，也可以對資料夾中所有檔案進行批次轉換，非常方便。

模組名稱	lotecc
模組功能	對單一檔案或批次檔案進行繁簡體轉換
官方網站	https://github.com/lonsty/lotecc
安裝方式	!pip install lotecc

模組使用方式

1. 匯入 lotecc 模組的語法：

```
from lotecc import lote_chinese_conversion as lotecc
```

2. 使用 lotecc 模組即可進行轉換，語法為：

```
轉換變數 = lotecc(conversion= 轉換模式 , input= 原始檔案或資料夾 ,
    output= 目標檔案或資料夾 , in_enc= 編碼格式 , out_enc= 編碼格式 ,
    suffix= 後綴字 )
```

- **conversion**：轉換模式。lotecc 模組的轉換模式與 OpenCC 模組相同，請參考前一小節說明。
- **input**：原始檔案或資料夾。如果是檔案名稱就將該檔案進行轉換，若是資料夾就將該資料夾中所有檔案都進行轉換。
- **output**：目標檔案或資料夾，需配合 input 參數的設定。要特別注意的是若目標檔案名稱與原始檔案名稱相同時，原始檔案會被覆蓋。
- **in_enc**：原始檔案編碼格式，一般都使用「utf-8」。
- **out_enc**：目標檔案編碼格式，一般都使用「utf-8」。
- **suffix**：為目標檔案加上的「後綴字」。例如此參數設為「_t」，output 參數設為「first.txt」，則產生的檔案名稱為「first_t.txt」。

轉換檔案的管理

進行批次檔案轉換時，通常會將 input 及 output 參數設為相同，如此可將轉換的檔案存於原來的資料夾。如果不想將原始檔案覆蓋掉，記得要設定 suffix 參數讓目標檔案名稱與原始檔案不同。

例如轉換物件變數為 converted，轉換模式為 tw2sp，原始檔案及目標檔案皆為 first.txt，原始編碼格式及目標編碼格式皆為 utf-8，目標檔案後綴字為「_t」：

```
converted = lotecc(conversion='tw2sp', input='first.txt',
    output='first.txt', in_enc='utf-8', out_enc='utf-8', suffix='_t')
```

傳回值 converted 是串列，元素為原始檔名與目標檔名組成的元組，例如上面例子的傳回值為：

```
[('first.txt', 'first_t.txt')]
```

下面程式可將 <tradition1.txt> 繁體文字檔以慣用語模式轉換為簡體文字，目標檔案名稱為 <tradition1_t.txt>：

```
converted = lotecc(conversion='tw2sp',
                   input='tradition1.txt',
                   output='tradition1.txt',
                   in_enc='utf-8',
                   out_enc='utf-8',
                   suffix='_t')
print(converted)
```

範例：批次簡繁轉換資料夾中的文字檔

請先在 Colab 主機根目錄下新增 <simple> 資料夾，接著將本章範例 <simple> 資料夾裡的三個繁體文字檔上傳，程式會以慣用語模式全部轉換為簡體文字，目標檔案名稱為原始檔名加上「_t」後綴字：

```
converted = lotecc(conversion='s2twp',
                   input='simple',
                   output='simple',
                   in_enc='utf-8',
                   out_enc='utf-8',
                   suffix='_t')
# print(converted)
for source, output in converted:
    print(f'原始檔案 <{source}> 轉換為 <{output}>')
```

9.2 中文分詞模組

利用電腦進行文字分析研究的時候，通常需要先將文件中的句子進行分詞，然後使用「詞」這個最小且有意義的單位來進行分析、整理，所以分詞可以說是整個文字分析處理最基礎的工作。

9.2.1 jieba 模組：最常用中文分詞工具

模組名稱	jieba
模組功能	對中文進行分詞
官方網站	https://github.com/fxsjy/jieba
安裝方式	!pip install jieba

Jieba 模組中文名稱為「結巴」。Jieba 模組的作者把這個程式的名字取得很好，因為當我們將一句話斷成詞的時候，念起來就是結結巴巴的，讓人看到模組名稱就能了解模組的用途。**Colab 已經預先安裝好 Jieba 模組，不需使用者安裝。**

模組使用方式

1. 匯入 Jieba 模組的語法：

```
import jieba
```

2. Jieba 模組分詞的語法為：

```
jieba.cut( 要分詞的文句 )
```

執行分詞後，會傳回一個由文句斷開後產生的「字詞」組成的生成器 (generator)，例如下面程式碼中 breakword 的資料型態為生成器：

```
breakword = jieba.cut(' 我要喝水 ')
```

要觀看分詞後產生的字詞有兩個方法，第一種是將生成器轉換為串列顯示，例如：

```
print(list(breakword))
```

結果為「['我要','喝水']」。

第二種方法是以字串的 join() 方法結合生成器內容後再顯示，例如：

```
print('|'.join(breakword))
```

結果為「我要 | 喝水」，本書範例將都使用這種方法來顯示。

分詞模式

Jieba 模組的分詞模式分為三種：

- **精確模式**：將文句以最精準的方式分詞，適合做為文件分析，這是分詞模式的預設值。語法為：

```
jieba.cut(要分詞的文句, cut_all=False)
```

- **全文模式**：把句子中所有可以成詞的字詞都掃描出來，速度較快。語法為：

```
jieba.cut(要分詞的文句, cut_all=True)
```

- **搜尋引擎模式**：在精確模式的基礎上對長詞再次切分，適合用於搜尋引擎分詞。語法為：

```
jieba.cut_for_search(要分詞的文句)
```

下面程式分別以三種模式對相同文句分詞，並顯示分詞結果。

```
sentence = '我今天要到台北松山機場出差！'
breakword = jieba.cut(sentence, cut_all=False)
print('精確模式：' + '|'.join(breakword))

breakword = jieba.cut(sentence, cut_all=True)
print('全文模式：' + '|'.join(breakword))

breakword = jieba.cut_for_search(sentence)
print('搜索引擎模式：' + '|'.join(breakword))
```

執行結果：

```
精確模式：我|今天|要|到|台北|松山|機場|出差|！
全文模式：我|今天|要到|台北|松山|機|場|出差|！
搜索引擎模式：我|今天|要|到|台北|松山|機場|出差|！
```

由上面結果可看出全文模式分詞準確度較精確模式及搜尋引擎模式差。

預設詞庫

台灣與大陸使用的字詞存在許多差異，Jieba 模組為大陸團隊開發，預設的分詞依據
當然是以大陸的字詞為準。好在 Jieba 模組具備相當大的彈性，可以更換或加入各種
詞庫做為分詞依據，如此就能適用不同地區需求。

Jieba 模組中並未包含繁體中文詞庫，因此要先下載繁體中文詞庫。執行下面命令可
下載繁體中文詞庫儲存成 <dict.txt.big.txt>：

```
!wget -O dict.txt.big.txt https://raw.githubusercontent.com/fxsjy/jieba/
    master/extra_dict/dict.txt.big
```

Jieba 模組設定預設詞庫的語法為：

```
jieba.set_dictionary( 預設詞庫檔案路徑 )
```

以下列語法設定使用繁體中文詞庫，Jieba 模組就會以繁體中文詞庫進行分詞：

```
jieba.set_dictionary('dict.txt.big.txt')
```

下面程式以繁體中文詞庫進行分詞：

範例：使用繁體中文詞庫分詞
```
jieba.set_dictionary('dict.txt.big.txt')
sentence = '我今天要到台北松山機場出差！'
breakword = jieba.cut(sentence, cut_all=False)
print('|'.join(breakword))
```

執行結果：

```
   1 jieba.set_dictionary('dict.txt.big.txt')
   2 sentence = '我今天要到台北松山機場出差！'
   3 breakword = jieba.cut(sentence, cut_all=False)
   4 print('|'.join(breakword))

Building prefix dict from /content/dict.txt.big.txt ...
2021-08-26 13:46:01,173 DEBUG: Building prefix dict from /content/dict.txt.big.txt ...
Loading model from cache /tmp/jieba.u43f464b336de155982df71dc6a2e3f9e.cache
2021-08-26 13:46:01,175 DEBUG: Loading model from cache /tmp/jieba.u43f464b336de155982df71dc6a2e3f9e.cache
Loading model cost 1.348 seconds.
2021-08-26 13:46:02,523 DEBUG: Loading model cost 1.348 seconds.
Prefix dict has been built successfully.
2021-08-26 13:46:02,527 DEBUG: Prefix dict has been built successfully.
我|今天|要|到|台北|松山機場|出差|！
```

此範例與前一範例相比，前一範例中「松山」及「機場」被視為兩個詞，而此處則
將「松山機場」視為一個詞，分詞斷得更精準了！

自訂詞庫

有些字詞屬於「專有名詞」，通常不會包含在預設詞庫中，最常見的就是人名、地名等。例如下面範例包含了人名：

```
jieba.set_dictionary('dict.txt.big.txt')
sentence = ' 這部電影很好看，是我的朋友陳國文主演的。'
breakword = jieba.cut(sentence, cut_all=False)
print('|'.join(breakword))
```

執行結果：

由結果得知 Jieba 模組將人名「陳國文」拆解為「陳」及「國文」兩個詞了！

要解決此問題是加入「自訂詞庫」，Jieba 模組會優先將自訂詞庫定義的字詞視為一個單詞。

自訂詞庫中的單詞格式為：

```
單詞內容 [ 詞頻 ] [ 詞性 ]
```

- **單詞內容**：詞庫中的單詞，如陳國文、石門水庫、于右任等。
- **詞頻**：詞頻是一個整數，數值越大表示此單詞越優先被分詞。此參數可有可無。
- **詞性**：詞性表示單詞種類，如 n 代表名詞、v 代表動詞等。此參數可有可無。

建立自訂詞庫的方法是在文字編輯器 (如記事本) 中逐一輸入單詞，存檔時務必以 UTF-8 格式存檔，否則執行時會產生錯誤 (記事本預設是以 ANSI 格式存檔)。

此處配合後面範例，將檔案命名為「user_dict_test.txt」，完成後請上傳到 Colab 的主機根目錄以便使用。

Jieba 模組設定自訂詞庫的語法為：

```
jieba.load_userdict( 自訂詞庫檔案路徑 )
```

例如設定 <user_dict_test.txt> 做為自訂詞庫：

```
jieba.load_userdict('user_dict_test.txt')
```

下面程式以繁體中文詞庫及自訂詞庫進行分詞：

範例：使用繁體中文詞庫及自訂詞庫分詞

```
jieba.set_dictionary('dict.txt.big.txt')
jieba.load_userdict('user_dict_test.txt')
sentence = '這部電影很好看，是我的朋友陳國文主演的。'
breakword = jieba.cut(sentence, cut_all=False)
print('|'.join(breakword))
```

執行結果：

```
1 jieba.set_dictionary('dict.txt.big.txt')
2 jieba.load_userdict('user_dict_test.txt')
3 sentence = '這部電影很好看，是我的朋友陳國文主演的。'
4 breakword = jieba.cut(sentence, cut_all=False)
5 print('|'.join(breakword))

Building prefix dict from /content/dict.txt.big.txt ...
Loading model from cache /tmp/jieba.u43f464b336de155982df71dc6a2e3f9e.cache
Loading model cost 2.868 seconds.
Prefix dict has been built successfully.
這部|電影|很|好看|，|是|我|的|朋友|陳國文|主演|的|。
```

可看到「陳國文」已斷為一個單詞了！

加入停用詞

眼尖的讀者可能已經注意到 Jieba 模組進行分詞時，會把標點符號也視為一個單詞，這並不符合一般的使用習慣。其實不只是標點符號，一些語助詞、連接詞如「的」、「啊」等，應該都不要視為單詞。這些需濾除的單詞即稱為「停用詞」。

Jieba 模組並未提供濾除停用詞的功能，必須自行撰寫程式達成。首先以前一小節建立自訂詞庫的方法建立 <stopWord_test.txt> 文字檔，內容為各種全型及半型的標點符號。記得存檔的格式要使用「UTF-8」。

接著要讀取 <stopWord_test.txt> 檔中所有停用詞存於串列中，以便分詞後的單詞能與停用詞比對，如果是停用詞就將該單詞移除。讀取 <stopWord_test.txt> 檔中所有停用詞存於 stops 串列的程式碼為：

```
with open('stopWord_test.txt', 'r', encoding='utf-8-sig') as f:
    stops = f.read().split('\n')
```

注意讀取的編碼格式要使用「encoding='utf-8-sig'」，避免 BOM 問題。

範例：加入停用詞進行分詞

```
 1 jieba.set_dictionary('dict.txt.big.txt')
 2 jieba.load_userdict('user_dict_test.txt')
 3 with open('stopWord_test.txt', 'r', encoding='utf-8-sig') as f:
 4     stops = f.read().split('\n')
 5 sentence = '這部電影很好看，是我的朋友陳國文主演的。'
 6 breakword = jieba.cut(sentence, cut_all=False)
 7 words = []
 8 for word in breakword:
 9     if word not in stops:
10         words.append(word)
11 print('|'.join(words))
```

程式說明

■ 3-4　　讀取停用詞內容儲存於 `stops` 串列。

■ 7-10　　逐一檢查分詞後的單詞，移除停用詞。

■ 9-10　　如果單詞不是停用詞就加入串列中。

執行結果：

```
1 jieba.set_dictionary('dict.txt.big.txt')
2 jieba.load_userdict('user_dict_test.txt')
3 with open('stopWord_test.txt', 'r', encoding='utf-8-sig') as f:
4     stops = f.read().split('\n')
5 sentence = '這部電影很好看，是我的朋友陳國文主演的。'
6 breakword = jieba.cut(sentence, cut_all=False)
7 words = []
8 for word in breakword:
9     if word not in stops:
10        words.append(word)
11 print('|'.join(words))

Building prefix dict from /content/dict.txt.big.txt ...
Loading model from cache /tmp/jieba.u43f464b336de155982df71dc6a2e3f9e.cache
Loading model cost 2.243 seconds.
Prefix dict has been built successfully.
這部|電影|很|好看|是|我|的|朋友|陳國文|主演|的
```

BOM 問題

Windows 記事本存檔時會自動為文字檔加入文件前端代碼，稱為「BOM」，佔一個字元。這是一個看不見的字元，顯示檔案內容時並不會顯示。如果讀取檔案時沒有移除，將造成讀取值誤判的問題。讀取檔案時若使用「encoding='utf-8-sig'」格式，會自動移除 BOM 避免問題。

9.2.2 pywordseg 模組：繁體中文分詞

模組名稱	pywordseg
模組功能	對於繁體中文進行分詞，效果極佳
官方網站	https://github.com/voidism/pywordseg
安裝方式	!pip install pywordseg

Jieba 模組主要的分詞對象是簡體中文，雖然可藉著使用繁體中文詞庫及自訂詞庫來增加對繁體中文分詞的準確性，但終究是一件相當麻煩的事，尤其是自訂詞庫的編輯需經相當時間的蒐集和建立，才能達到理想的效果。

pywordseg 模組主要是針對繁體中文開發的模組，對於繁體中文分詞有極佳的效果，而且 pywordseg 模組是以深度學習進行判斷，準確度較 Jieba 模組高。不過，pywordseg 模組耗費的資源遠比 Jieba 模組多，執行速度也較慢。

pywordseg 模組可使用 GPU 加快執行速度， 請開啟 Colab 的 GPU 硬體加速功能。

模組使用方式

1.　匯入 pywordseg 模組的語法：

```
from pywordseg import *
```

　　第一次執行匯入 pywordseg 時會下載模組所需的模型，模型相當大，需耗費不少時間，請耐心等待。

```
[17]  1 from pywordseg import *

Using pywordseg for the first time, download CharEmb model.
Download models ...100%, 29 MB, 4452 KB/s, 6 seconds passed
CharEmb built!
Using pywordseg for the first time, download main segmentation system models.
Download models ...100%, 336 MB, 4874 KB/s, 70 seconds passed
ELMoForManyLangs built!
```

2.　建立 Wordseg 物件，語法為：

```
分詞物件變數 = Wordseg(batch_size= 數值 , device= 設備 ,
    embedding= 模型 , elmo_use_cuda= 布林值 , mode= 模式 )
```

- **batch_size**：每次處理的資料數量，預設值為64。此數值越大則執行速度越快，但需要的記憶體越多。

- **device**：使用的設備，預設值為 cpu。如果使用 gpu，只有一顆 gpu 的設備為「cuda:0」，多顆 gpu 時需指定使用哪一顆 gpu。

- **embedding**：設定使用的模型種類，目前提供兩種模型：
  - **elmo**：使用 character level ELMo 模型，準確率較高，但速度較慢。
  - **w2v**：使用 baseline 模型，速度較快。此為預設值。
- **elmo_use_cuda**：True 表示使用 gpu，為預設值；False 表示使用 cpu。
- **mode**：可能值為 TW、HK、CN，預設值為 TW。目前只支援繁體中文。

例如分詞物件變數為 seg，每次處理 64 筆資料，使用 gpu，模型使用 elmo 模型：

```
seg = Wordseg(batch_size=64, device="cuda:0",
    embedding='elmo', elmo_use_cuda=True, mode="TW")
```

3. 接著使用 cut() 方法即可進行分詞，語法為：

```
分詞結果變數 = 分詞物件變數 .cut([ 文句 1, 文句 2, ……])
```

cut() 方法的參數是串列，表示可以一次為多個文句分詞，例如分詞結果變數為 words，分詞物件變數為 seg：

```
words = seg.cut([" 今天天氣很好。", " 我還沒有吃飯。"])
```

傳回值 words 也是一個串列，元素是每一文句的分詞結果，例如上面例子傳回值：

```
[['今天', '天氣', '很', '好', '。'], ['我', '還', '沒有', '吃飯', '。']]
```
　　第一個文句　　　　　　　　第二個文句

單一文句或多個文句分詞

下面範例以 pywordseg 模組對前一小節相同文句進行分詞。

範例：繁體中文單一文句分詞

```
seg = Wordseg(batch_size=64,    embedding='elmo',
    elmo_use_cuda=False, mode="TW")
words = seg.cut([" 這部電影很好看，是我的朋友陳國文主演的。"])
print('|'.join(words[0]))
```

執行結果可見到「陳國文」的分詞是正確的：

```
1 seg = Wordseg(batch_size=64, embedding='elmo', elmo_use_cuda=False, mode="TW")
2 words = seg.cut(["這部電影很好看，是我的朋友陳國文主演的。"])
3 print('|'.join(words[0]))
```

這|部|電影|很|好看|,|是|我的|朋友|陳國文|主演|的|。

下面範例對兩個文句進行分詞並顯示結果。

範例：繁體中文多文句分詞

```
seg = Wordseg(batch_size=64, embedding='elmo', elmo_use_cuda=False,
    mode="TW")
words = seg.cut([" 今天天氣真好啊！", " 路遙知馬力，日久見人心。"])
for i in range(len(words)):
    print('{}. {}'.format(i, '|'.join(words[i])))
```

執行結果：

```
1 seg = Wordseg(batch_size=64, embedding='elmo', elmo_use_cuda=False, mode="TW")
2 words = seg.cut(["今天天氣真好啊！", "路遙知馬力,日久見人心。"])
3 for i in range(len(words)):
4     print('{}. {}'.format(i, '|'.join(words[i])))

0. 今天|天氣|真|好|啊|!
1. 路|遙知|馬力,|日久|見|人心。
```

加入停用詞

pywordseg 模組的加入停用詞功能與 Jieba 模組相同：下面是加入去除標點符號停用詞的範例。

範例：加入停用詞進行分詞

```
seg = Wordseg(batch_size=64, embedding='elmo',
    elmo_use_cuda=False, mode="TW")
words = seg.cut([" 這部電影很好看，是我的朋友陳國文主演的。"])
with open('stopWord_test.txt', 'r', encoding='utf-8-sig') as f:
    stops = f.read().split('\n')
stopwords = []
for word in words[0]:
    if word not in stops:
        stopwords.append(word)
print('|'.join(stopwords))
```

執行結果：

```
1 seg = Wordseg(batch_size=64, embedding='elmo', elmo_use_cuda=False, mode="TW")
2 words = seg.cut(["這部電影很好看,是我的朋友陳國文主演的。"])
3 with open('stopWord_test.txt', 'r', encoding='utf-8-sig') as f:
4     stops = f.read().split('\n')
5 stopwords = []
6 for word in words[0]:
7     if word not in stops:
8         stopwords.append(word)
9 print('|'.join(stopwords))

這|部|電影|很|好看|是|我的|朋友|陳國文|主演|的
```

9.3 文章摘要及文字雲

在目前的網路時代中，每天都會收到五花八門的訊息，需要花費許多時間閱讀。文章自動摘要功能可以幫我們讀過所有內容，並整理成摘要，那我們就只要快速瀏覽摘要即可，如此就可節省大量閱讀資訊的時間。

文字雲是關鍵詞的視覺化呈現，將各種關鍵詞的重要性透過字體大小及顏色來表現，讓觀看者一目了然。文字雲的形狀可以任意設定，更能增添文字雲千變萬化的魅力。

▋9.3.1 sumy 模組：對網頁或文章進行摘要

模組名稱	sumy
模組功能	對來源文字進行摘要
官方網站	https://github.com/miso-belica/sumy
安裝方式	!pip install sumy

模組使用方式

若只要對中文做摘要就不必下載 punkt 模型。如果要對英文做摘要的話，需要下載 nltk 模組的 punkt 模型，語法為：

```
import nltk
nltk.download('punkt')
```

需匯入的模組相當多，語法為：

```
from sumy.parsers.html import HtmlParser
from sumy.parsers.plaintext import PlaintextParser
from sumy.nlp.tokenizers import Tokenizer
from sumy.summarizers.lsa import LsaSummarizer as Summarizer
from sumy.nlp.stemmers import Stemmer
from sumy.utils import get_stop_words
```

「HtmlParser」是對網頁摘要的模組，「PlaintextParser」是對文字檔案摘要的模組，通常會直接把兩個模組都匯入。

取得網頁摘要

1. 對網頁進行摘要是使用 HtmlParser 的 from_url() 方法，語法為：

```
分析變數 = HtmlParser.from_url( 網址 , Tokenizer( 語言 ))
```

　　例如分析變數為 parser，網址為 http://www.abc.com，語言為中文：

```
parser = HtmlParser.from_url('http://www.abc.com', Tokenizer('chinese'))
```

2. 接著建立 Summarizer 物件及加入停用詞，語法為：

```
摘要變數 = Summarizer(Stemmer( 語言 ))
摘要變數 .stop_words = get_stop_words( 語言 )
```

　　例如摘要變數為 summarizer，語言為中文：

```
summarizer = Summarizer(Stemmer('chinese'))
summarizer.stop_words = get_stop_words('chinese')
```

3. 最後以 Summarizer 物件進行文章摘要，語法為：

```
摘要結果變數 = 摘要變數 ( 分析變數 .document, 摘要文句數量 )
```

　　「摘要文句數量」是設定要取得多少句摘要。例如摘要結果變數為 sumies，摘要變數為 summarizer，分析變數為 parser，取得 5 句摘要：

```
sumies = summarizer(parser.document, 5)
```

　　傳回值是串列，元素是單句摘要。

例如：若要取得指定中文網頁 (自由時報新聞頁面) 的 5 句摘要。

範例：取得網頁摘要

```
 1 LANGUAGE = "chinese"
 2 # LANGUAGE = "english"
 3 SENTENCES_COUNT = 5
 4 # SENTENCES_COUNT = 10
 5 url = "https://news.ltn.com.tw/news/life/breakingnews/3649202"
 6 # url = "https://en.wikipedia.org/wiki/Automatic_summarization"
 7 parser = HtmlParser.from_url(url, Tokenizer(LANGUAGE))
 8 summarizer = Summarizer(Stemmer(LANGUAGE))
 9 summarizer.stop_words = get_stop_words(LANGUAGE)
10 sumies = summarizer(parser.document, SENTENCES_COUNT)
11 for i, sentence in enumerate(sumies):
12     print('{}. {}'.format(i+1, sentence))
```

程式說明

- 1-2　　第 1 列為中文，第 2 列為英文。注意若設為英文，必須下載 nltk 模組的 punkt 模型。

- 3-4　　第 3 列設定取 5 句摘要，第 4 列設定取 10 句摘要。

- 5-6　　第 5 列為中文網頁，第 6 列為英文網頁。

- 7　　　使用 from_url() 方法分析網頁。

- 8　　　建立 Summarizer 物件。

- 9　　　加入停用詞。

- 10　　取得摘要。

- 11-12　顯示摘要。

執行結果：

取得文字檔案摘要

若要進行摘要的對象是文字檔案，要用 PlaintextParser 的 from_file() 方法，語法為：

```
分析變數 = PlaintextParser.from_file( 文字檔案 , Tokenizer( 語言 ))
```

例如分析變數為 parser，網址為 <test1.txt>，語言為中文：

```
parser = PlaintextParser.from_file('test1.txt', Tokenizer('chinese'))
```

其餘部分皆與網頁摘要相同。

例如，若要取得 <article1.txt> 中文檔案的 5 句摘要。

範例：取得文字檔案摘要

```
LANGUAGE = "chinese"
SENTENCES_COUNT = 5
parser = PlaintextParser.from_file("article1.txt", Tokenizer(LANGUAGE))
summarizer = Summarizer(Stemmer(LANGUAGE))
summarizer.stop_words = get_stop_words(LANGUAGE)
sumies = summarizer(parser.document, SENTENCES_COUNT)
for i, sentence in enumerate(sumies):
    print('{}. {}'.format(i+1, sentence))
```

執行結果：

```
1 LANGUAGE = "chinese"
2 SENTENCES_COUNT = 5
3 parser = PlaintextParser.from_file("/content/drive/MyDrive/Colab Notebooks/package/article1.txt", Tokenizer(LANGUAGE))
4 summarizer = Summarizer(Stemmer(LANGUAGE))
5 summarizer.stop_words = get_stop_words(LANGUAGE)
6 sumies = summarizer(parser.document, SENTENCES_COUNT)
7 for i, sentence in enumerate(sumies):
8     print('{}. {}'.format(i+1, sentence))
```

1. 直到有一天，老公公被証實患上癌症，現在，他除了要克服生活的不便外，還要接受物理治療和疾病帶來的痛楚。
2. 』 可能疾病初期帶來的痛楚不大，但到後期，一個體弱的老人家還撐得下去嗎？
3. 』 老婆婆微笑回答：『一個大男人，要妻子每天清理大小二便的，還在逞強呢！
4. 護士很詫異，她衝口而出地對老公公說：『我們都以為你是因為不捨得老婆婆才那麼堅強地活下去呢！
5. 』 老公公又接著說：『這幾子呀，我從和她結婚那天起便對自己許諾，一輩子都不讓她哭泣的，大約她也不知道吧，那次她看見我在床上捲曲，哭了起來

‖ 9.3.2 wordcloud 模組：文字雲

模組名稱	wordcloud
模組功能	建立文字雲
官方網站	https://github.com/amueller/word_cloud
安裝方式	!pip install wordcloud

Colab 已經預先安裝好 wordcloud 模組，不需使用者安裝。

按字詞頻率排序

因為文字雲是以字詞出現的次數做為繪製依據，所以在繪製之前，需先將文字資料拆解為字詞進行統計，最方便的方法就是使用 Jieba 模組。

1. 例如要處理的文字為：

```
text = '今天是好天氣，屬於晴朗天氣，今天是適合出遊的天氣'
```

以 Jieba 模組拆解後為：

```
今天 | 是 | 好 | 天氣 | ， | 屬於 | 晴朗 | 天氣 | ， | 今天 | 是 | 適合 | 出遊 | 的 | 天氣
```

2. 然後將拆解後的字詞存於串列中，例如串列名稱為 Words：

```
Words = ['今天', '是', '好', '天氣', '，', '屬於', ……]
```

3. collections 模組 Counter() 方法可以統計串列中相同元素值出現的次數，語法為：

```
Counter( 串列 )
```

例如：以上面 Words 串列進行 Counter 統計，傳回值是一個 Counter 字典，鍵是「字詞」，值是「次數」，而且會自動以「次數」做遞減排序：

```
diction = Counter(Words)
```

例如上面回傳的 diction 變數統計結果為：

```
Counter({'天氣': 3, '今天': 2, '是': 2, '，': 2, '好': 1, ……})
```

表示「天氣」出現 3 次，「今天」出現 2 次等。這樣統計好的資料就可以交給 wordcloud 模組繪製文字雲了！

文字雲的停用詞庫

文字雲是統計文件字詞的使用頻率，其停用詞不僅是標點符號或連接詞而已，一些較無意義的字詞通常也會列為停用詞而排除，例如然而、然後、任何等。此處蒐集了常用的停用詞存於 <stopWord_cloud.txt> 檔中 (共計 1221 個停用詞)，建議讀者製作文字雲時，可使用此停用詞檔。

即使已蒐集了相當數量的停用詞，繪製文字雲時仍可能會有漏網之停用詞，可在繪製之後再視情況加入停用詞。

wordcloud 模組基本語法

1. 要使用 wordcloud 模組，當然要匯入 wordcloud 模組：

```
from wordcloud import WordCloud
```

2. 接著建立 Wordcloud 物件，語法為：

```
物件變數 = WordCloud( 參數 1= 值 1, 參數 2= 值 2, ……)
```

Wordcloud 物件的參數很多，其中較重要的有下列三個：

- **background_color**：設定背景顏色。預設的背景顏色是黑色。
- **font_path**：設定使用的文字字型。預設的字型無法使用中文，如果要顯示中文，必須設定為中文字型，同時要包含字型路徑。
- **mask**：設定文字雲形狀。文字雲預設的形狀是長方形，wordcloud 模組允許使用任意圖形做為遮罩繪圖。**注意：格式必須是 numpy，因此開啟圖形檔後要以「numpy.array」轉換格式。**例如：以 <heart.png> 圖檔做為文字雲圖形：

```
import numpy as np
np.array(Image.open("heart.png"))
```

例如，建立背景為白色、 <taipei_sans_tc_beta.ttf> 台北黑體中文字型、形狀為心形的 Wordcloud 物件，物件變數名稱為 wordcloud：

```
font = 'taipei_sans_tc_beta.ttf'
mask = np.array(Image.open("heart.png"))
wordcloud = WordCloud(background_color="white",mask=mask,
    font_path=font)
```

3. 有了 Wordcloud 物件後，就可使用 generate_from_frequencies() 方法建立文字雲了，語法為：

```
wordcloud 物件變數 .generate_from_frequencies(frequencies= 資料 )
```

例如以 diction 資料建立文字雲：

```
wordcloud.generate_from_frequencies(frequencies=diction)
```

圖形存檔

繪製的圖形可以儲存於檔案保存起來，語法為：

```
wordcloud 物件變數 .to_file( 檔案名稱 )
```

例如將圖形存於 <test_Wordcloud.png>：

```
wordcloud.to_file("test_Wordcloud.png")
```

範例：書籍內容關鍵字文字雲

繪製文字雲的文字數量不宜太少，下面範例以「老殘遊記」一書的內容來繪製文字雲：

```
1 from wordcloud import WordCloud
2 import matplotlib.pyplot as plt
3 import jieba
4 from collections import Counter
5 from PIL import Image
6 import numpy as np
7 import requests
8 text = open('travel.txt', "r",encoding="utf-8").read()
9 jieba.set_dictionary('dict.txt.big.txt')
10 with open('stopWord_cloud.txt', 'r', encoding='utf-8-sig') as f:
11 # with open('stopWord_cloudmod.txt', 'r', encoding='utf-8-sig') as f:
12     stops = f.read().split('\n')
13 terms = []
14 for t in jieba.cut(text, cut_all=False):
15     if t not in stops:
16         terms.append(t)
17 diction = Counter(terms)
18 fontfile = requests.get("https://drive.google.com/
      uc?id=1QdaqR8Setf4HEulrIW79UEV_Lg_fuoWz&export=download")
```

```
19 with open('taipei_sans_tc_beta.ttf', 'wb') as f:
20   f.write(fontfile.content)
21 wordcloud = WordCloud(font_path='taipei_sans_tc_beta.ttf')
22 # mask = np.array(Image.open("heart.png"))
23 # wordcloud = WordCloud(background_color="white",mask=mask,
       font_path='taipei_sans_tc_beta.ttf')
24 wordcloud.generate_from_frequencies(frequencies=diction)
25 plt.figure(figsize=(10, 10))
26 plt.imshow(wordcloud)
27 plt.axis("off")
28 plt.show()
29 wordcloud.to_file("bookCloud.png")
```

程式說明

- **8** 　　 讀取文字檔做為繪製文字雲的資料。
- **9** 　　 設定繁體中文預設詞庫。
- **10-12** 讀取停用詞。
- **11** 　 修正停用詞庫，後面會說明。
- **13-16** 使用 jieba 模組拆解字詞。
- **17** 　 計算字詞出現的頻率，並且遞減排序。
- **18** 　 讀取中文字型。
- **19-20** 將中文字型寫入 <taipei_sans_tc_beta.ttf> 字型檔。
- **21** 　 建立 Wordcloud 物件。
- **22-23** 使用心形圖形及白色背景繪製文字雲圖形
- **24** 　 產生文字雲。
- **25-28** 顯示文字雲圖形。
- **29** 　 將文字雲圖形存檔。

執行結果：

圖中四個引號沒有意義，可加入停用詞予以去除。開啟 <stopWord_cloud.txt>，在最後加入四個引號，另存檔案為 <stopWord_cloudmod.txt>：

註解第 10 列程式，移除註解 11 列程式，即可使用 <stopWord_cloudmod.txt> 做為停用詞庫。

註解 21 列程式，移除註解 22-23 列程式，即可使用白色背景及心形圖案做為文字雲形狀。

再執行程式的結果為：

使用 jieba 模組分詞

此處使用 jieba 模組而未使用 pywordseg 模組分詞，是因為分詞對象太大 (整本「老殘遊記」書籍)，經測試使用 pywordseg 模組會產生記憶體不足的錯誤。由於對繁體中文而言，pywordseg 模組的效果較佳，若製作文字雲的對象文句不是很多，應以 pywordseg 模組為優先。

自然語言處理：情緒分析與聊天機器人

⊙ 語言情緒分析

snownlp 模組：完整自然語言處理功能

應用：旅館評論情緒分析

⊙ AI 聊天機器人

chatterbot 模組內建模式

使用語料庫建立模型

以自訂資料建立模型

10.1 語言情緒分析

語言情緒分析的基本步驟是對某段已知文字的兩極性進行分類，這個分類可能指的是文句，也可能是某種功能。情緒分析分類的作用就是判斷出此文字中表述的觀點是積極的、消極的、還是中性的情緒。

10.1.1 snownlp 模組：完整自然語言處理功能

模組名稱	snownlp
模組功能	分詞、詞性標註、情緒分析、繁體轉簡體、關鍵詞提取以及內容摘要
官方網站	https://github.com/isnowfy/snownlp
安裝方式	!pip install snownlp

snownlp 模組是一個針對中文開發的自然語言模組，使用者可以快速實現文句分詞、文字分段、情緒分析、繁簡轉換、關鍵詞提取以及內容摘要等功能。

請於 Colab 檔案總管中按 **上傳** 🔼 鈕，於 **開啟** 對話方塊點選本章範例 <hospitalQA.yml> 檔案後按 **開啟** 鈕，完成上傳的動作。上傳完成後即可在 Colab 根目錄看到上傳的檔案。

模組使用方式

1. 匯入 snownlp 模組的語法：

```
from snownlp import SnowNLP
from snownlp import sentiment
from snownlp import seg
```

2. 使用 snownlp 模組首先要建立 SnowNLP 物件，語法為：

```
語言物件變數 = SnowNLP( 文句 )
```

例如，設定語言物件變數為 s，文句為「今天天氣很好！」：

```
s = SnowNLP(' 今天天氣很好！')
```

繁體轉簡體：han()

使用 SnowNLP 物件的 han() 方法就可將繁體文字轉換為簡體文字，語法為：

```
語言物件變數 .han
```

下面程式可將指定繁體文字轉換為簡體文字。

範例：繁體轉簡體文字

```
text = " 自然語言認知和理解是讓電腦把輸入的語言變成有意思的符號和關係，然後根據
    目的再處理。自然語言生成系統則是把計算機數據轉化為自然語言。"
s = SnowNLP(text)
print(s.han)
```

執行結果：

```
1 text  = "自然語言認知和理解是讓電腦把輸入的語言變成有意思的符號和關係，然後根據目的再處理。自然語言生成系統則是把計算機數據轉化為
2 s  =  SnowNLP(text)
3 print(s.han)

自然语言认知和理解是让电脑把输入的语言变成有意思的符号和关系，然后根据目的再处理。自然语言生成系统则是把计算机数据转化为自然语言。
```

文句分詞：words()

使用 SnowNLP 物件的 words() 方法就可將文句進行分詞，語法為：

```
語言物件變數 .words
```

下面程式可將指定文字分詞。

範例：文字分詞

```
text = " 我今天要到台北松山機場出差！"
s = SnowNLP(text)
print('|'.join(s.words))
```

執行結果：

```
1 text  = "我今天要到台北松山機場出差！"
2 s  =  SnowNLP(text)
3 print('|'.join(s.words))

我|今天|要|到|台北|松|山|機|場|出差|!
```

情緒分析：sentiments

使用 SnowNLP 物件的 sentiments 方法可對文句進行情緒分析，語法為：

```
語言物件變數.sentiments
```

傳回值是一個 0 到 1 之間的浮點數，若傳回值大於 0.5 一般視為正面情緒，否則視為負面情緒。

下面程式示範正面情緒及負面情緒。

範例：正面及負面情緒文字判斷

```
text1=" 昨天我的錢不見了 "
s1=SnowNLP(text1)
print(' 負面情緒：{}'.format(s1.sentiments))
text2=" 今天天氣很好 "
s2=SnowNLP(text2)
print(' 正面情緒：{}'.format(s2.sentiments))
```

執行結果：

```
1 text1="昨天我的錢不見了"
2 s1=SnowNLP(text1)
3 print('負面情緒: {}'.format(s1.sentiments))
4 text2="今天天氣很好"
5 s2=SnowNLP(text2)
6 print('正面情緒: {}'.format(s2.sentiments))

負面情緒: 0.042583354524205586
正面情緒: 0.747904733276078
```

句子分割：sentences

使用 SnowNLP 物件的 sentences 方法可將一篇較長的文章分割成獨立的句子， 語法為：

```
語言物件變數.sentences
```

傳回值是一個串列，元素即為獨立的句子。

下面程式示範將文章分割成獨立的句子。

範例：句子分割

```
text = '''
自然語言處理是一門融語言學、計算機科學、數學於一體的科學。
因此，這一領域的研究將涉及自然語言，即人們日常使用的語言，
```

所以它與語言學的研究有著密切的聯繫，但又有重要的區別。
自然語言處理並不是一般地研究自然語言，
而在於研製能有效地實現自然語言通信的計算機系統，
特別是其中的軟體系統。因而它是計算機科學的一部分。
'''

```
s = SnowNLP(text)
for i, sen in enumerate(s.sentences):
    print(" 第 {} 句：{}。".format(i+1, sen))
```

執行結果：

```
1 text = '''
2 自然語言處理是一門融語言學、計算機科學、數學於一體的科學。
3 因此，這一領域的研究將涉及自然語言，即人們日常使用的語言。
4 所以它與語言學的研究有著密切的聯繫，但又有重要的區別。
5 自然語言處理並不是一般地研究自然語言，
6 而在於研製能有效地實現自然語言通信的計算機系統，
7 特別是其中的軟體系統。因而它是計算機科學的一部分。
8 '''
9 s = SnowNLP(text)
10 for i, sen in enumerate(s.sentences):
11     print("第 {} 句: {}。".format(i+1, sen))

第 1 句：自然語言處理是一門融語言學、計算機科學、數學於一體的科學。
第 2 句：因此。
第 3 句：這一領域的研究將涉及自然語言。
第 4 句：即人們日常使用的語言。
第 5 句：所以它與語言學的研究有著密切的聯繫。
第 6 句：但又有重要的區別。
第 7 句：自然語言處理並不是一般地研究自然語言。
第 8 句：而在於研製能有效地實現自然語言通信的計算機系統。
第 9 句：特別是其中的軟體系統。
第 10 句：因而它是計算機科學的一部分。
```

關鍵詞提取：**keywords()**

使用 SnowNLP 物件的 keywords() 方法可從文句中取得關鍵詞，語法為：

```
語言物件變數 .keywords( 數量 )
```

keywords() 方法的參數為取得關鍵詞的數量。

下面程式由前面例子的文章取得 3 個關鍵詞。

範例：關鍵詞提取

```
t_key = s.keywords(3)
print(t_key)
```

執行結果：

```
1 t_key = s.keywords(3)
2 print(t_key)

['語言', '自然', '研究']
```

內容摘要 :summary()

使用 SnowNLP 物件的 summary() 方法可從文句中取得摘要文句，語法為：

```
語言物件變數 .summary( 數量 )
```

summary() 方法的參數為取得摘要的文句數量。

下面程式由前面例子的文章取得 3 句摘要。

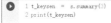

```
t_keysen = s.summary(3)
print(t_keysen)
```

執行結果：

```
1 t_keysen = s.summary(3)
2 print(t_keysen)
```
['自然語言處理並不是一般地研究自然語言', '即人們日常使用的語言', '所以它與語言學的研究有著密切的聯繫']

10.1.2 應用：旅館評論情緒分析

現在各大網路電商平台幾乎都有讓使用者在購買商品後進行評價的制度，分析這些評價是件繁瑣的工作，如果要用人工一則則瀏覽，耗費的時間及金錢將難以估計，因此情緒分析成為自然語言應用的一大課題。

雖然 snownlp 模組有提供情緒分析功能，但實測其正確率不高，應是其以一般資料建立的模型有關，如果能以特殊領域資料建立模型，再對該領域進行情緒分析，將可大幅提高正確率。snownlp 模組可以用自訂資料進行訓練建立模型，本應用將詳細說明建立模型的過程。

建立模型最困難的就是資料的取得及預處理。在 Github 上有一個知名的中文語料庫：「https://github.com/SophonPlus/ChineseNlpCorpus」，其中有一個項目擁有 7000 多筆旅客在旅館住宿後留下的評論文字。我們將利用 snownlp 模組進行模型訓練，並進一步進行情緒分析。

請在 Colab 上執行下面命令可下載資料集到主機的根目錄：

```
!wget https://raw.githubusercontent.com/SophonPlus/ChineseNlpCorpus/
      master/datasets/ChnSentiCorp_htl_all/ChnSentiCorp_htl_all.csv
```

資料檔轉換為繁體中文並檢視

取得的評論資料是簡體中文，先將其轉換為繁體中文再進行情緒分析，轉換模式最好使用「慣用語」模式。下面程式會利用 lotecc 模組將資料集轉換為繁體中文，且將轉換後的資料存於 <hotel_all.csv> 檔中。

```
1 !pip install lotecc==0.1.1
2 from lotecc import lote_chinese_conversion as lotecc
3 converted = lotecc(conversion='s2twp',
4     input='ChnSentiCorp_htl_all.csv',
5     output='hotel_all.csv',
6     in_enc='utf-8',
7     out_enc='utf-8')
```

程式說明

■ 1 安裝 lotecc 模組進行繁簡體中文轉換。

■ 3 設定以慣用語方式進行簡體中文轉繁體中文。

■ 4 設定原始檔案路徑。

■ 5 設定目標檔案路徑。

執行後產生的 <hotel_all.csv> 檔即為繁體中文資料檔。這裡使用 pandas 模組來瀏覽一下資料內容：

```
import pandas as pd
pd_all = pd.read_csv('hotel_all.csv')
pd_all
```

	label	review
0	1	距離川沙公路較近,但是公交指示不對如果是「蔡陸線」的話,會非常麻煩 建議用別的路線 房間較...
1	1	商務大床房,房間很大,床有2M寬,整體感覺經濟實惠不錯!
2	1	早餐太差,無論去多少人,那邊也不加食品。酒店應該重視一下這個問題了。房間本身很好。
3	1	賓館在小街道上,不大好找,但還好北京熱心同胞很多~賓館設施跟介紹的差不多,房間很小,確實挺小...
4	1	CBD中心,周圍沒什麼店鋪,說5星有點勉強 不知道為什麼衛生間沒有電吹風
...	...	
7761	0	尼斯酒店的幾大特點:噪音大、環境差、配置低、服務效率低。如:1、隔壁敲牆的聲音開至午夜3點許...
7762	0	鹽城來了很多次,第一次住鹽阜賓館,我的確很失望整個牆壁黑咕隆咚的,好像被煙燻過一樣傢俱非常的...
7763	0	看照片覺得還挺不錯的,又是4星級的,但入住以後除了後悔沒有別的,房間挺大但空空的,早餐是有但...
7764	0	我們去鹽城的時候那裡的最低氣溫只有4度,晚上冷得要死。居然還不開空調,投訴到酒店客房部,得到...
7765	0	說實在的我很失望,之前看了其他人的點評後覺得還可以才去的,結果讓我們大跌眼鏡。我想這家酒店以...

7766 rows × 2 columns

其中「label」欄是標籤，1 代表正面，0 代表負面。「review」欄為評論文字。

檢視一下資料筆數，用 pd_all['label'] == 1 為篩選值，並用 len() 方法計算正面評論的筆數。再用 pd_all['label']==0 為篩選值，並計算負面評論的筆數。

```
1  print("正面評論有", len(pd_all[pd_all['label']==1]), "則")
2  print("負面評論有", len(pd_all[pd_all['label']==0]), "則")
```
```
正面評論有 5322 則
負面評論有 2444 則
```

自訂模型的訓練流程

先由所有的評論資料分別取出正面與負面評論資料，並由正面論評資料中隨機取出與負面評資料同筆數的資料，以利訓練。接著由正面及負面評論中各取出前 100 筆資料做為測試資料，剩下的為訓練資料。最後將二方的測試資料合併起來，二方的訓練資料拿去訓練模型，完成後即能利用測試資料搭配自訂模型檔驗證訓練成果。

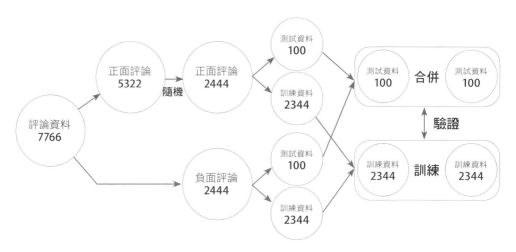

訓練自訂模型需要兩個參數：正面情緒資料檔及負面情緒資料檔。模型建立完成後必須以測試資料集進行測試以取得正確率，才能得知模型是否可用。這二個資料都必須由 <hotel_all.csv> 資料檔中取得，但結構不同：

1. 正面及負面情緒資料檔只需要評論文字，等於「review」欄的資料。

2. 測試資料集：必須包含「label」及「review」二欄的資料，才能進行驗證。

取得正面情緒資料檔及測試資料集

下面程式會取得正面情緒測試資料及建立正面情緒訓練資料檔：

```
1 pd_all = pd.read_csv('hotel_all.csv')
2 pd_posall = pd_all[pd_all.label==1]
```

```
3 pd_pos = pd_posall.sample(2444)
4 pos_test_label = pd_pos.iloc[:100]
5 pd_pos = pd_pos.drop(columns='label')
6 pos_train = pd_pos.iloc[100:]
7 pos_train.to_csv('pos_train.csv', header=False, index=False)
```

程式說明

- 1   以 pandas 模組讀取資料集檔案。

- 2   資料集 label 欄位為 1 的就是正面情緒資料，此列程式取得所有正面情緒資料。

- 3   pandas 模組的「sample(數值)」方法的功能是用隨機方式取得「數值」筆資料。

  本資料集的正面情緒資料多於負面情緒資料，訓練時以相等數目資料訓練可得到較佳效果，負面情緒資料有 2444 筆，所以此處以隨機方式抽取 2444 筆正面情緒資料：pd_pos。

- 4   取前 100 筆資料做為測試資料：pos_test_label。此時資料包含 label（標籤）及 review（評論文句），符合測試資料格式。

- 5   情緒資料檔只需要評論文字，所以將 pd_pos 移除 label（標籤）欄位資料，此時資料只有 review（評論文句）。

- 6   取 100 筆以後的資料做為訓練資料。訓練資料有 2344 筆。

- 7   將訓練資料存於 <pos_train.csv> 檔。

  「header=False」表示不儲存標題，「index=False」表示不儲存索引，如此檔案中就只有評論文句。

取得負面情緒資料檔及測試資料集

下面程式會取得負面情緒測試資料及建立負面情緒訓練資料檔：

```
1 pd_neg = pd_all[pd_all.label==0]
2 pd_neg_label = pd_neg.sample(frac=1.0)
3 neg_test_label = pd_neg.iloc[:100]
4 pd_neg = pd_neg_label.drop(columns='label')
5 neg_train = pd_neg.iloc[100:]
6 neg_train.to_csv('neg_train.csv', header=False, index=False)
```

程式說明

- 1   資料集 label 欄位為 0 的就是負面情緒資料，此列程式取得所有負面情緒資料：pd_neg。

- 2　　pandas 模組的「sample(frac= 數值)」方法的功能是用隨機方式取得「數值」比例的資料。「sample(frac=1.0)」表示隨機取得所有資料：pd_neg_label，也就是將所有資料隨機排序。

- 3　　取前 100 筆資料做為測試資料：neg_test_label。

- 4　　將 pd_neg 移除 label (標籤) 欄位資料，此時資料只有 review (評論文句)。

- 5　　取 100 筆以後的資料做為訓練資料。訓練資料有 2344 筆。

- 7　　將訓練資料存於 <neg_train.csv> 檔。

合併測試資料檔

前面建立正面情緒資料檔及負面情緒資料檔時也建立了內含 100 筆資料的正面情緒資料集 (pos_test_label) 及負面情緒資料集 (neg_test_label)，這兩個資料集都包含標籤及評論文句，只要將這兩個資料集結合並打亂資料順序，就完成測試資料集。

下面程式會建立測試資料檔：

```
1 test_all = pd.concat([pos_test_label, neg_test_label], axis=0)
2 test_all = test_all.sample(frac=1.0)
3 test_all.to_csv('test_all.csv', header=False, index=False)
```

程式說明

- 1　　結合正面情緒資料集及負面情緒資料集。

- 2　　打亂資料順序。

- 3　　將資料存於 <test_all.csv> 檔。

以預設模型進行測試

完成測試資料檔後就可進行測試了！首先以 snownlp 預設的模型進行測試，看看預設模型的正確率。

下面程式可對測試資料集進行測試並計算正確率。

```
1    score = 0
2    with open("test_all.csv", "r") as f:
3        datas = f.readlines()
4        for data in datas:
5            label = data.split(',')[0]
6            text = data.split(',')[1]
```

```
7            if SnowNLP(text).sentiments<0.5:
8                ss = 0
9            else:
10               ss = 1
11           if int(label) == ss:
12               score +=1
13   print(" 正確率 {}".format(score/len(datas)))
```

程式說明

■ 2-3   逐筆讀取測試資料集。

■ 4-12   對逐筆資料進行情緒分析並加總正確資料筆數。

■ 5-6   用「,」將資料分割成串列，第 1 欄標籤，第 2 欄為評論文句。

■ 7-12   建立 SnowNLP 物件進行情緒分析，若小於 0.5 就表示為負面情緒，
        設 ss 變數值為 0，否則就是正面情緒，設 ss 變數值為 1。

■ 11-12   計算測試正確資料筆數。

■ 13   計算正確率並顯示

執行結果：

```
1   score  = 0
2   with  open("test_all.csv",  "r")  as  f:
3            datas  =  f.readlines()
4            for  data  in  datas:
5                    label  =  data.split(',')[0]
6                    text  =  data.split(',')[1]
7                    if  SnowNLP(text).sentiments<0.5:
8                        ss  = 0
9                    else:
10                       ss  = 1
11                   if  int(label)  ==  ss:
12                       score  +=1
13   print(" 正確率{}".format(score/len(datas)))
正確率0.59
```

正確率只有 0.59，效果不佳。

訓練自訂模型並進行測試

1. snownlp 模組訓練自訂模型的語法為：

```
sentiment.train( 負面情緒資料檔 , 正面情緒資料檔 )
```

例如本應用的訓練自訂模型的程式為：

```
sentiment.train('neg_train.csv', 'pos_train.csv')
```

2. 接著儲存訓練好的模型，語法為：

```
sentiment.save(模型檔案路徑)
```

例如存於 <hotel_sentiment.marshal>：

```
sentiment.save('hotel_sentiment.marshal')
```

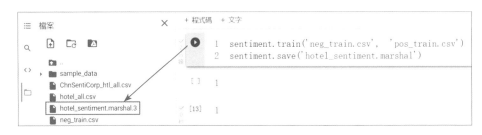

注意：執行後產生的自訂模型檔案為 <hotel_sentiment.marshal.3>。

訓練好的模型要如何使用呢？只要以自行訓練的模型替換 snownlp 模組的預設模型即可。snownlp 模組的預設模型為 </usr/local/lib/python3.7/dist-packages/snownlp/sentiment/sentiment.marshal.3>，為了確保模型可被替換，我們先刪除預設模型，再複製自訂模型到指定路徑，程式為：

```
!rm /usr/local/lib/python3.7/dist-packages/snownlp/
    sentiment/sentiment.marshal.3
!cp 'hotel_sentiment.marshal.3' /usr/local/lib/python3.7/
    dist-packages/snownlp/sentiment/sentiment.marshal.3
```

替換 snownlp 模組的預設模型後再進行測試資料檔案的測試，可發現準確率可達 0.83 左右，明顯提昇不少。

```
1  score = 0
2  with open("test_all.csv", "r") as f:
3       datas = f.readlines()
4       for data in datas:
5           label = data.split(',')[0]
6           text = data.split(',')[1]
7           if SnowNLP(text).sentiments<0.5:
8               ss = 0
9           else:
10              ss = 1
11          if int(label) == ss:
12              score +=1
13  print("正確率{}".format(score/len(datas)))
```
正確率0.83

10.2 AI 聊天機器人

聊天機器人是經由對話或文字進行交談的電腦程式，是自然語言處理的重要應用之一。目前大多簡單的聊天機器人系統是擷取輸入的關鍵字，再從資料庫中找尋最合適的應答句。聊天機器人最常用於客服系統。

‖ 10.2.1 chatterbot 模組內建模式

模組名稱	ChatBot
模組功能	基於已知會話的集合生成回應，支援多國語言。
官方網站	https://github.com/gunthercox/ChatterBot
安裝方式	!pip install chatterbot

模組使用方式

匯入 chatterbot 模組的語法：

```
from chatterbot import ChatBot
from chatterbot.trainers import ListTrainer
```

使用 chatterbot 模組首先要建立 ChatBot 物件，語法為：

```
機器人物件變數 = ChatBot( 機器人名稱 , storage_adapter= 資料庫轉接器 ,
    logic_adapters= 邏輯轉接器 )
```

■ **機器人名稱**：為此機器人任意指定一個名稱。

■ **storage_adapter**：設定使用的資料庫，此參數非必填。可能的值有：

● **chatterbot.storage.SQLStorageAdapter**：使用 SQLite 資料庫。

● **chatterbot.storage.MongoDatabaseAdapter**：使用 MongoDB 資料庫。

■ **logic_adapters**：設定使用的模式。此設定值是一個串列，可同時使用多個模式。常用的模式有：

● **chatterbot.logic.BestMatch**：一般匹配模式。

● **chatterbot.logic.MathematicalEvaluation**：數學模式。

● **chatterbot.logic.TimeLogicAdapter**：時間模式。

例如機器人物件變數為 bot，機器人名稱為 MathTimeBot，資料庫轉接器為 SQLite 資料庫，邏輯轉接器使用數學模式：

```
bot = ChatBot('MathTimeBot',
    storage_adapter='chatterbot.storage.SQLStorageAdapter',
    logic_adapters=['chatterbot.logic.MathematicalEvaluation'])
```

chatterbot 數學與時間模式

數學模式及時間模式使用較為簡單：它們使用系統內建的資料模型進行判斷，然後給予回應。下面程式建立數學及時間模式機器人：

範例：建立數學及時間模式機器人

```
 1 bot = ChatBot(
 2     'MathTimeBot',
 3     storage_adapter='chatterbot.storage.SQLStorageAdapter',
 4     logic_adapters=[
 5         'chatterbot.logic.MathematicalEvaluation',
 6         'chatterbot.logic.TimeLogicAdapter'
 7     ]
 8 )
 9
10 question = '14 + 19 = ?'
11 response = bot.get_response(question)
12 print('{} -> {}\n'.format(question, response))
13
14 question = '45 - 23 等於多少?'
15 response = bot.get_response(question)
16 print('{} -> {}\n'.format(question, response))
17
18 question = 'What time is it?'
19 response = bot.get_response(question)
20 print('{} -> {}\n'.format(question, response))
21
22 question = 'how are you?'
23 response = bot.get_response(question)
24 print('{} -> {}\n'.format(question, response))
```

程式說明

■ 3　　　　設定使用 SQLite 資料庫。

■ 4-7　　　設定使用數學及時間模式。

- 10-16 數學問答示例。
- 18-20 時間問答示例。
- 22-24 非數學及時間示例。

執行時會先檢查程式所在目錄是否有 <db.sqlite3> 資料庫檔存在，若不存在會複製系統內建的數學及時間模型到 <db.sqlite3> 資料庫檔，然後以 <db.sqlite3> 資料庫檔為模型進行處理。(有時還會產生 <db.sqlite3-sgm> 及 <db.sqlite3-wal> 檔)

執行結果：

注意：**數學模式只檢查是否有數學算式存在，存在的話就計算後返回結果。時間模式經測試只能返回現在時間。若遇到看不懂的文句就返回現在時間。**

chatterbot 串列訓練模式

chatterbot 模組允許使用者自行輸入文句來訓練產生模型，其中較簡單的方式是將文句置於串列中進行訓練，這就是串列訓練模式。

串列訓練模式首先要設定 ChatBot 物件的 logic_adapters 參數，語法為：

```
logic_adapters=[
    { 'import_path': 'chatterbot.logic.BestMatch',
      'default_response': 預設回應文句 ,
      'maximum_similarity_threshold': 數值 ,
    }
]
```

- **default_response**：設定機器人看不懂問句時的回應文句。
- **maximum_similarity_threshold**：機器人尋找回應相似度大於此設定值就停止尋找。預設值為 0.95。

例如預設回應文句為「我不了解你的意思」，最大相似度為 0.65：

```
logic_adapters=[
    { 'import_path': 'chatterbot.logic.BestMatch',
      'default_response': ' 很抱歉！我不了解你的意思。',
      'maximum_similarity_threshold': 0.65,
    }
]
```

然後建立 ListTrainer 物件，語法為：

```
訓練變數 = ListTrainer( 機器人物件變數 )
```

最後以 train() 方法進行訓練，語法為：

```
訓練變數 .train([ 文句 1, 文句 2, ………])
```

文句的安排順序是一問一答：文句 2 是文句 1 的回答，文句 4 是文句 3 的回答，依此類推。訓練完成後會將模型儲存於程式所在目錄的 <db.sqlite3> 檔。

下面程式建立串列訓練模式並進行數個問答示例：

```
bot = ChatBot(
    'SimpleBot',
    storage_adapter='chatterbot.storage.SQLStorageAdapter',
    logic_adapters=[
        { 'import_path': 'chatterbot.logic.BestMatch',
          'default_response': ' 很抱歉！我不了解你的意思。',
          'maximum_similarity_threshold': 0.65,
        }
    ]
)
trainer = ListTrainer(bot)
trainer.train([
    ' 你好 ',
    ' 你好 ',
    ' 有什麼能幫你的？ ',
    ' 想買資料科學的課程 ',
    ' 具體是資料科學哪塊呢？ '
    ' 機器學習 ',
])

question = ' 你好 '
```

```python
print('問：{}'.format(question))
response = bot.get_response(question)
print('答：{}\n'.format(response))

question = '我能幫你嗎？'
print('問：{}'.format(question))
response = bot.get_response(question)
print('答：{}\n'.format(response))

question = '我喜歡你的回答'
print('問：{}'.format(question))
response = bot.get_response(question)
print('答：{}\n'.format(response))
```

執行結果：

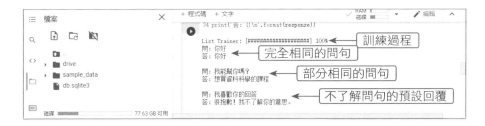

先移除 <db.sqlite3> 檔再訓練

經實測，第二次執行此程式其結果常會與第一次執行有差異，如果執行訓練前發現 <db.sqlite3> 檔已存在，最好先移除 <db.sqlite3> 檔再進行訓練。

▌10.2.2 使用語料庫建立模型

雖然串列訓練模式可以自行訓練模型，但若要訓練的文句數量龐大時，要將這些文句加入串列是一件相當麻煩的工作，因此 chatterbot 模組提供利用語料庫建立模型的功能，不但如此，還製作了多國語言的語料庫供人使用，並且將其包裝為 Pypi 模組，直接安裝就可取得語料庫。

安裝 chatterbot 語料庫的語法為：

```
!pip install chatterbot-corpus
```

安裝的語料庫位於 </usr/local/lib/python3.7/dist-packages/chatterbot_corpus/data> 目錄，可用下列程式查看：

```
%cd /usr/local/lib/python3.7/dist-packages/chatterbot_corpus/data
!ls
%cd /content
```

其中包含各種語言的語料庫，<tchinese> 目錄就是繁體中文語料庫。

本書範例 <tchinese> 資料夾即為上述繁體中文語料庫，其中包含多個 <.yml> 檔案，每一個檔案是一個主題的問答文句。例如 <ai.yml> 為有關人工智慧的問答，內容為：

在「conversations:」區段中以「- -」開頭的文句為問句，以「 -」開頭的文句前一句的回應文句。

語料庫模式訓練模型

1. 以語料庫模式訓練模型需匯入 ChatterBotCorpusTrainer 模組，語法為：

```
from chatterbot.trainers import ChatterBotCorpusTrainer
```

2. 接著建立 ChatBot 及 ChatterBotCorpusTrainer 物件，語法為：

```
機器人物件變數 = ChatBot( 機器人名稱 )
訓練變數 = ChatterBotCorpusTrainer( 機器人物件變數 )
```

例如機器人物件變數為 chatbot，名稱為 ChineseBot，訓練變數為 trainer：

```
chatbot = ChatBot('ChineseBot')
trainer = ChatterBotCorpusTrainer(chatbot)
```

3. 最後以 ChatterBotCorpusTrainer 物件的 train() 方法進行訓練，語法為：

```
訓練變數 .train('chatterbot.corpus. 目錄名稱 ')
```

例如對語料庫的中文語料庫進行訓練：

```
trainer.train('chatterbot.corpus.tchinese')
```

訓練完成後會將模型儲存於程式所在目錄的 <db.sqlite3> 檔。可將此模型檔保存起來，以備需要時可載入使用。下面程式碼將模型檔存於雲端硬碟的 <tchinese_db.sqlite3> 檔：

```
!cp /content/db.sqlite3 "/content/drive/MyDrive/Colab Notebooks/
    package/tchinese_db.sqlite3"
```

其他程式要使用此模型檔進行機器人對話，只要將模型檔複製到程式所在目錄，並將名稱更改為 <db.sqlite3> 即可。

先移除 <db.sqlite3> 檔，再以下面程式複製 <tchinese_db.sqlite3> 檔：

```
!cp "/content/drive/MyDrive/Colab Notebooks/package/
   tchinese_db.sqlite3" /content/db.sqlite3
```

執行下面程式使用自行訓練的模型檔：

```
bot = ChatBot(
    'SimpleBot',
    storage_adapter='chatterbot.storage.SQLStorageAdapter',
    logic_adapters=[
        { 'import_path': 'chatterbot.logic.BestMatch',
          'default_response': '很抱歉！我不了解你的意思。',
        }
    ]
)

question = '什麼是ai'
print('問：{}'.format(question))
response = bot.get_response(question)
print('答：{}\n'.format(response))
```

執行結果：

問：什麼是ai
答：人工智能是工程和科學的分支，致力於構建思維的機器。← 是自行訓練模型的回應

‖ 10.2.3 以自訂資料建立模型

本章範例 <hospitalQA.yml> 檔是蒐集台大醫院問答服務建立的問答文句檔，要如何用自己的資料來建立模型呢？我們可以模仿語料庫的方式來建立自訂資料模型。

1. 首先在語料庫路徑新增「qna」目錄，程式為：

```
!mkdir /usr/local/lib/python3.7/dist-packages/chatterbot_corpus/data/qna
```

2. 再將自己的資料檔案全部複製到新增的目錄中，此處只有一個 <hospitalQA.yml> 檔，複製程式為：

```
!cp "hospitalQA.yml" /usr/local/lib/python3.7/dist-packages/
    chatterbot_corpus/data/qna/hospitalQA.yml
```

3. 然後以下面程式進行訓練就完成了！

```
訓練變數.train('chatterbot.corpus.qna')
```

下面程式為自訂資料訓練模型並示範問答文句。

範例：自訂資料訓練模型並測試

```
from chatterbot.trainers import ChatterBotCorpusTrainer
chatbot = ChatBot('QnABot')
trainer = ChatterBotCorpusTrainer(chatbot)
trainer.train('chatterbot.corpus.qna')

question = '如何借用「輪椅」、「推床」？'
print('問：{}'.format(question))
response = chatbot.get_response(question)
print('答：{}\n'.format(response))
```

執行結果：

```
1 from chatterbot.trainers import ChatterBotCorpusTrainer
2 chatbot = ChatBot('QnABot')
3 trainer = ChatterBotCorpusTrainer(chatbot)
4 trainer.train('chatterbot.corpus.qna')
5
6 question = '如何借用「輪椅」、「推床」？'
7 print('問：{}'.format(question))
8 response = chatbot.get_response(question)
9 print('答：{}\n'.format(response))

Training hospitalQA.yml: [####################] 100%
問：如何借用「輪椅」、「推床」？
答：借用「輪椅」、「推床」，只要向車址院區(推床需至急診服務台借用)、西址院區、兒童醫院入口處志工處志工服務櫃台，登記借用人相關資料(如姓名、i
```

訓練完成的模型可以儲存起來讓其他程式使用。

擴充問答文句內容

無論是語料庫或自訂資料訓練的模型效果都不好，主要原因是問答文句不夠多，範圍也不夠廣。要得到較佳的聊天機器人模型，必須不斷蒐集各種問答文句，不斷擴充問答文句內容，才能訓練出好的模型。

11

工作自動化應用

11.1 Selenium 模組：瀏覽器自動化操作

一般情況下，我們都是以人工操作方式，執行瀏覽器上的各項操作。事實上，只要安裝自動化操作模組，Python 就可以代替我們自動執行。

在網頁應用程式開發時，測試使用者介面一向是相當困難的工作。如果以手動的方式進行操作，不僅會因為人力時間而受到限制，而且也容易出錯。Selenium 的出現就是為了解決這個問題，它可以藉由指令自動操作網頁，達到測試的功能。如果延伸這個功能，Selenium 也能讓許多在網頁上要大量操作的工作指令化，能在設定的時間內自動執行，功能相當強大。

雖然 Colab 也可經由安裝一些特殊模組來使用 Selenium，但因 Colab 程式是在遠端伺服器執行，無法開啟本機瀏覽器進行操作，**因此本章的 Selenium 及 pyautogui 模組的所有範例都在本機執行。**

‖ 11.1.1 使用 Selenium 模組

模組名稱	Selenium
模組功能	瀏覽器操作自動化
官方網站	https://github.com/SeleniumHQ/selenium/
安裝方式	pip install selenium（本機安裝）

下載 Chrome WebDriver

在 Chrome 瀏覽器操作 Selenium，還必須安裝相關的驅動程式。首先檢查 Chrome 版本：點選 ⚙ / **說明** / **關於 Google Chrome**，即可看到目前版本編號。

請到下面網址依照作業系統及 Chrome 版本下載 Chrome WebDriver 並解壓縮：(版本編號最後碼可能不同，找最接近者)

```
https://sites.google.com/a/chromium.org/chromedriver/downloads
```

以 Windows 作業系統為例，下載後解壓縮產生 <chromedrvier.exe> 檔，再複製到目前專案的工作目錄中。

建立 Google Chrome 瀏覽器物件

1. 第一步是匯入 selenium 模組，語法為：

```
from selenium import webdriver
```

2. 然後使用 Chrome() 方法建立 Google Chrome 瀏覽器物件，語法為：

```
瀏覽器物件變數 = webdriver.Chrome()
```

   例如瀏覽器物件變數為 driver：

```
driver = webdriver.Chrome()
```

Selenium Webdriver 的屬性和方法

Selenium Webdriver API 常用的屬性和方法如下：

屬性及方法	說明
current_url	取得目前的網址。
page_source	讀取網頁的原始碼。
get_window_position()	取得視窗左上角的位置。
set_window_position(x,y)	設定視窗左上角的位置。
maximize_window()	瀏覽器視窗最大化。

屬性及方法	說明
get_window_size()	取得視窗的高度和寬度。
set_window_size(x,y)	設定視窗的高度和寬度。
click()	按單擊鈕。
close()	關閉瀏覽器。
get(url)	連結 url 網址。
refresh()	重新整理畫面。
back()	返回上一頁。
forward()	下一頁。
clear()	清除輸入內容。
send_keys()	以鍵盤輸入。
submit()	提交。
quit()	關閉瀏覽器並且退出驅動程序。

範例：開啟網頁並顯示瀏覽器資訊

以 Selenium 開啟指定網頁，顯示部分資訊，於 5 秒後關閉瀏覽器。

程式碼：browse.py

```
1 from selenium import webdriver
2 from time import sleep
3
4 driver = webdriver.Chrome()
5 driver.get('http://www.e-happy.com.tw')
6 driver.maximize_window()
7 print('目前網址：', driver.current_url)
8 print('瀏覽器尺寸：', driver.get_window_size())
9 print('網頁原始碼：\n', driver.page_source)
10
11 sleep(5)
12 driver.quit()
```

程式說明

- 4 　　　建立瀏覽器物件。
- 5 　　　開啟文淵閣工作室首頁。

- 6　　　　將瀏覽器放大到全螢幕。
- 7-9　　　顯示網址、瀏覽器尺寸及網頁原始碼。
- 11-12　　停留 5 秒後關閉瀏覽器。

本書所有本機程式都在 <C:\example> 資料夾執行：請將本章範例複製到 <C:\example> 資料夾，開啟 **命令提示字元** 視窗，切換到 <C:\example> 資料夾，以下列命令執行程式：

```
python 程式名稱
```

例如執行本範例程式為：

```
python browse.py
```

執行結果：瀏覽器自動開啟 2 個頁籤且停留在 **設定** 頁籤，頁面會有 **要求重設您的設定** 對話方塊，可以不予理會，切換到文淵閣頁籤即可。Selenium 開啟的網頁會有 **Chrome 目前受到自動測試軟體控制** 的警告訊息。

命令提示字元 視窗顯示的訊息：

```
目前網址： http://www.e-happy.com.tw/
瀏覽器尺寸： {'width': 1382, 'height': 744}
網頁原始碼：
<html xmlns="http://www.w3.org/1999/xhtml"><head>
<meta http-equiv="Content-Type" content="text/html; charset=utf-8">
.........
```

11.1.2 尋找網頁元素

如果我們想要和網頁互動，例如：按下按鈕、超連結、輸入文字等，就必須先取得網頁元素，這樣才能對這些特定的網頁元素進行操作。

Selenium Webdriver API 提供多種取得網頁元素的方法：

1. 找到第一個符合條件的元素，以字串回傳：

方法	說明
find_element_by_id(id)	以 id 查詢
find_element_by_class_name(name)	以類別名稱查詢
find_element_by_tag_name(tagname)	以 HTML 標籤查詢
find_element_by_name(name)	以名稱查詢
find_element_by_link_text(text)	以連結文字查詢
find_element_by_partial_link_text(text)	以部份連結文字查詢
find_element_by_css_selector(selector)	以 CSS 選擇器查詢
find_element_by_xpath()	以 xml 的路徑查詢

2. 找到所有符合條件的元素，以串列回傳：**在上表中各個方法的 element 後面加上 s，會傳回所有符合查詢的元素串列。**

範例：博客來書籍搜尋

開啟「https://www.books.com.tw/web/books」博客來首頁進行書籍搜尋：

1. 在搜尋欄位輸入要搜尋的文字。
2. 按搜尋鈕 Q 進行搜尋。

使用程式讓 Selenium 自動執行，有兩個問題需克服：

1. 如何在近千列原始碼中找到所需元件的原始碼。

2. 如果是使用 find_element_by_xpath() 方法，如何在複雜的網頁中找到 xpath 值。

解決的方法是使用開發人員工具。首先示範尋找搜尋欄位原始碼：按 **F12** 鍵或在網頁按滑鼠右鍵再點選 **檢查** 項目，就會開啟開發人員工具。切換到 **Elements** 頁籤，點選左上角選取元件鈕 ，再點選搜尋欄位框，下方顯示的藍色區塊就是搜尋欄位框的原始碼。

觀察搜尋欄位框的原始碼有「id="key"」，因為網頁中的「id」不可重複，所以可用 find_element_by_id() 找到此網頁元件：

```
driver.find_element_by_id('key')
```

點選左上角選取元件鈕 ，再點選搜尋按鈕 ，因為沒有適當的方法可以找到這個按鈕，所以使用萬用的 find_element_by_xpath()。在「<button type="submit"……」列按滑鼠右鍵，再點選 **Copy / Copy XPath** 複製 xpath 值。

複製的 xpath 值為「//*[@id="search"]/button」，可用下列語法找到搜尋按鈕：

```
driver.find_element_by_xpath('//*[@id="search"]/button')
```

博客來書籍搜尋的程式碼為：

程式碼：books.py

```
1 from selenium import webdriver
2 from time import sleep
3
4 url = 'https://www.books.com.tw/web/books'
5
6 driver = webdriver.Chrome()
7 driver.maximize_window()
8 driver.get(url)
9 sleep(2)    #加入等待
10 driver.find_element_by_id('key').send_keys('文淵閣工作室') #輸入搜尋文字
11 sleep(2)
12 driver.find_element_by_xpath('//*[@id="search"]/button').click()    #按搜尋鈕
```

程式說明

- 8　　　　開啟博客來書籍網頁。

- 9　　　　Selenium 的操作最好都加入少許等待時間，否則有時會產生錯誤。

- 10　　　輸入「文淵閣工作室」做為搜尋文字。

- 12　　　按搜尋鈕進行搜尋。

執行結果：

▌11.1.3 應用：自動化下載 PM2.5 公開資料

目前政府與民間許多單位，提供了很多琳瑯滿目、五花八門的公開資料。不僅在取材上令人十分驚豔，資料的詳細豐富程度也讓人意外。

以行政院環保署的資料公開平台為例，可以即時取得空氣品質監測資料，每小時更新一次，且提供資料下載。

進入「https://data.epa.gov.tw/」網站後，輸入「aqi」查詢。

點選「空氣品質指標 (AQI)」。

再點選「空氣品質指標 (AQI)」。

提供下載的資料格式有 JSON、XML 及 CSV ，點選對應按鈕就可下載資料。

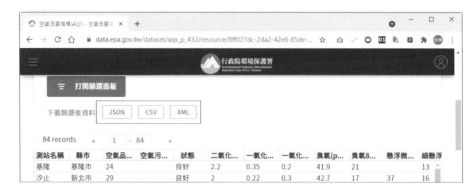

這些資料每小時更新一次，可做為許多監控空氣品質應用程式的資料來源，因此將其自動化就可避免每次都要進行上述的繁瑣操作過程。

程式碼：dlPM25.py

```
 1 from selenium import webdriver
 2 from time import sleep
 3 from selenium.webdriver.common.keys import Keys
 4
 5 url = 'https://data.epa.gov.tw/'
 6 driver = webdriver.Chrome()
 7 driver.maximize_window()
 8 driver.get(url)
 9
10 driver.find_element_by_id('field-main-search').send_keys(
     "aqi" + Keys.RETURN) # 輸入 aqi 後按 Enter
11 sleep(2)   #加入等待
12 driver.find_element_by_link_text(" 空氣品質指標 (AQI)").click()
     # 點選 空氣品質指標 (AQI) 鈕
13 sleep(2)
14 driver.find_element_by_xpath('//*[@id="dataset-resources"]/div/
     table/tbody/tr/td[1]/a').click()   # 點選 空氣品質指標 (AQI) 鈕
15 sleep(2)
16 driver.find_element_by_link_text("JSON").click() # 下載 JSON
17 sleep(3)
18 driver.find_element_by_link_text("XML").click() # 下載 XML
19 sleep(3)
20 driver.find_element_by_link_text("CSV").click() # 下載 CSV
21 sleep(3)
22
23 driver.quit()
```

程式說明

- 5~8　　　建立瀏覽器物件，開啟行政院環境保護署公開資料網站。

- 10　　　　在查詢欄位輸入「aqi」再按 **Enter** 鍵。

- 12　　　　以文字連結方式點選「空氣品質指標（AQI）」 超連結。

- 14　　　　以 xpath 方式點選「空氣品質指標（AQI）」 超連結。

- 16-20　　以文字連結方式分別下載 JSON、XML 和 CSV 檔。

11.2 PyAutoGUI 模組：鍵盤滑鼠自動化

記得小時候打電玩時曾使用「按鍵精靈」來記錄操作過程，然後遊戲角色就會依照記錄的過程重複操作，達到自動化目的。pyautogui 模組就是透過程式，模擬人類操作滑鼠、鍵盤的行為，來達到自動化。

pyautogui 與 Selenium 模組的功能及原理皆不相同，若 pyautogui 搭配 selenium，就能製作出功能更強大的自動化應用程式。

Colab 程式是在遠端伺服器執行，無法即時將自動化命令傳達給本機鍵盤及滑鼠操作，因此本章的範例都在本機執行。

模組名稱	PyAutoGUI
模組功能	鍵盤及滑鼠操作自動化
官方網站	https://github.com/asweigart/pyautogui
安裝方式	pip install pyautogui （本機）

‖ 11.2.1 PyAutoGUI 滑鼠操作

要使用 PyAutoGUI 模組，首先要匯入該模組，語法為：

```
import pyautogui
```

取得滑鼠坐標：position()

使用 PyAutoGUI 模組時，常需要取得滑鼠在螢幕的坐標做為各種自動化函式的參數。PyAutoGUI 取得滑鼠坐標的可以用 position() 方法，語法為：

```
pyautogui.position()
```

下面程式每隔 0.5 秒顯示一次目前滑鼠坐標：

程式碼：position.py

```
1 import pyautogui
2 import time
3
4 while True:
```

```
5    position = pyautogui.position()
6    print(position)
7    time.sleep(0.5)
```

執行結果：

可看到列印坐標時螢幕不斷向下捲，可按 **CTRL + C** 鍵中止程式。

取得滑鼠坐標：**displayMousePosition()**

如果不需要取得滑鼠坐標值做為其他用途，只是要顯示滑鼠坐標，可使用 PyAutoGUI 模組的 displayMousePosition() 方法。displayMousePosition 不但會顯示滑鼠坐標值，也會顯示該點的 RGB 顏色值，更方便的是此方法已將無窮迴圈包含在內，並加入按 **CTRL + C** 鍵中止程式的提示訊息。一列程式碼就可以不斷顯示滑鼠坐標值及 RGB 顏色值。

displayMousePosition 方法的傳回值格式為：

```
X: 整數 Y: 整數 RGB: ( 整數 , 整數 , 整數 )
```

X 及 Y 為滑鼠的螢幕坐標，RBG 為該點顏色。

程式碼：dispposition.py

```
1 import pyautogui
2 import time
3
4 pyautogui.displayMousePosition()
5 time.sleep(0.5)
```

執行結果：

此程式非常重要，後面常會使用它取得螢幕指定點的坐標及顏色值。

移動滑鼠到絕對位置：**moveTo()**

絕對移動滑鼠是指將滑鼠移到指定位置，語法為：

```
pyautogui.moveTo(x=X 坐標 , y=Y 坐標 , duration= 數值 , tween= 移動方式 )
```

■ **x、y**：為目標位置坐標。

■ **duration**：滑鼠移動到目標位置所需要的秒數，預設值為 0。

■ **tween**：滑鼠移動到目標位置的特效，可能值有：

- **pyautogui.linear**：等速直線運動，此為預設值。

- **pyautogui.easeInQuad**：開始很慢，不斷加速。

- **pyautogui.easeOutQuad**：開始很快，不斷減速。

- **pyautogui.easeInOutQuad**：開始和結束都快，中間比較慢。

- **pyautogui.easeInBounce**：一步一徘徊前進。

- **pyautogui.easeInElastic**：彈跳前進。

下面程式滑鼠會沿著三角形軌跡以不同速度移動。

程式碼：moveto.py

```
1 import pyautogui
2
3 pyautogui.moveTo(x=400, y=100)
4 pyautogui.moveTo(x=700, y=300, duration=3, tween=pyautogui.linear)
5 pyautogui.moveTo(x=100, y=300, duration=3, tween=pyautogui.easeInQuad)
6 pyautogui.moveTo(x=400, y=100, duration=3, tween=pyautogui.easeOutQuad)
```

程式說明

■ 3　　　滑鼠瞬間移動到三角形上方頂點 (400,100)。

■ 4　　　滑鼠 3 秒內等速移動到三角形右下角 (700,300)。

■ 5　　　滑鼠 3 秒內加速移動到三角形左下角 (100,300)。

■ 6　　　滑鼠 3 秒內減速移動到三角形上方頂點 (400,100)。

移動滑鼠到相對位置：**moveRel()**

相對移動滑鼠是指將滑鼠向左右或上下移動指定距離，語法為：

```
pyautogui.moveRel(xOffset=X距離, yOffset=Y距離, duration=數值, tween=移動方式)
```

■ **xOffset**：滑鼠向左右移動的距離，正值為向右，負值為向左。

■ **yOffset**：滑鼠向上下移動的距離，正值為向下，負值為向上。

下面程式滑鼠移動狀況與前一範例相同。

程式碼：moverel.py

```
1 import pyautogui
2
3 pyautogui.moveTo(x=400, y=100)
4 pyautogui.moveRel(xOffset=300, yOffset=200, duration=3,
                                    tween=pyautogui.linear)
5 pyautogui.moveRel(xOffset=-600, yOffset=0, duration=3,
                                    tween=pyautogui.easeInQuad)
6 pyautogui.moveRel(xOffset=300, yOffset=-200, duration=3,
                                    tween=pyautogui.easeOutQuad)
```

程式說明

■ 4　　　　滑鼠 3 秒內等速向右移動 300 點，向下移動 200 點。

■ 5　　　　滑鼠 3 秒內加速向左移動 600 點。

■ 6　　　　滑鼠 3 秒內減速向右移動 300 點，向上移動 200 點。

拖曳滑鼠到絕對位置：dragTo()

絕對拖曳滑鼠是指將滑鼠拖曳到指定位置，語法為：

```
pyautogui.dragTo(x=X坐標, y=Y坐標, duration=數值, button=按鍵, tween=移動方式)
```

■ **button**：滑鼠按鍵，可能值有「left」為滑鼠左鍵，「right」為滑鼠右鍵，「center」為滑鼠中間按鍵。預設值為「left」。

■ **duration、twwn**：設定與 moveTo() 相同。

這裡將使用 Google 的畫布 (https://canvas.apps.chrome/) 服務來做一個示範。在這個網站上，只要選好畫筆的樣式、粗細、顏色，即可在網頁上按下滑鼠左鍵後拖曳出需要的線條。

1. 請開啟「https://canvas.apps.chrome/」，並在上面繪製一個三角形。

2. 在 **命令提示字元** 視窗執行 <dispposition.py> 程式分別到三角形的三個頂點後，各自記錄這三個頂點的 X、Y 軸坐標。

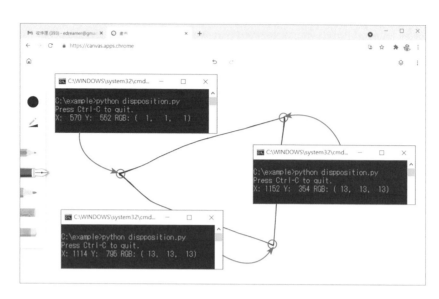

因為每個人的螢幕大小、解析度並不一定相同，在這個範例中是以目前電腦所偵測三個頂點的位置進行示範，你必須根據自己的螢幕狀況來調整。

請將這三點的 X、Y 軸坐標記錄好之後，完成以下程式：

程式碼：dragto.py

```
1   import pyautogui
2   import time
3
4   print('請打開 https://canvas.apps.chrome/ 並挑選你喜歡的畫筆顏色及粗細')
5   time.sleep(10)
6   pyautogui.moveTo(x=570, y=552)
7   pyautogui.dragTo(x=1152, y=354, duration=3, button='left')
8   pyautogui.dragTo(x=1114, y=795, duration=3, button='left')
9   pyautogui.dragTo(x=570, y=552, duration=3, button='left')
```

程式說明

- 4-5　　顯示提示文字並暫停 10 秒讓使用者開啟網站。

- 6　　　滑鼠移到選取文字起始處。

- 7-9　　在設定時間內按左鍵並拖曳滑鼠到指定的三個點，最後回到原點結束。

執行程式前，請將「https://canvas.apps.chrome/」畫布上的內容清空，並選擇所要使用的畫筆、顏色、粗細。在 **命令提示字元** 視窗執行 <dragto.py> 程式即可看到滑鼠自動在畫布上繪製剛才記錄的三角形了。

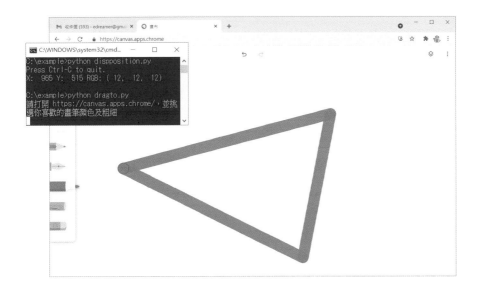

拖曳滑鼠到相對位置：**dragRel()**

相對拖曳滑鼠是指將滑鼠向左右或上下拖曳指定距離，語法為：

```
pyautogui.dragRel(xOffset=X 距離 , yOffset=Y 距離 , duration= 數值 ,
    button= 按鍵 , tween= 移動方式 )
```

下面範例與前一範例完全相同，只是以相對拖曳滑鼠方式撰寫。

程式碼：**dragrel.py**

```
1   import pyautogui
2   import time
3
4   print('請打開 https://canvas.apps.chrome/，並挑選你喜歡的畫筆顏色及粗細')
5   time.sleep(10)
6   pyautogui.moveTo(x=570, y=552)
7   pyautogui.dragRel(xOffset=582, yOffset=-198, duration=3, button='left')
8   pyautogui.dragRel(xOffset=-38, yOffset=441, duration=3, button='left')
9   pyautogui.dragRel(xOffset=-544, yOffset=-243, duration=3, button='left')
```

程式說明

■ 7-9	在設定時間內按左鍵並拖曳滑鼠到相對的三個點，最後回到原點結束。

點擊滑鼠：click()、doubleClick()、leftClick()、rightClick()

1. 單擊滑鼠 click() 的語法為：

```
pyautogui.click(x=X 坐標 , y=Y 坐標 , duration= 數值 , button= 按鍵 , tween= 移動方式 )
```

■ **x、y**：移到 (x, y) 坐標再點擊滑鼠。此參數可省略，若省略此參數表示在目前滑鼠指標處點擊滑鼠。

■ **duration、twwn**：設定與 moveTo() 相同。

2. 雙擊滑鼠 doubleClick() 的語法為：

```
pyautogui.doubleClick(x=X 坐標 , y=Y 坐標 , duration= 數值 , button= 按鍵 , tween= 移動方式 )
```

3. 還有 leftClick() 及 rightClick() 方法，其功能分別為單擊滑鼠左鍵及右鍵，語法為：

```
pyautogui.leftClick(x=X 坐標 , y=Y 坐標 , duration= 數值 , tween= 移動方式 )
pyautogui.rightClick(x=X 坐標 , y=Y 坐標 , duration= 數值 , tween= 移動方式 )
```

範例：POPCAT 自動點擊器

隨著奧運的熱潮，網路也掀起了一波「手指奧運」的大戰！國外網友將先前很紅的迷因貓：「POPCAT」做成簡易的網頁點擊遊戲 (https://popcat.click)，網友可以透過點擊為自己的國家累積次數，並在網站上可以看到各國目前的排名。但這樣的競爭卻不知不覺掀起許多人的愛國心，紛紛加入點擊的行列。

下面範例將要利用 PyAutoGUI 開發一個 POPCAT 遊戲自動點擊器，首先請開啟 POPCAT 遊戲的頁面，在 **命令提示字元** 視窗執行 <dispposition.py> 程式，記錄滑鼠點擊的坐標。

接著就進行程式開發：讓滑鼠能移動到設定的座標後開始單擊左鍵。為了能觀察點擊的結果，這裡將設定 10 秒鐘的點擊時間。

程式碼：popcat.py

```python
1   import pyautogui
2   import time
3
4   time.sleep(2)
5   stime = time.time()
6   print('Game Start')
7   while time.time()-stime < 10:
8       pyautogui.click(x=1030, y=419, button='left')
9       # pyautogui.doubleClick(x=1030, y=419, button='left')
10  print('Game Over')
```

程式說明

- 1-2　　匯入使用的模組。
- 4-6　　設定等待 2 秒後記錄當下時間，顯示遊戲開始訊息。
- 7-9　　當目前時間 - 開始時間在 10 秒內，在指定的座標單擊滑鼠左鍵。
- 10　　結束後顯示訊息。

執行結果：

因為每個人滑鼠點擊位置可能不同，你必須根據自己的螢幕狀況來調整。你也可以註解程式第 8 行後開啟第 9 行，試試看雙擊滑鼠左鍵的結果是不是更好呢！

捲動螢幕：scroll()

通常滾動滑鼠滾輪可以捲動螢幕，捲動螢幕的語法為：

```
pyautogui.scroll(clicks= 數值 )
```

clicks 參數為正數表示向上捲動，負數表示向上捲動。

捲動螢幕最常用於網頁，下面範例執行後以瀏覽器開啟「https://tw.yahoo.com/」網頁，並將視窗放到最大。自動執行效果：網頁先向下捲動，1 秒後向上捲動。

程式碼：scroll.py

```
1 import pyautogui
2 import time
3
4 print(' 以瀏覽器開啟 yahoo 網頁，並將視窗放到最大 ')
5 time.sleep(10)
6 pyautogui.scroll(-1000)
7 time.sleep(1)
8 pyautogui.scroll(300)
```

11.2.2 PyAutoGUI 鍵盤操作

常用的自動化操作，除了滑鼠外，就是鍵盤的操作了！

按鍵盤按鍵：press()、keyDown()、keyUp()

按鍵盤按鍵分為三種，第一種是按下按鍵後立即放開，語法為：

```
pyautogui.press( 按鍵 , presses= 數值 )
```

■ **presses**：按鍵次數。

例如「pyautogui.press('a', presses=3) 表示按「a」鍵 3 次。

第二種是按下按鍵，語法為：

```
pyautogui.keyDown( 按鍵 )
```

第三種是放開按鍵，語法為：

```
pyautogui.keyUp( 按鍵 )
```

除了數字、字母、符號外，常用的鍵盤按鍵整理如下：

按鍵	代碼
F1~F12	f1~f12
Shift	shift
Backspace	backspace
向左鍵	left
向上鍵	up
End	end

按鍵	代碼
Enter	enter
Alt	alt
Tab	tab
向右鍵	right
向下鍵	down
空白鍵	space

按鍵	代碼
Ctrl	ctrl
Esc	esc
Del	del
Ins	insert
Home	home

更詳細的按鍵代碼請參考 https://pyautogui.readthedocs.io/en/latest/keyboard.html。

下面範例執行後，以記事本開啟新檔案，並將輸入線移到其中。自動執行效果：在記事本輸入「good」後換行，1 秒後輸入大寫「GOOD」。

程式碼：**press.py**

```
1 import pyautogui
2 import time
3
4 print(' 以記事本開啟新檔案，並將輸入線移到其中 ')
5 time.sleep(10)
6 pyautogui.press('g')
7 pyautogui.press('o', presses=2)
8 pyautogui.press('d')
9 pyautogui.press('enter')
10 time.sleep(1)
11 pyautogui.keyDown('shift')
12 pyautogui.press('g')
13 pyautogui.press('o', presses=2)
14 pyautogui.press('d')
15 pyautogui.keyUp('shift')
```

程式說明

- 6-8　　以鍵盤輸入「good」。
- 9　　　按 **Enter** 鍵換行。
- 11　　 按住 **Shift** 鍵。
- 12-14　因為按住 **Shift** 鍵，所以輸入的是大寫字母。
- 15　　 釋放 **Shift** 鍵。

鍵盤輸入文句：typewrite()

使用點選鍵盤按鍵輸入資料每次只能輸入一個字元，實在太沒有效率，因此 PyAutoGUI 提供 typewrite 方法來輸入文句，語法為：

```
pyautogui.typewrite(message= 文句 , interval= 數值 )
```

- **message**：要輸入的文句。輸入文句無法使用中文。
- **interval**：輸入每個字元的間隔時間，單位為「秒」。預設值為 0。

例如輸入文句為「How are you?」，每隔 0.2 秒輸入一個字元。

```
pyautogui.typewrite(message='How are you?',interval=0.2)
```

組合鍵：hotkey()

鍵盤操作常同時按數個鍵來達到特定的功能，此種同時按數個鍵的情況稱為「組合鍵」，PyAutoGUI 組合鍵的語法為：

```
pyautogui.hotkey( 鍵 1, 鍵 2, 鍵 3)
```

例如 CTRL + C 鍵通常是複製功能，程式為：

```
pyautogui.hotkey('ctrl', 'c')
```

減慢執行速度 :PAUSE

程式執行自動化的速度非常快，設計者常希望執行速度慢一點，尤其是模擬鍵盤操作時，執行速度稍慢些較符合實際狀況。PyAutoGUI 增加程式延遲時間的語法為：

```
pyautogui.PAUSE = 數值
```

- 「數值」的單位為「秒」，預設值為 0.1。

每執行完一列程式後，會暫停此設定值秒數後才會繼續執行下一列程式。

下面範例執行後以記事本開啟新檔案，並將視窗放到最大。自動執行效果：在記事本以兩種方式輸入文句，然後選取全部內容，接著複製再貼上。

程式碼：typewrite.py

```
 1 import pyautogui
 2 import time
 3
 4 pyautogui.PAUSE = 1
 5 print(' 以記事本開啟新檔案，並將輸入線移到其中 ')
 6 time.sleep(5)
 7 pyautogui.typewrite(message='Welcome to PyAutoGUI!\n')
 8 pyautogui.typewrite(message='Welcome to PyAutoGUI!', interval=0.3)
 9 pyautogui.press('enter')
10 pyautogui.hotkey('ctrl', 'a')
11 pyautogui.hotkey('ctrl', 'c')
12 pyautogui.press('down')
13 pyautogui.hotkey('ctrl', 'v')
```

程式說明

- 4 　　設定每列程式執行後暫停 1 秒。
- 7 　　快速輸入文句，「\n」為換行。
- 8 　　以每個字元輸入間隔 0.3 秒方式輸入文句。
- 9 　　換行。
- 10 　　按 **CTRL + A** 選取全部文字。
- 11 　　按 **CTRL + C** 複製選取內容。
- 12 　　按向下鍵取消選取。
- 13 　　按 **CTRL + V** 貼上複製內容。

```
*未命名 - 記事本
檔案(F)  編輯(E)  格式(O)  檢視(V)  說明
Welcome to PyAutoGUI!
Welcome to PyAutoGUI!
Welcome to PyAutoGUI!
Welcome to PyAutoGUI!
```

▌11.2.3 PyAutoGUI 其他操作

螢幕解析度：size()

取得螢幕解析度的語法為：

```
寬度, 高度 = pyautogui.size()
```

例如寬度變數為 width，高度變數為 height：

```
width, height = pyautogui.size()
```

擷取整個螢幕圖片：screenshot()

擷取整個螢幕圖片的語法為：

```
螢幕變數 = pyautogui.screenshot()
```

例如螢幕變數為 screen：

```
screen = pyautogui.screenshot()
```

通常會將擷取的螢幕圖片存檔，語法為：

```
螢幕變數.save(檔案路徑)
```

例如儲存於與程式相同資料夾，圖片檔名為 <screenshot.png>：

```
screen.save('screenshot.png')
```

查詢圖片位置：locateOnScreen()

使用者的螢幕解析度不同常造成坐標定位的困擾，因此 PyAutoGUI 提供查詢圖片位置功能，能在螢幕中找到指定圖片的位置坐標，這樣就能克服不同解析度的問題。使用者可以事先擷取要定位的圖形，再於程式中查詢該圖片位置，不論圖片在何處，程式都可以找到該圖片的位置。

查詢圖片位置的語法為：

```
位置變數 = pyautogui.locateOnScreen(圖片路徑)
```

例如位置變數為 box，要找尋與程式檔案相同資料夾的 <sample.png> 圖片：

```
box = pyautogui.locateOnScreen('sample.png')
```

注意圖片格式必須是「.png」，否則會找不到圖片。

傳回值是 Box 物件，內容包含圖片左上角坐標、寬度及高度，例如：

```
Box(left=161, top=77, width=42, height=17)
```

如果未找到相符的圖片則傳回 None。

使用者最重要的目的是要取得圖片中心點坐標做為點選圖片的依據，使用者當然可以利用 Box 物件資訊計算中心點坐標，PyAutoGUI 已貼心建立取得中心點坐標的方法，語法為：

```
X 坐標 , Y 坐標 = pyautogui.center( 位置變數 )
```

例如位置變數為 box ，X 坐標、Y 坐標變數為 x、y：

```
x, y = pyautogui.center(box)
```

範例：自動計算小算盤

在範例資料夾中有 10 個由 Windows 小算盤擷取下來 0 ~9 按鍵的圖形檔：

接著請開啟 Windows 的小算盤後，開啟 **命令提示字元** 視窗執行 <screen.py>：

程式碼：**screen.py**

```
1    import pyautogui
2    import time
3
4    print(' 請開啟小算盤 ')
5    time.sleep(5)
6
7    num = '2021'
```

```
8   for n in num:
9       box = pyautogui.locateOnScreen(n + '.png', grayscale=True)
10      if box:
11          x, y = pyautogui.center(box)
12          pyautogui.leftClick(x, y)
13      else:
14          print('找不到圖片')
15
16  screen = pyautogui.screenshot()
17  screen.save('screenshot.png')
```

程式說明

- ■ 1-2　　　匯入相關的模組。
- ■ 7　　　　設定要點選小算盤上的數字字串。
- ■ 8-14　　依序取出數字字串，結合成圖片檔名在畫面上找出位置進行點擊。
- ■ 9　　　　在畫面上尋找圖片的位置。
- ■ 10-12　如果在畫面上找到圖片，就移動到位置處點選滑鼠左鍵。
- ■ 13-14　若找不到圖片會傳回 None 並顯示訊息。
- ■ 16　　　擷取整個螢幕圖形。
- ■ 17　　　將螢幕圖形儲存為 <screenshot.png> 檔。

執行結果：

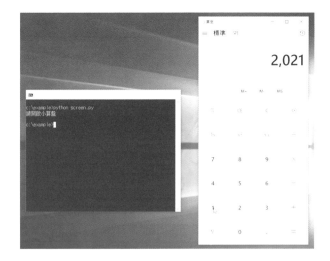

如果執行結果找不到圖片，是因圖片與使用者電腦的解析度有關，請重新擷取小算盤 0~9 數字圖片，覆蓋本書範例 <0.png>~<9.png> 圖片檔即可。

▌ 11.2.4 應用：用 AI 打遊戲 - 奔跑吧小恐龍

PyAutoGUI 模組的應用層面很廣，許多人很喜歡用來開發讓電腦自動玩遊戲的程式。看著自己撰寫的程式在遊戲中過關斬將以及不斷升高的分數，就產生極高的成就感。

恐龍遊戲玩法介紹

「恐龍遊戲 (Dinosaur Game)」是 Chrome 瀏覽器內建的一款經典動作遊戲。

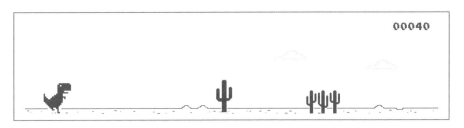

在 Chrome 瀏覽器網址列輸入「chrome://dino/」就會開啟遊戲頁面，按「空白鍵」或「向上鍵↑」就開始遊戲。

遊戲時恐龍停留在原地，障礙物會不斷向左移動，障礙物有仙人掌及翼手龍，仙人掌固定在地面，翼手龍則在天空飛，恐龍必須閃避障礙物，若恐龍碰到障礙物遊戲就結束。恐龍閃避障礙物的方法有兩種：遇到仙人掌或低飛的翼手龍要按「空白鍵」或「向上鍵↑」向上跳起，遇到高飛的翼手龍要按「向下鍵↓」彎腰躲過高空的翼手龍。計分方式則是隨著時間分數不斷增加，分數顯示於右上方。

遊戲非常簡單，只要按兩個鍵控制：「空白鍵」、「向下鍵↓」或「向上鍵↑」、「向下鍵↓」兩種組合選擇一組即可。但要取得高分也不是一件容易的事，最重要的是判斷按鍵的時機，太早或太晚按鍵都會碰到障礙物；另一個困難處是翼手龍，需判斷其飛行高度來決定是向上跳還是彎腰。

遊戲場景分為白天及黑夜：白天場景是恐龍及障礙物為黑色，背景為白色；黑夜場景則相反，恐龍及障礙物為白色，背景為黑色。白天及黑夜場景會交替出現：開始時為白天場景，一段時間後轉為黑夜場景，如此反覆。筆者是玩了一段時間後才知道有黑夜場景。

讀者可嘗試玩玩看，當作休閒娛樂。

不斷擷取整個螢幕圖形

自動化程式的第一步是要以無窮迴圈不斷擷取整個螢幕圖形進行判斷。由於要以顏色判斷是背景還是障礙物，最好將圖形轉為灰階，因此使用 Pillow 模組來擷取整個螢幕圖形。如果尚未安裝 Pillow 模組，請以下列命令安裝：

```
pip install pillow
```

擷取整個螢幕圖形是使用 Pillow 的 ImageGrab 模組，因此需匯入該模組：

```
from PIL import ImageGrab
```

擷取整個螢幕圖形再轉為灰階圖片的語法為：

```
image = ImageGrab.grab().convert('L')
```

檢查仙人掌到達恐龍跳躍處

因為恐龍跳起到躲過仙人掌的高度需要一些時間，所以當仙人掌 (將低飛的翼手龍視為仙人掌) 到達恐龍右方一段距離時，使用者就必須按「向上鍵↑」讓恐龍跳起。

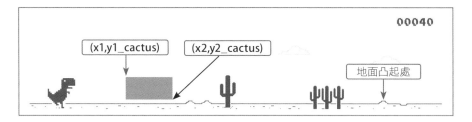

上圖的矩形可視為一個仙人掌遮罩，程式會檢查此區塊中的點，只要任何點是障礙物的顏色，就表示仙人掌已到達恐龍該跳起的位置，就讓程式按「向上鍵↑」。

x1 是最重要的數值，它決定恐龍該跳起的時機，所以此數值必須不斷測試修正；x2 決定矩形寬度，只要比 x1 大一些即可 (約大 30-40)；y1_cactus 需比最大棵仙人掌上緣稍小；y2_cactus 需比地面凸起處上緣稍小。

檢查高飛翼手龍到達恐龍彎腰處

當高飛翼手龍到達恐龍右方一段距離時，使用者就必須按「向下鍵↓」讓恐龍彎腰。

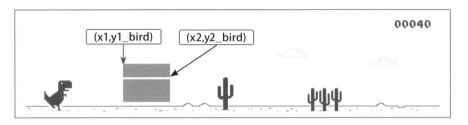

y2_bird 需比 y1_cactus 略小，y1_bird 比 y2_bird 小一些即可 (約小 50-60)。

自動操作程式碼

程式碼：**dino.py**

```
1 import pyautogui
2 from PIL import ImageGrab
3 import time
4
5 x1, x2 = 260, 300
6 y1_bird, y2_bird = 305, 378
7 y1_cactus, y2_cactus = 379, 465
8 def isCollision_day(data):  # 白天
9     # 檢查高飛翼手龍出現
10    for i in range(x1, x2):
11        for j in range(y1_bird, y2_bird):
12            if data[i, j] < 150:
13                pyautogui.keyDown("down")
14                time.sleep(0.3)
15                pyautogui.keyUp("down")
16                return
17    # 檢查仙人掌出現
18    for i in range(x1, x2):
19        for j in range(y1_cactus, y2_cactus):
20            if data[i, j] < 150:
21                pyautogui.keyDown("up")
22                return
23    return
24
25 def isCollision_night(data):   # 晚上
```

```
26      for i in range(x1, x2):
27          for j in range(y1_bird, y2_bird):
28              if data[i, j] > 150:
29                  pyautogui.keyDown("down")
30                  time.sleep(0.3)
31                  pyautogui.keyUp("down")
32                  return
33      for i in range(x1, x2):
34          for j in range(y1_cactus, y2_cactus):
35              if data[i, j] > 150:
36                  pyautogui.keyDown("up")
37                  return
38      return
39
40 time.sleep(10)
41 pyautogui.keyDown("up")
42
43 while True:
44      image = ImageGrab.grab().convert('L')
45      data = image.load()
46      if data[260, 300] > 150:
47          isCollision_day(data)
48      else:
49          isCollision_night(data)
```

程式說明

- 5　　　　x1 為虛擬遮罩左緣 X 坐標，x2 為虛擬遮罩右緣 X 坐標。

- 6　　　　y1_bird 為翼手龍遮罩上緣 Y 坐標，y2_bird 為翼手龍遮罩下緣 Y 坐標。

- 7　　　　y1_cactus 為仙人掌遮罩上緣 Y 坐標，y2_cactus 為仙人掌遮罩下緣 Y 坐標。

- 8-23　　檢查白天場景障礙物是否到達需使用者按鍵位置的函式。

- 10-16　　檢查高飛翼手龍是否到達需使用者按鍵位置。

- 10-11　　檢查虛擬遮罩中所有點的迴圈。

- 12　　　如果顏色值小於 150 表示這是高飛翼手龍，就執行 13-16 列程式。

- 13-15　　先壓下「向下鍵 ↓」讓恐龍彎腰，0.3 秒後釋放「向下鍵 ↓」讓恐龍恢復正常。

- 16　　　只要檢查到第一個點是障礙物顏色就結束函式，不必繼續檢查。

- 18-22　檢查仙人掌是否到達使用者按鍵位置，原理與 10-16 列雷同。
- 25-38　檢查黑夜場景障礙物是否到達使用者按鍵位置的函式。程式與 8-23 列雷同，因為障礙物顏色為白色， 所以 28 及 35 列改為「if data[i, j] > 150:」。
- 40　　　程式開始時停留 10 秒讓使用者開啟瀏覽器恐龍遊戲。
- 41　　　按「向上鍵 ↑」開始遊戲。
- 43-49　以無窮迴圈不斷處理遊戲。
- 44　　　擷取整個螢幕畫面並轉為灰階。
- 45　　　將圖片轉換為串列格式。
- 46-47　若背景色大於 150 表示是白天場景。
- 48-49　若背景色小於 150 表示是黑夜場景。

執行程式

程式執行後以瀏覽器開啟「chrome://dino/」遊戲，並將視窗放到最大，接著就可靜靜享受自動操作遊戲的快樂。

程式需修改坐標數值

再次提醒：當螢幕解析度不同時，指定內容在螢幕的位置會有差異。筆者的螢幕解析度為 1366X768，若使用解析度不同，需修改本應用程式第 5-7 列坐標數值。

12

CHAPTER

多媒體機器學習應用

12.1 MediaPipe 模組：Google 多媒體機器學習

MediaPipe 是由 Google Research 開發並開源的多媒體機器學習模型應用框架，Google 的重要產品如 YouTube、Google Lens、ARCore、Google Home 及 Nest，都已深度整合了 MediaPipe。

MediaPipe 的核心框架由 C++ 撰寫，並提供 Java、Objective C、C++、Python、JS、Coral 等語言的支持。MediaPipe 已實現的功能非常多，各種語言可用的功能並不相同，目前 Python 支援的功能有臉部偵測 (Face Detection)、臉部特徵網 (Face Mesh)、手部偵測 (Hands)、姿勢偵測 (Pose)、3D 物體偵測 (Objectron) 及人體整合偵測 (Holistic) 六項。

模組名稱	MediaPipe
模組功能	臉部偵測、手部偵測、姿勢偵測、3D 物體偵測、人體整合偵測
官方網站	https://github.com/google/mediapipe
安裝方式	!pip install mediapipe==0.8.6

目前 MediaPipe 模組最新版本 (0.8.7) 執行時會產生錯誤，故安裝 0.8.6 版。

取得圖片素材

MediaPipe 模組在學習時必須使用到很多圖片檔案，這裡建議可以由 Unsplash 免費圖像網站中 (https://unsplash.com) 下載進行測試。在 Colab 中可以使用 wget 指令下載到主機根目錄中使用，方式如下：

1. 進入 Unsplash 的網站後搜尋所需要的圖片，找到後可以在圖片的右下角看到下載的圖示，請在上方按右鍵，選取功能表的 **複製連結網址**。

2. 也可以進入該圖片的詳細頁面，在右上方
   的 **Download free** 按鈕上按右鍵，選取
   功能表的 **複製連結網址**。

3. 接著回到 Colab 程式碼儲存格中輸入以下指令：

```
!wget -O 自訂檔名 --content-disposition 下載網址連結
```

   即可將圖片下載到主機根目錄並自訂檔名。

4. 如果有自備的圖片檔案，可以於 Colab 檔案總管中按 **上傳** 🔂 鈕，於 **開啟** 對話
   方塊點選圖片檔案後按 **開啟** 鈕，完成上傳的動作。

**注意：本章使用的圖片都會列出在 Unsplash 免費圖像網站中的圖片網址，讀者可以
自行下載，或是由本章範例資料夾中選取上傳。**

12.1.1 臉部偵測 (Face Detection)

模組使用方式

1. 匯入 MediaPipe 模組的語法為：

```
import mediapipe as mp
```

   臉部偵測是找出圖片中是否有人臉，進而框選出人臉位置。MediaPipe 的臉部偵
   測功能除了偵測臉部區塊外，還能指出眼睛、嘴巴、鼻子及耳朵的位置。

2. 建立臉部物件，語法為：

```
臉部變數 = mp.solutions.face_detection
```

   例如，臉部變數為 mp_face_detection：

```
mp_face_detection = mp.solutions.face_detection
```

3. 接著以臉部物件的 FaceDetection() 方法建立偵測物件，語法為：

```
偵測變數 = 臉部變數.FaceDetection(min_detection_confidence= 數值 )
```

- **min_detection_confidence**：最小信心指數，其值 0 到 1 之間，即偵測的人臉信心指數需大於此設定值才視為人臉。

  例如偵測變數為 face_detection，最小信心指數為 0.5：

```
face_detection = mp_face_detection.FaceDetection(min_detection_confidence=0.5)
```

4. 使用偵測物件的 process() 方法即可進行臉部偵測，語法為：

```
結果變數 = 偵測變數.process(cv2.cvtColor( 圖片 , cv2.COLOR_BGR2RGB))
```

  例如結果變數為 results，圖片為 image：

```
results = face_detection.process(cv2.cvtColor(image, cv2.COLOR_BGR2RGB))
```

  結果變數有以下重要的屬性：

- detections：臉部資訊，下面為偵測到一張人臉的 detections 屬性值範例：

```
[label_id: 0
 score: 0.77304935
 location_data {
   format: RELATIVE_BOUNDING_BOX
   relative_bounding_box {
     xmin: 0.47378767
     ymin: 0.2390903
     width: 0.12745929
     height: 0.2454775
   }
   relative_keypoints {
     x: 0.51626605
     y: 0.30761436
   }
   relative_keypoints {
     x: 0.56329876
     y: 0.3125665
   }
   ……… }]
```

● **score**：人臉信心指數，需大於「min_detection_confidence」參數值才視為人臉。

● **relative_bounding_box**：人臉區塊資料，包括左上角坐標及長、寬。

● **relative_keypoints**：特徵點坐標，共有 6 個特徵點，包含左右眼睛、嘴巴、鼻子及左右耳朵。其值為 0 到 1 之間的浮點數，表示其佔圖片長或寬的比例。

<u>注意：若未偵測到人臉，則結果變數的 **detections** 屬性值為 **None**。</u>

5. 臉部變數的 get_key_point() 方法可取得特徵點的坐標，語法為：

臉部變數 .get_key_point(單一臉部變數 , 臉部變數 .FaceKeyPoint. 特徵常數)

例如臉部變數為 mp_face_detection，單一臉部變數為 detection，取得鼻子特徵點坐標：

mp_face_detection.get_key_point(detection, mp_face_detection.FaceKeyPoint.NOSE_TIP)

特徵常數整理如下表：

特徵位置	特徵常數
鼻子	NOSE_TIP
左眼	LEFT_EYE
右眼	RIGHT_EYE

特徵位置	特徵常數
嘴巴	MOUTH_CENTER
左耳	LEFT_EAR_TRAGION
右耳	RIGHT_EAR_TRAGION

6. MediaPipe 提供了繪圖功能可以輕鬆畫出人臉輪廓及特徵點，語法為：

繪圖變數 = mp.solutions.drawing_utils

例如繪圖變數為 mp_drawing：

mp_drawing = mp.solutions.drawing_utils

然後就可用繪圖變數的 draw_detection() 方法畫出人臉輪廓及特徵點，語法為：

繪圖變數 .draw_detection(圖片 , 單一臉部變數)

例如圖片為 image，單一臉部變數為 detection：

mp_drawing.draw_detection(image, detection)

範例：偵測圖片中的人臉並畫出人臉輪廓及特徵點

請由 Unsplash 網站的 https://unsplash.com/photos/3g3grQaeA2o 下載圖片並名命名「person1.jpg」；由 https://unsplash.com/photos/GVVsC0JG6Ak 下載圖片並名命名「person2.jpg」。

```
!wget -O person1.jpg --content-disposition
      https://unsplash.com/photos/3g3grQaeA2o/download?force=true
!wget -O person2.jpg --content-disposition
      https://unsplash.com/photos/GVVsC0JG6Ak/download?force=true
```

下面程式可偵測圖片中的人臉並畫出人臉輪廓及特徵點：

```
1   # 臉部偵測
2   import mediapipe as mp
3   import cv2
4   import math
5   from google.colab.patches import cv2_imshow
6
7   dH, dW = 480, 480
8   def resizeimg(image):
9     h, w = image.shape[:2]
10    if h < w:
11      img = cv2.resize(image, (dW, math.floor(h/(w/dW))))
12    else:
13      img = cv2.resize(image, (math.floor(w/(h/dH)), dH))
14    return img
15
16  image = resizeimg(cv2.imread('person1.jpg'))
17  # image = resizeimg(cv2.imread('person2.jpg'))
18  mp_face_detection = mp.solutions.face_detection
19  mp_drawing = mp.solutions.drawing_utils
20  face_detection = mp.solutions.face_detection.
                          FaceDetection(min_detection_confidence=0.5)
21  results = face_detection.process(cv2.
                          cvtColor(image, cv2.COLOR_BGR2RGB))
22  # print(results.detections)
23  if results.detections:
24      for detection in results.detections:
25          # print(' 鼻子 :')
26          # print(mp_face_detection.get_key_
            point(detection,mp_face_detection.FaceKeyPoint.NOSE_TIP))
```

```
27        mp_drawing.draw_detection(image, detection)
28 cv2_imshow(image)
```

程式說明

- ■ 2-5　　　匯入需要的模組
- ■ 7-14　　因為由 Unsplash 網站下載的圖片都非常大，這裡利用 resizimg() 自訂函式將要處理的圖片縮小到指定的理想寬高。
- ■ 16-17　讀取圖片。第 16 列為 1 張人臉圖片，第 17 列為 2 張人臉圖片。
- ■ 18　　　建立臉部物件。
- ■ 19　　　建立繪圖物件。
- ■ 20　　　建立偵測物件。
- ■ 21　　　進行人臉偵測。
- ■ 22　　　去除註解符號可以列印偵測的人臉資訊。
- ■ 23　　　若偵測到人臉才執行 24-27 列程式。
- ■ 24　　　逐一處理偵測到的人臉。
- ■ 25-26　去除註解符號可以顯示鼻子特徵點坐標。
- ■ 27　　　畫出人臉輪廓及特徵點。
- ■ 28　　　顯示圖片。

執行結果：

▲ person1.jpg

▲ person2.jpg

12.1.2 臉部特徵網 (Face Mesh)

MediaPipe 大部分功能的使用方法雷同，主要是建立偵測物件使用的方法不同，因此僅針對不同部分說明。

模組使用方式

臉部特徵網是將臉部分為 468 個特徵點，本功能可找到所有特徵點並將其繪出。

1. 建立臉部特徵網物件，語法為：

```
臉部特徵網變數 = mp.solutions.face_mesh
```

例如臉部特徵網變數為 mp_face_mesh：

```
mp_face_mesh = mp.solutions.face_mesh
```

2. 以臉部特徵網物件的 FaceMesh() 方法建立臉部特徵網偵測物件，語法為：

```
偵測變數 = 臉部特徵網變數.FaceMesh(static_image_mode=布林值, max_num_faces=數值,
    min_detection_confidence=數值, min_tracking_confidence=數值)
```

- **static_image_mode**：True 表示靜態圖片，False 表示影片。預設值為 False。
- **max_num_faces**：設定偵測人臉最多數量。
- **min_detection_confidence**：最小偵測信心指數，其值 0 到 1 之間。
- **min_tracking_confidence**：最小追蹤信心指數，其值 0 到 1 之間。

例如偵測變數為 face_mesh，偵測靜態圖片，最多偵測 5 張人臉，最小偵測信心指數為 0.5：

```
face_mesh = mp_face_mesh.FaceMesh(static_image_mode=True,
    max_num_faces=5, min_detection_confidence=0.5)
```

範例：偵測圖片中的臉部特徵網並畫出所有特徵點

請由 Unsplash 網站的 https://unsplash.com/photos/JyVcAIUAcPM 下載圖片並名命名「person3.jpg」。

```
!wget -O person3.jpg --content-disposition
    https://unsplash.com/photos/JyVcAIUAcPM/download?force=true
```

下面程式可偵測圖片中的臉部特徵網並畫出所有特徵點：

```
1  # 臉部特徵網
2  import mediapipe as mp
3  import cv2
4  import math
5  from google.colab.patches import cv2_imshow
6
... (略)
15
16 image = resizeimg(cv2.imread('person3.jpg'))
17 # image = resizeimg(cv2.imread('person1.jpg'))
18 mp_drawing = mp.solutions.drawing_utils
19 mp_face_mesh = mp.solutions.face_mesh
20 drawing_spec = mp_drawing.DrawingSpec(thickness=1, circle_radius=1)
21 face_mesh = mp_face_mesh.FaceMesh(static_image_mode=True,
                        max_num_faces=5, min_detection_confidence=0.5)
22 results = face_mesh.process(cv2.cvtColor(image, cv2.COLOR_BGR2RGB))
23 if results.multi_face_landmarks:
24     for face_landmarks in results.multi_face_landmarks:
25         mp_drawing.draw_landmarks(
26             image=image, landmark_list=face_landmarks,
27             connections=mp_face_mesh.FACE_CONNECTIONS,
28             landmark_drawing_spec=drawing_spec,
29             connection_drawing_spec=drawing_spec)
30 cv2_imshow(image)
```

執行結果：

▲ person3.jpg

▲ person1.jpg

12.1.3 手部偵測 (Hands)

手部偵測可偵測人類手掌，每根手指分為 4 個特徵點，另在手掌基部有一特徵點將 5 個手指特徵點連在一起，共計 21 個特徵點。本功能可找到所有特徵點並將其繪出。

模組使用方式

1. 建立手部物件，語法為：

```
手部變數 = mp.solutions.hands
```

例如手部變數為 mp_hands：

```
mp_hands = mp.solutions.hands
```

2. 以手部物件的 Hands() 方法建立手部偵測物件，語法為：

```
偵測變數 = 手部變數.Hands(static_image_mode=布林值, max_num_hands=數值,
    min_detection_confidence=數值, min_tracking_confidence=數值)
```

- **static_image_mode**：True 表示靜態圖片，False 表示影片 (預設值)。
- **max_num_hands**：設定偵測手掌最多數量。
- **min_detection_confidence**：最小偵測信心指數，其值 0 到 1 之間。
- **min_tracking_confidence**：最小追蹤信心指數，其值 0 到 1 之間。

例如偵測變數為 hands，偵測靜態圖片，最多偵測 2 個手掌，最小信心指數為 0.5：

```
hands = mp_hands.Hands(static_image_mode=True,
    max_num_hands=2, min_detection_confidence=0.5)
```

21 個特徵點的位置與其對應的常數名稱如下圖：

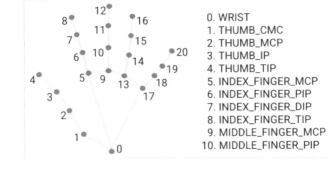

```
0. WRIST                11. MIDDLE_FINGER_DIP
1. THUMB_CMC            12. MIDDLE_FINGER_TIP
2. THUMB_MCP            13. RING_FINGER_MCP
3. THUMB_IP             14. RING_FINGER_PIP
4. THUMB_TIP            15. RING_FINGER_DIP
5. INDEX_FINGER_MCP     16. RING_FINGER_TIP
6. INDEX_FINGER_PIP     17. PINKY_MCP
7. INDEX_FINGER_DIP     18. PINKY_PIP
8. INDEX_FINGER_TIP     19. PINKY_DIP
9. MIDDLE_FINGER_MCP    20. PINKY_TIP
10. MIDDLE_FINGER_PIP
```

3. 特徵點位置儲存於傳回值的 landmark 屬性中，可用下面語法取得：

```
傳回值變數.landmark[手部變數.HandLandmark.常數名稱]
```

例如傳回值變數為 hand_landmarks，取得姆指尖特徵點的位置：

```
hand_landmarks.landmark[mp_hands.HandLandmark.THUMB_TIP]
```

特徵點位置的坐標為 0 到 1 之間的浮點數，表示其佔圖片長或寬的比例。

範例：偵測圖片中的臉部特徵網並畫出所有特徵點

請由 Unsplash 網站的 https://unsplash.com/photos/33VdiGc2O9o 下載圖片並名命名「hand1.jpg」；由 https://unsplash.com/photos/qKspdY9XUzs 下載圖片並名命名「hand2.jpg」。

```
!wget -O hand1.jpg --content-disposition
        https://unsplash.com/photos/33VdiGc2O9o/download?force=true
!wget -O hand2.jpg --content-disposition
        https://unsplash.com/photos/qKspdY9XUzs/download?force=true
```

下面程式可偵測圖片中的手部並畫出所有特徵點：

```
1  # 手部偵測
... （略）
16 image = resizeimg(cv2.imread('hand1.jpg'))
17 # image = resizeimg(cv2.imread('hand2.jpg'))
18 mp_drawing = mp.solutions.drawing_utils
19 mp_hands = mp.solutions.hands
20 hands = mp_hands.Hands(static_image_mode=True, max_num_hands=2,
21     min_detection_confidence=0.5)
22 results = hands.process(cv2.cvtColor(image, cv2.COLOR_BGR2RGB))
23 if results.multi_hand_landmarks:
24     for hand_landmarks in results.multi_hand_landmarks:
25         # print('姆指尖：', hand_landmarks.
                    landmark[mp_hands.HandLandmark.THUMB_TIP])
26         mp_drawing.draw_landmarks(image, hand_landmarks,
                    mp_hands.HAND_CONNECTIONS)
27 cv2_imshow(image)
```

執行結果：

▲ hand1.jpg

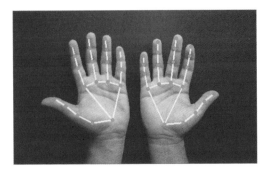

▲ hand2.jpg

‖ 12.1.4 姿勢偵測 (Pose)

姿勢偵測可偵測臉部、身體及四肢特徵點。

模組使用方式

1. 建立姿勢物件，語法為：

```
姿勢變數 = mp.solutions.pose
```

例如姿勢變數為 mp_pose：

```
mp_pose = mp.solutions.pose
```

2. 以姿勢物件的 Pose() 方法建立姿勢偵測物件，語法為：

```
偵測變數 = 姿勢變數.Pose(static_image_mode=布林值, model_complexity=數值,
smooth_landmarks=布林值, min_detection_confidence=數值, min_tracking_confidence=數值)
```

- **static_image_mode**：True 表示靜態圖片，False 表示影片 (預設值)。
- **model_complexity**：設定模型複雜度，可能值有 0、1、2。預設值為 1。
- **smooth_landmarks**：True 表示使用平滑特徵點。預設值為 True。
- **min_detection_confidence**：最小偵測信心指數，其值 0 到 1 之間。
- **min_tracking_confidence**：最小追蹤信心指數，其值 0 到 1 之間。

例如偵測變數為 pose，偵測靜態圖片，模型複雜度為 1，最小信心指數為 0.5：

```
pose = mp_pose.Pose(static_image_mode=True, model_complexity=1,
    min_detection_confidence=0.5)
```

姿勢偵測特徵點的位置與其對應的常數名稱如下圖 (常數名稱需全部大寫)：

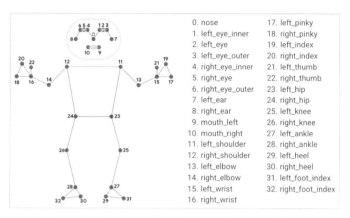

0. nose	17. left_pinky
1. left_eye_inner	18. right_pinky
2. left_eye	19. left_index
3. left_eye_outer	20. right_index
4. right_eye_inner	21. left_thumb
5. right_eye	22. right_thumb
6. right_eye_outer	23. left_hip
7. left_ear	24. right_hip
8. right_ear	25. left_knee
9. mouth_left	26. right_knee
10. mouth_right	27. left_ankle
11. left_shoulder	28. right_ankle
12. right_shoulder	29. left_heel
13. left_elbow	30. right_heel
14. right_elbow	31. left_foot_index
15. left_wrist	32. right_foot_index
16. right_wrist	

3. 特徵點位置儲存於傳回值的 landmark 屬性中，可用下面語法取得：

```
傳回值變數 .landmark[ 姿勢變數 .PoseLandmark. 常數名稱 ]
```

例如傳回值變數為 pose_landmarks，取得鼻子特徵點的位置：

```
pose_landmarks.landmark[mp_pose.PoseLandmark.NOSE]
```

特徵點位置的坐標為 0 到 1 之間的浮點數，表示其佔圖片長或寬的比例。

範例：偵測圖片中的姿勢並畫出所有特徵點

請由 Unsplash 網站的 https://unsplash.com/photos/dodzmVtjoKs 下載圖片並名命名「pose1.jpg」；由 https://unsplash.com/photos/wa8o6rs22Fw 下載圖片並名命名「pose2.jpg」。

```
!wget -O pose1.jpg --content-disposition
        https://unsplash.com/photos/dodzmVtjoKs/download?force=true
!wget -O pose2.jpg --content-disposition
        https://unsplash.com/photos/wa8o6rs22Fw/download?force=true
```

下面程式可偵測圖片中的姿勢並畫出所有特徵點：

```
 1 # 姿勢偵測
...（略）
16 image = resizeimg(cv2.imread('pose1.jpg'))
17 # image = resizeimg(cv2.imread('pose2.jpg'))
18 mp_drawing = mp.solutions.drawing_utils
19 mp_pose = mp.solutions.pose
20 pose = mp_pose.Pose(static_image_mode=True, model_complexity=1,
21     min_detection_confidence=0.5)
22 results = pose.process(cv2.cvtColor(image, cv2.COLOR_BGR2RGB))
23 if results.pose_landmarks:
24     # print(' 鼻子：', results.pose_landmarks.
                        landmark[mp_pose.PoseLandmark.NOSE])
25     mp_drawing.draw_landmarks(image, results.pose_landmarks,
                        mp_pose.POSE_CONNECTIONS)
26 cv2_imshow(image)
```

執行結果：

▲ pose1.jpg

▲ pose2.jpg

▍12.1.5 人體整合偵測 (Holistic)

人體整合偵測結合上述臉部特徵網、手部及姿勢偵測。

模組使用方式

1. 建立人體整合物件，語法為：

```
人體整合變數 = mp.solutions.holistic
```

　　例如，人體整合變數為 mp_holistic：

```
mp_holistic = mp.solutions.holistic
```

2. 以人體整合物件的 Holistic() 方法建立姿勢偵測物件，參數與姿勢偵測完全相同，
   語法為：

```
偵測變數 = 人體整合變數.Holistic(static_image_mode=布林值, model_complexity=數值,
smooth_landmarks=布林值, min_detection_confidence=數值, min_tracking_confidence=數值)
```

　　例如，偵測變數為 holistic，偵測靜態圖片，模型複雜度為 1：

```
holistic = mp_holistic.Holistic(static_image_mode=True, model_complexity=1)
```

範例：偵測臉部特徵網、手部及姿勢並畫出所有特徵點

下面程式可偵測圖片中的臉部特徵網、手部及姿勢並畫出所有特徵點：

```
1  # 人體整合偵測
... (略)
16 image = resizeimg(cv2.imread('pose1.jpg'))
17 # image = resizeimg(cv2.imread('pose2.jpg'))
18 mp_drawing = mp.solutions.drawing_utils
19 mp_holistic = mp.solutions.holistic
20 holistic = mp_holistic.Holistic(static_image_mode=True, model_complexity=1)
21 results = holistic.process(cv2.cvtColor(image, cv2.COLOR_BGR2RGB))
22 if results.pose_landmarks:
23     mp_drawing.draw_landmarks(image, results.face_landmarks,
                                 mp_holistic.FACE_CONNECTIONS)
24     mp_drawing.draw_landmarks(image, results.left_hand_landmarks,
                                 mp_holistic.HAND_CONNECTIONS)
25     mp_drawing.draw_landmarks(image, results.right_hand_landmarks,
                                 mp_holistic.HAND_CONNECTIONS)
```

```
26      mp_drawing.draw_landmarks(image, results.pose_landmarks,
                                mp_holistic.POSE_CONNECTIONS)
27 cv2_imshow(image)
```

執行結果：

▲ pose1.jpg

▲ pose2.jpg

▌12.1.6 3D 物體偵測 (Objectron)

3D 物體偵測可偵測圖片中的物體，並畫出物體的 3D 結構。目前物體種類僅支援鞋子、椅子、杯子及相機。

模組使用方式

1. 建立 3D 物體物件，語法為：

```
3D 物體變數 = mp.solutions.objectron
```

例如 3D 物體變數為 mp_objectron：

```
mp_objectron = mp.solutions.objectron
```

2. 以 3D 物體物件的 Objectron() 方法建立 3D 物體偵測物件，語法為：

```
偵測變數 = 3D 物體變數 .Objectron(static_image_mode= 布林值 ,
    max_num_objects= 數值 , min_detection_confidence= 數值 ,
    min_tracking_confidence= 數值 , model_name= 模型名稱 )
```

- **static_image_mode**：True 表示靜態圖片，False 表示影片 (預設值)。
- **max_num_objects**：設定偵測物體的最多數量。
- **min_detection_confidence**：最小偵測信心指數，其值 0 到 1 之間。
- **min_tracking_confidence**：最小追蹤信心指數，其值 0 到 1 之間。
- **model_name**：設定模型名稱，可能值有 Shoe (鞋子)、Chair (椅子)、Cup (杯子)、Camera (相機)。

例如偵測變數為 objectron，偵測靜態圖片，最多偵測 5 個物體，最小偵測信心指數為 0.5，用於偵測「椅子」物體：

```
objectron = mp_objectron.Objectron(static_image_mode=True,
    max_num_objects=5, min_detection_onfidence=0.5, model_name='Chair')
```

範例：偵測圖片中的椅子並畫出 3D 結構

請由 Unsplash 網站的 https://unsplash.com/photos/kvmdsTrGOBM 下載圖片並名命名「object1.jpg」；由 https://unsplash.com/photos/rhcllVy2zBU 下載圖片並名命名「object2.jpg」。

下面程式可偵測圖片中的椅子並畫出 3D 結構：

```
1 #3D 物體偵測
... ( 略 )
16 image = resizeimg(cv2.imread('object1.jpg'))
17 # image = resizeimg(cv2.imread('object2.jpg'))
18 mp_drawing = mp.solutions.drawing_utils
19 mp_objectron = mp.solutions.objectron
20 objectron = mp_objectron.Objectron(static_image_mode=True,
    max_num_objects=5, min_detection_confidence=0.5, model_name='Chair')
21
22 results = objectron.process(cv2.cvtColor(image, cv2.COLOR_BGR2RGB))
23 if results.detected_objects:
24   for detected_object in results.detected_objects:
25       mp_drawing.draw_landmarks(image, detected_object.landmarks_2d,
                            mp_objectron.BOX_CONNECTIONS)
26       mp_drawing.draw_axis(image, detected_object.rotation,
                            detected_object.translation)
27 cv2_imshow(image)
```

執行結果：

▲ object1.jpg

▲ object2.jpg

12.1.7 在 MediaPipe 中使用 WebCam 攝影機

MediaPipe 最為人稱道的就是處理速度非常快，即使不使用 GPU，利用 CPU 來處理影片也有令人滿意的結果。

因 Colab 在遠端伺服器執行，雖然可以利用 Javascript 開啟本機攝影機拍攝及播放，若是要處理攝影機拍攝畫面如偵測人臉，必須將攝影機拍攝畫面傳送到伺服器，處理完成後再送回本機顯示，畫面停頓嚴重。在這裡將要介紹，在本機的環境中，如何使用 MediaPipe 模組搭配本機的 WebCam 攝影機進行臉部偵測等動作。

在開啟操作之前，**記住在本機要先安裝 MediaPipe**。下面程式會開啟攝影機進行人臉偵測，偵測過程相當流暢，按 **q** 鍵就結束程式。

程式碼：**faceDetect_cam.py**

```
1 import cv2
2 import mediapipe as mp
3
4 cap = cv2.VideoCapture(0)
5
6 mp_face_detection = mp.solutions.face_detection
7 mp_drawing = mp.solutions.drawing_utils
8 face_detection = mp_face_detection.FaceDetection(min_detection_confidence=0.5)
9 while cap.isOpened():
10     success, image = cap.read()
```

```
11        image = cv2.cvtColor(cv2.flip(image, 1), cv2.COLOR_BGR2RGB)    # 水平翻轉
12        results = face_detection.process(image)
13        image = cv2.cvtColor(image, cv2.COLOR_RGB2BGR)
14        if results.detections:
15            for detection in results.detections:
16                mp_drawing.draw_detection(image, detection)
17        cv2.imshow('image', image)
18        if cv2.waitKey(1) & 0xFF == ord('q'):
19          break
20
21 cap.release()
22 cv2.destroyAllWindows()
```

程式說明

■ 4   開啟攝影機。

■ 9   若攝影機是開啟狀態就不斷執行 10-19 列。

■ 10   讀取攝影機影像。

■ 11   攝影機拍攝的畫面與實際左右相反，所以將圖片進行水平翻轉。

■ 12-17   對攝影機影像進行人臉偵測並畫出人臉輪廓及特徵點。

■ 18-19   若使用者按 **q** 鍵就結束程式。

■ 21-22   關閉攝影機並釋放資源。

執行結果：

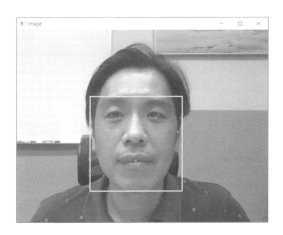

攝影機偵測人臉程式與圖片偵測人臉程式不同處在於開啟、關閉攝影機及使用無窮迴圈不斷偵測拍攝畫面，而偵測人臉的程式是相同的。

其他的應用一樣可以在本機執行，利用 WebCam 攝影機進行相關的操作。以下這些程式都可以在本章的範例資料夾裡找到使用喔！

1. `<faceMesh_cam.py>`：進行臉部特徵網偵測並繪製特徵點，連戴口罩也可以喔！

2. `<hands_cam.py>`：進行手部偵測並且繪製所有特徵點，單手雙手都沒問題。

3. `<pose_cam.py>`：進行姿勢偵測並且繪製所有特徵點。

4. `<holistic_cam.py>`：進行臉部特徵網、手部及姿勢偵測並繪製所有特徵點。

4. `<objectron_cam.py>` 進行偵測椅子並畫出 3D 結構。

12.2 cvzone 模組：簡單易用多媒體機器學習

cvzone 模組是架構在 MediaPipe 框架上的多媒體機器學習模組，cvzone 簡化了 MediaPipe 程式語法，許多功能只要幾列程式就完成了！此外，cvzone 還擴充了部分 MediaPipe 功能，例如可偵測手掌伸出幾根手指等。

模組名稱	cvzone
模組功能	臉部偵測、手部偵測、姿勢偵測、偵測手指數、偵測手指距離
官方網站	https://github.com/cvzone/cvzone
安裝方式	!pip install cvzone==1.3.7

注意：**cvzone 安裝時請指定 1.3.7 版，使用 cvzone 模組時也要安裝 MediaPipe 模組。**

12.2.1 臉部偵測 (Face Detection)

臉部偵測是找出圖片中是否有人臉，進而框選出人臉位置。cvzone 的臉部偵測功能除了偵測臉部區塊外，還會顯示該人臉的信心指數。

1. 匯入 cvzone 的臉部偵測模組語法為：

```
from cvzone.FaceDetectionModule import FaceDetector
```

2. 建立臉部偵測物件，語法為：

```
偵測變數 = FaceDetector(minDetectionCon= 數值 )
```

● **minDetectionCon**：最小信心指數，其值為 0 到 1 之間，即偵測的人臉信心指數需大於此設定值才視為人臉。預設值為 0.5。

例如偵測變數為 detector：

```
detector = FaceDetector()
```

3. 使用臉部偵測物件的 findFaces() 方法即可進行臉部偵測，語法為：

```
圖片變數 , 區塊變數 = 偵測變數 .findFaces( 圖片變數 )
```

「圖片變數」是要偵測人臉的圖片，「區塊變數」儲存人臉區塊資訊。

例如圖片變數為 img，區塊變數為 bboxs：

```
img, bboxs = detector.findFaces(img)
```

下面為偵測到 2 張人臉時回傳的區塊變數值範例：

```
[{'id': 0, 'bbox': (489, 152, 108, 108), 'score': [0.9761844873428345],
    'center': (543, 206)},
 {'id': 1, 'bbox': (141, 141, 121, 121), 'score': [0.9561395645141602],
    'center': (201, 201)}]
```

第 1 張人臉資訊分析：「id」為索引值，0 表示第 1 張人臉；「bbox」為人臉矩形範圍資料，(489, 152) 為人臉左上角坐標，(108, 108) 為寬及高，「score」為信心指數，「center」為中心點坐標。如此兩列程式就完成人臉偵測及繪製人臉區塊圖形了，簡單吧！

下面程式可偵測圖片中的人臉，並畫出人臉區塊及顯示信心指數。

範例：偵測圖片中的人臉並畫出區塊並顯示信心指數

```
1  # 臉部偵測
2  from cvzone.FaceDetectionModule import FaceDetector
3  import cv2, math
4  from google.colab.patches import cv2_imshow
5
6  dH, dW = 480, 480
7  def resizeimg(image):
8    h, w = image.shape[:2]
9    if h < w:
10     img = cv2.resize(image, (dW, math.floor(h/(w/dW))))
11   else:
12     img = cv2.resize(image, (math.floor(w/(h/dH)), dH))
13   return img
14
15 img = resizeimg(cv2.imread('person1.jpg'))
16 # img = resizeimg(cv2.imread('person2.jpg'))
17 detector = FaceDetector()
18 img, bboxs = detector.findFaces(img)
19 # print('人臉範圍：', bboxs)
20 cv2_imshow(img)
```

程式說明

- 2　　　匯入 cvzone 的臉部偵測模組。
- 6-13　　利用 resizimg() 自訂函式將要圖片等比例縮小到指定的寬高。
- 15-16　讀取圖片。
- 17　　　建立臉部偵測物件。
- 18　　　進行人臉偵測。
- 19　　　顯示人臉偵測傳回值。
- 20　　　顯示圖片。

執行結果：

▲ person1.jpg

▲ person2.jpg

同樣的，本節使用攝影機的程式也可以在本機執行。<faceDetectCV_cam.py> 是 cvzone 使用攝影機偵測人臉的程式，程式碼請使用者自行參考。

12.2.2 臉部特徵網 (Face Mesh)

臉部特徵網是將臉部分為 468 個特徵點，本功能可找到所有特徵點並將其繪出。

1. 建立臉部特徵網偵測物件，語法為：

```
偵測變數 = cvzone.FaceMeshDetector(staticMode= 布林值 ,
    maxFaces= 數值 , minDetectionCon= 數值 , minTrackCon= 數值 )
```

- **static_image_mode**：True 表示靜態圖片，False 表示影片 (預設值)。
- **maxFaces**：設定偵測人臉最多數量。
- **minDetectionCon**：最小偵測信心指數，其值為 0 到 1 之間。預設值為 0.5。
- **minTrackCon**：最小追蹤信心指數，其值為 0 到 1 之間。預設值為 0.5。

例如偵測變數為 detector，偵測靜態圖片，最多偵測 5 張人臉：

```
detector = cvzone.FaceMeshDetector(staticMode=True, maxFaces=5)
```

2. 使用臉部特徵網偵測物件的 findFaceMesh() 方法即可進行臉部偵測，語法為：

```
圖片變數, 特徵網變數 = 偵測變數.findFaceMesh(圖片變數)
```

例如圖片變數為 img，特徵網變數為 faces：

```
img, faces = detector.findFaceMesh(img)
```

下面程式可偵測圖片中的臉部特徵網並畫出所有特徵點：

範例：偵測圖片中的臉部特徵網並畫出所有特徵點

```
1   # 臉部特徵網
2   from cvzone.FaceMeshModule import FaceMeshDetector
3   import cv2, math
4   from google.colab.patches import cv2_imshow
...（略）
15  # img = resizeimg(cv2.imread('person1.jpg'))
16  img = resizeimg(cv2.imread('person2.jpg'))
17  detector = FaceMeshDetector(staticMode=True, maxFaces=5)
18  img, faces = detector.findFaceMesh(img)
19  cv2_imshow(img)
```

執行結果：

▲ person1.jpg

▲ person2.jpg

<faceMeshCV_cam.py> 是在本機執行的程式，會開啟攝影機進行臉部特徵網偵測並繪製所有特徵點。

‖ 12.2.3 手部偵測 (HandTrack)

手部偵測可偵測人類手掌，每個手指分為 4 個特徵點，另在手掌基部有一特徵點將 5 個手指特徵點連在一起，共計 21 個特徵點。本功能可找到所有特徵點並將其繪出。

1. 建立手部偵測物件，語法為：

```
偵測變數 = cvzone.HandDetector(mode= 布林值 , maxHands= 數值 ,
   detectionCon= 數值 , minTrackCon= 數值 )
```

- **mode**：True 表示啟動追蹤模式，False 表示不追蹤。預設值為 True。
- **maxHands**：設定偵測手掌的最多數量。
- **detectionCon**：最小偵測信心指數，其值為 0 到 1 之間。預設值為 0.5。
- **minTrackCon**：最小追蹤信心指數，其值為 0 到 1 之間。預設值為 0.5。

例如偵測變數為 detector，不啟動追蹤模式 (偵測靜態圖片)，最小偵測信心指數為 0.5，最多偵測 2 個手掌：

```
detector = cvzone.HandDetector(mode=False, detectionCon=0.5, maxHands=2)
```

2. 使用手部偵測物件的 findHands() 方法即可進行手部偵測，語法為：

```
圖片變數 = 偵測變數 .findHands( 圖片變數 , draw= 布林值 )
```

- **draw**：True 表示畫出手部特徵點圖形，False 表示不繪圖。預設值為 True。

例如圖片變數為 img：

```
img = detector.findHands(img)
```

下面程式可偵測圖片中的手部並畫出所有特徵點：

範例：偵測手部位置並畫出特徵點

```
1  # 手部偵測
2  from cvzone.HandTrackingModule import HandDetector
3  import cv2, math
4  from google.colab.patches import cv2_imshow
... ( 略 )
15 img = resizeimg(cv2.imread('hand1.jpg'))
16 # img = resizeimg(cv2.imread('hand2.jpg'))
17 detector = HandDetector(mode=False, detectionCon=0.5, maxHands=2)
18 img = detector.findHands(img)
19 cv2_imshow(img)
```

執行結果：

▲ hand1.jpg

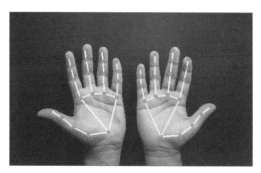

▲ hand2.jpg

<handTrack_cam.py> 是在本機執行的程式，會開啟攝影機進行手部偵測並繪製所有特徵點。

12.2.4 手部狀態偵測 (HandProperty)

手部狀態偵測是 cvzone 由手部偵測功能擴展而來，MediaPipe 無此功能。

1. 手部狀態偵測共分三部分：偵測左右手、伸出手指數及任兩特徵點的距離。

2. 手部狀態偵測實作也是先偵測手部：

```
偵測變數 = cvzone.HandDetector(mode= 布林值 , maxHands= 數值 ,
    detectionCon= 數值 , minTrackCon= 數值 )
圖片變數 = 偵測變數 .findHands( 圖片變數 )
```

3. 接著以偵測變數的 findPosition() 方法取得手部資訊，語法為：

```
特徵串列變數 , 區塊資訊變數 = 偵測變數 .findPosition( 圖片 , draw= 布林值 )
```

● **draw**：True 表示畫出圖形，False 表示不繪圖。預設值為 True。

例如特徵串列變數為 lmList，區塊資訊變數為 bboxInfo，圖片為 img：

```
lmList, bboxInfo = detector.findPosition(img)
```

特徵串列變數儲存 21 個特徵點的坐標，下面是一個特徵串列變數值的範例：

```
[[0, 230, 488], [1, 171, 461], [2, 136, 406], [3, 122, 352],
```

```
[4, 101, 316], [5, 185, 325], [6, 168, 258], [7, 161, 216],
[8, 159, 180], [9, 227, 319], [10, 226, 240], [11, 224, 191],
[12, 224, 150], [13, 266, 332], [14, 276, 261],
[15, 280, 213], [16, 285, 172], [17, 302, 358],
[18, 320, 305], [19, 329, 272], [20, 336, 239]]
```

21 個特徵點的位置與其對應的常數名稱如下圖：

區塊資訊變數 bboxInfo 是字典，內容包含手部矩形範圍及中心點坐標，例如：

```
{'id': 20, 'bbox': (359, 80, 232, 274), 'center': (475, 217)}
```

較常用的資訊是手部矩形範圍，取出手部矩形範圍的語法為：

```
區塊變數 = 區塊資訊變數 ['bbox']
```

4. 區塊變數儲存手掌區塊的左上角坐標及區塊的長、寬。

偵測左右手

偵測左右手的語法為：

```
左右手變數 = 偵測變數 .handType()
```

例如左右手變數為 myHandType：

```
myHandType = detector.handType()
```

傳回值為「Left」(左手) 或「Right」(右手)。

經過實測，發現若圖片為手掌則判斷結果正確，若為手背則結果相反。

偵測伸出手指數

偵測伸出手指數的語法為：

```
手指數變數 = 偵測變數 .fingersUp ()
```

例如手指數變數為 fingers：

```
fingers = detector.fingersUp()
```

傳回值為含有 5 個元素的串列，元素值依序代表姆指、食指、中指、無名指、小指狀態：0 表示手指未伸出，1 表示手指為伸出狀態。例如傳回值為：

```
[1, 1, 0, 0, 0]
```

表示伸出姆指及食指。

要取得伸出手指數可用 count 函式計算元素值為 1 的元素個數，語法為：

```
手指數變數 .count(1)
```

偵測任兩特徵點距離

偵測任兩特徵點距離的語法為：

```
距離變數 , 圖片 , 資訊變數 = 偵測變數 .findDistance( 特徵點 1, 特徵點 2, 圖片 )
```

例如距離變數為 distance，圖片為 img，資訊變數為 info，計算食與中指尖的距離：

```
distance, img, info = detector.findDistance(8, 12, img)
```

距離變數的值就是兩特徵點的距離。

範例：偵測圖片中手部狀態

下面程式可偵測圖片中的手部並顯示左右手、伸出手指數及食指尖與中指尖的距離。

請由 Unsplash 網站的 https://unsplash.com/photos/fYTfOzaRVWw 下載圖片並名命名「hand3.jpg」；由 https://unsplash.com/photos/rhcllVy2zBU 下載圖片並名命名「hand4.jpg」。

```
1   #手部狀態偵測
2   from cvzone.HandTrackingModule import HandDetector
```

```
3   import cv2, math
4   from google.colab.patches import cv2_imshow
... (略)
15  img = resizeimg(cv2.imread('hand3.jpg'))
16  # img = resizeimg(cv2.imread('hand4.jpg'))
17  detector = HandDetector(mode=False, detectionCon=0.5)
18  img = detector.findHands(img)
19  lmList, bboxInfo = detector.findPosition(img)
20  #print('特徵點:', lmList)
21  if lmList:
22    bbox = bboxInfo['bbox']
23    # 左右手
24    myHandType = detector.handType()
25    cv2.putText(img, 'Hand:{}'.format(myHandType), (bbox[0],
              bbox[1]-25), cv2.FONT_HERSHEY_PLAIN, 1, (255, 0, 0), 2)
26
27    # 伸出手指數
28    fingers = detector.fingersUp()
29    #print(fingers)
30    upFingers = fingers.count(1)
31    cv2.putText(img, 'Finger:{}'.format(upFingers), (bbox[0]+100,
              bbox[1]-25), cv2.FONT_HERSHEY_PLAIN, 1, (0, 255, 0), 2)
32
33    # 兩特徵點距離
34    distance, img, info = detector.findDistance(8, 12, img) #食指與中指
35    cv2.putText(img, 'Dist:{}'.format(str(int(distance))),
        (bbox[0]+200, bbox[1]-25), cv2.FONT_HERSHEY_PLAIN, 1, (0, 0, 255), 2)
36
37  cv2_imshow(img)
```

程式說明

- 18　　　進行手部狀態偵測。
- 20　　　列印 21 個特徵點坐標。
- 22　　　取得手部矩形範圍。
- 24-25　判斷左右手,在手部矩形範圍左上方顯示判斷左右手結果。
- 28　　　偵測伸出手指。
- 29　　　列印伸出手指串列。
- 30-31　計算伸出手指數目,在手部矩形範圍上方中間顯示伸出手指數目。
- 34　　　偵測食指與中指距離,在手部矩形範圍右上方顯示食指與中指距離。

執行結果：

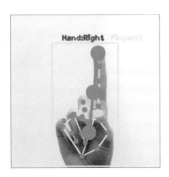

▲ hand3.jpg

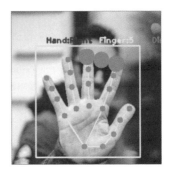

▲ hand4.jpg

<handProperty_cam.py> 是在本機執行的程式，會開啟攝影機進行手部偵測並顯示左右手、伸出手指數及食指尖與中指尖的距離。

▌ 12.2.5 姿勢偵測 (Pose)

姿勢偵測可偵測臉部、身體及四肢特徵點。

1. 建立姿勢偵測物件，語法為：

```
偵測變數 = cvzone.PoseDetector(mode= 布林值 , smooth= 布林值 ,
    detectionCon= 數值 , trackCon= 數值 )
```

- **mode**：True 表示啟動追蹤模式，False 表示不追蹤。預設值為 False。
- **smooth**：設定是否使用平滑模式。預設值為 True。
- **detectionCon**：最小偵測信心指數，其值為 0 到 1 之間。預設值為 0.5。
- **TrackCon**：最小追蹤信心指數，其值 0 為到 1 之間。預設值為 0.5。

例如偵測變數為 detector：

```
detector = cvzone.PoseDetector()
```

2. 使用姿勢偵測物件的 findPose() 方法即可進行姿勢偵測，語法為：

```
圖片變數 = 偵測變數 .findPose( 圖片變數 )
```

例如圖片變數為 img：

```
img = detector.findPose(img)
```

下面程式可偵測圖片中的姿勢並畫出所有特徵點。

範例：偵測圖片中的姿勢並畫出所有特徵點

```
1   # 姿勢偵測
2   from cvzone.PoseModule import PoseDetector
3   import cv2, math
4   from google.colab.patches import cv2_imshow
... (略)
15  img = resizeimg(cv2.imread('pose1.jpg'))
16  # img = resizeimg(cv2.imread('pose2.jpg'))
17  detector = PoseDetector()
18  img = detector.findPose(img)

19  cv2_imshow(img)
```

執行結果：

▲ pose1.jpg

▲ pose2.jpg

<poseCV_cam.py> 是在本機執行的程式，會開啟攝影機進行姿勢偵測並繪製所有特徵點。

‖ 12.2.6 應用：手勢控制音樂播放

cvzone 模組可以偵測伸出手指的數目，我們可以利用攝影機偵測伸出手指數目來播放指定的音樂。**注意：本應用在本機執行。**

pygame 模組播放音樂

Python 播放音樂可使用 pygame 的 mixer 模組。首先安裝 pygame 模組：

```
pip install pygame
```

然後匯入 pygame 的 mixer 模組：

```
from pygame import mixer
```

mixer 模組的功能很多，此處僅說明本應用使用的功能。播放音樂的第一步是載入音樂檔案，語法為：

```
mixer.music.load( 音樂檔案路徑 )
```

音樂檔案載入後就可進行播放了，語法為：

```
mixer.music.play(loops= 數值 )
```

■ **loop**：播放次數。若設為「-1」，表示一直循環播放不會停止。

停止播放音樂的語法為：

```
mixer.music.stop()
```

手勢控制音樂播放程式

本應用使用攝影機偵測使用者伸出手指數目，手指數目為 1 到 4 分別播放第 1 到 4 首音樂，手指數目為 5 則停止播放。任何時間按 **q** 鍵就結束程式。

程式碼：handMusic.py

```
1 from cvzone.HandTrackingModule import HandDetector
2 import cv2
3 from pygame import mixer
4 import glob
5
6 def playmp3(playsong): # 播放新曲
7     mixer.music.stop()
```

```
 8      mixer.music.load(playsong)
 9      mixer.music.play(loops=-1)
10
11 mp3files = glob.glob('mp3\*.mp3')
12 premusic = -1
13 count = 0
14 mixer.init()
15
16 cap = cv2.VideoCapture(0)
17 detector = HandDetector(minTrackCon=0.5, maxHands=2)
18
19 while True:
20     success, img = cap.read()
21     img = cv2.flip(img, 1)
22     img = detector.findHands(img)
23     lmList, bboxInfo = detector.findPosition(img)
24
25     if lmList:
26         bbox = bboxInfo['bbox']
27         fingers = detector.fingersUp()
28         totalFingers = fingers.count(1)
29         if totalFingers>0 and totalFingers<5:
30             if (totalFingers-1) != premusic:  #手指數有改變
31                 if count>=3:  #連續 3 次手指數相同
32                     playmp3(mp3files[totalFingers-1])
33                     premusic = totalFingers-1
34                 else:  #相同手指數加 1
35                     count += 1
36             else:
37                 count = 0   #手指數歸零
38         elif totalFingers==5:
39             mixer.music.stop()
40             premusic = -1
41             count = 0
42
43     cv2.imshow("Image", img)
44     if cv2.waitKey(1) & 0xFF == ord('q'):
45         mixer.music.stop()
46         break
47
48 cap.release()
49 cv2.destroyAllWindows()
```

程式說明

▦ 6-9	重新開始播放一首音樂。
▦ 7	停止原來播放中的音樂。
▦ 8	載入音樂檔案。
▦ 9	無限循環播放音樂。
▦ 11	讀取 <mp3> 資料夾中所有音樂檔案。
▦ 12	premusic 記錄先前播放音樂的索引，用來比對目前使用者要播放的音樂是否相同。
▦ 13	count 記錄使用者相同手指數目的次數。因程式執行速度很快，偶而會辨識錯誤，造成誤判，故使用者相同手指數目的次數達 3 次以上，才視為有效手指數目。
▦ 14	啟始化音樂播放器。
▦ 29	若手指數目為 1 到 4 才執行 30-37 列程式播放對應的音樂。
▦ 30	若手指數目有改變才執行 31-35 列程式。
▦ 31-33	若相同手指數目達 3 次就播放指定音樂，並設先前播放音樂索引的值 (premusic) 為目前音樂索引。
▦ 34-35	若相同手指數目未達 3 次就將相同手指數加 1。
▦ 36-37	若手指數目沒有改變就將 count 歸零。
▦ 38-41	若手指數目為 5 就停止播放音樂。
▦ 44-46	使用者按 q 鍵就結束程式。

執行結果：

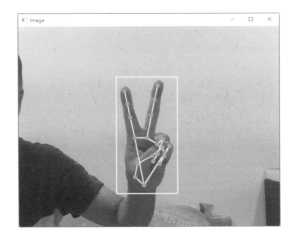

13

無程式碼機器學習

- ⊙ Teachable Machine：線上模型訓練
  Teachable Machine 圖片機器學習模型
  使用 Teachable Machine 模型
  應用：在攝影機中控制圓點移動
- ⊙ Lobe ai：本機模型訓練
  Lobe ai 圖片機器學習模型
  使用 Lobe ai 模型
  應用：在攝影機中控制滑鼠移動

13.1 Teachable Machine：線上模型訓練

Google 發展了無程式碼機器學習工具 Teachable Machine，讓使用者在不需要專業知識和撰寫程式碼的情況下，能簡單地訓練機器學習模型，並以一鍵操作的方式訓練模型，並讓使用者下載模型自行運用。

訓練機器學習模型最重要的是準備訓練資料，在 Teachable Machine 中，用戶可以上傳自己的資料檔案，或是以攝影機以及麥克風即時捕捉資料。

13.1.1 Teachable Machine 圖片機器學習模型

準備訓練資料

開啟 Teachable Machine 首頁「https://teachablemachine.withgoogle.com/」，按右上角 **Get Started** 鈕開始使用。

目前 Teachable Machine 只能訓練「分類」模型。可訓練三種類型分類模型：「Image Project」是圖片分類，「Audio Project」是聲音分類，「Pose Project」是姿態分類。此處示範圖片分類：點選 **Image Project**。

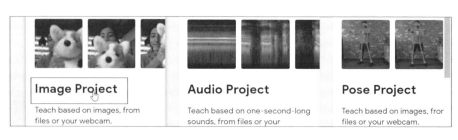

點選適用一般狀況的 **Standard image model**。

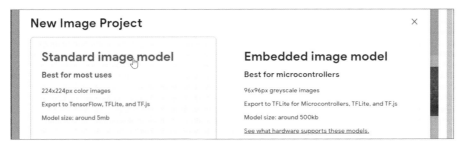

設定分類名稱：點選 **Class1**，將名稱改為第一個分類名稱「normal」。

準備訓練資料：**Webcam** 是以攝影機拍攝圖片做為訓練圖片，**Upload** 是將準備好的圖片上傳做為訓練資料。此處以 **Webcam** 建立圖片：點選 **Webcam**。

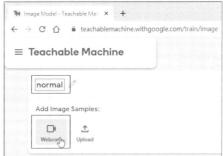

按 **Hold to Record** 右方 ⚙ 鈕可設定拍攝參數：預設是以按住 **Hold to Record** 鈕拍攝，每秒拍 24 張圖片。可以切換 **Hold to Record** 項目為 **OFF** 改成拍攝固定時間圖片：預設為延遲 2 秒開始拍攝，共拍攝 6 秒。我們使用 **Hold to Record** 方式拍攝：按 **Cancel** 鈕關閉對話方塊。

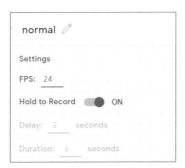

第一個類別是背景圖片，即沒有偵測物體的圖片：在 **Hold to Record** 鈕按住滑鼠左鍵就會以每秒 24 張圖片拍攝，拍攝張數可自行決定，建議要超過百張。拍攝時最好前後移動，頭也適度擺動，拍攝各種角度圖片。

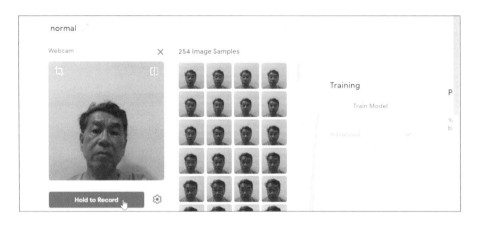

接著將第二個分類名稱改為「left」，然後拍攝杯子的圖片。拍攝時最好要前後移動，杯子盡量佔大部分畫面，拍攝涵蓋角度越多，圖片越多，模型效果越好；但圖片越多，訓練的時間也會越長，模型越大。(此分類及下一個「right」分類是本模型主要偵測類別，因此圖片數量可以多一些，效果較好。)

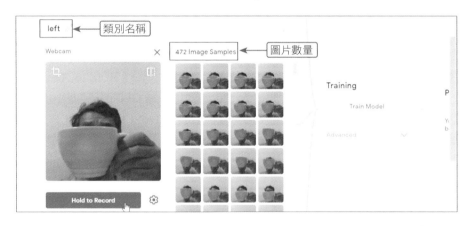

再點選 **Add a class** 鈕增加一個類別，將第三個分類名稱改為「right」，然後拍攝罐子的圖片，圖片數量最好與「left」分類接近。

如此訓練資料就準備完成了！

訓練模型

資料準備好之後，就可以開始訓練模型了！

如果要自行調整訓練參數，點選 **Advanced**：

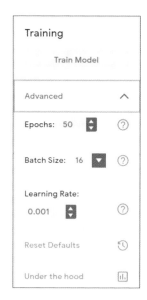

■ **Epochs**：機器學習的訓練次數。

■ **Batch Size**：一次處理的資料筆數。

■ **Learning Rate**：每次學習的學習速率。

我們以預設參數進行訓練：點選 **Train Model** 鈕開始訓練，訓練需一段時間，當按鈕文字變成 **Model Trained** 表示訓練完成。

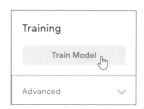 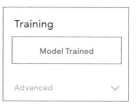

右方畫面預設是 **Preview**，會在攝影機畫面下方顯示目前圖片的類別百分率。

‖ 13.1.2 使用 Teachable Machine 模型

訓練好的模型可以下載後在程式中自行運用：點選 Preview 右方的 **Export Model** 鈕。Teachable Machine 可以輸出許多種類模型檔案，較常用的是 Tensorflow 的 Keras 模型，然後按 **Download my model** 鈕下載模型檔案。

解壓縮下載的 <converted_keras.zip> 檔可得到 <keras_model.h5> 及 <labels.txt>：<keras_model.h5> 為模型檔，因其檔名固定，為了避免不同模型會混淆，建議改為較有意義的名稱，例如 <left_right.h5>；<labels.txt> 檔記錄類別名稱，例如此處 <labels.txt> 的內容為：

```
0 normal
1 left
2 right
```

模型頁面下方是 Teachable Machine 提供的範例程式碼，按右方 **Copy** 鈕可複製全部程式碼。

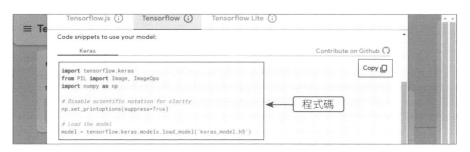

在程式中使用模型

在 Python 中要使用 Teachable Machine 模型，需先安裝下列模組：

```
pip install tensorflow keras absl-py protobuf opt_einsum
    gast astunparse termcolor flatbuffers keras_preprocessing
```

下面是官網提供的程式碼：(僅修改了第 9 及 17 列的模型檔名稱及圖片檔名，及註解了第 28 列程式，28 列程式為顯示圖片。)

程式碼：**TM1.py**

```
1 import tensorflow.keras
2 from PIL import Image, ImageOps
3 import numpy as np
4
5 # Disable scientific notation for clarity
6 np.set_printoptions(suppress=True)
7
8 # Load the model
9 model = tensorflow.keras.models.load_model('left_right.h5')
10
11 # Create the array of the right shape to feed into the keras model
12 # The 'length' or number of images you can put into the array is
13 # determined by the first position in the shape tuple, in this case 1.
14 data = np.ndarray(shape=(1, 224, 224, 3), dtype=np.float32)
```

```
15
16 # Replace this with the path to your image
17 image = Image.open('right1.jpg')
18
19 #resize the image to a 224x224 with the same strategy as in TM2:
20 #resizing the image to be at least 224x224 and then cropping from the center
21 size = (224, 224)
22 image = ImageOps.fit(image, size, Image.ANTIALIAS)
23
24 #turn the image into a numpy array
25 image_array = np.asarray(image)
26
27 # display the resized image
28 #image.show()
29
30 # Normalize the image
31 normalized_image_array = (image_array.astype(np.float32) / 127.0) - 1
32
33 # Load the image into the array
34 data[0] = normalized_image_array
35
36 # run the inference
37 prediction = model.predict(data)
38 print(prediction)
```

程式說明

- 9　　　　載入模型檔。
- 17　　　　讀取罐子類別的圖片。
- 21-22　　將圖片尺寸轉為 224X224，這是模型的圖片尺寸。
- 28　　　　顯示圖片。執行時顯示圖片會讓程式感覺中斷，因此將其註解不執行。
- 31　　　　正規化（將數值轉為 -1 到 1 之間），如此會大幅提升預測正確率。
- 37-38　　進行預測並顯示預測結果。

執行結果：

```
[[0.00000071 0.00000879 0.99999046]]
```

預測結果是每一個類別的機率串列，上面結果可看到第三個元素的機率最大，故其
類別為「right」，即為罐子的圖片。

儲存及載入專案

建立好的專案可以儲存起來,以便將來重複使用或修改,不必再重頭建立訓練資料。
Teachable Machine 可將專案存於本機或 Google 雲端硬碟:按左上角 **功能** ☰ 鈕:

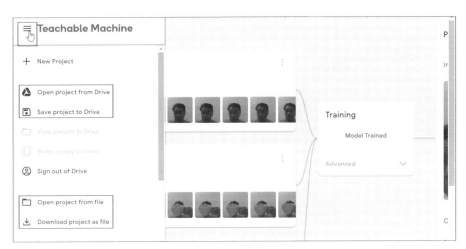

- **Save project to Drive**:將專案存於雲端硬碟。

- **Download project as File**:將專案存於本機。

- **Open project from Drive**:由雲端硬碟載入專案。

- **Open project from File**:由本機檔案載入專案。

儲存的專案檔案名稱固定為 <project.tm>,最好改為有意義的檔名便於未來使用,例
如:<left_right.tm>。

13.1.3 應用：在攝影機中控制圓點移動

本應用是使用前一小節的模型撰寫程式來控制攝影機畫面中的藍色小圓點左右移動。因是使用攝影機，本應用在本機執行。

本應用執行首先開啟攝影機，每 0.2 秒鐘偵測一次，若為杯子圖形則藍色小圓點會左移 10 像素，若為罐子圖形則藍色小圓點會右移 10 像素，其他情況則藍色小圓點不移動。按 **q** 鍵結束程式。

本應用程式碼：

程式碼：cam_control.py

```
1 import numpy as np
2 import cv2
3 from time import sleep
4 import tensorflow.keras
5
6 labels = ['normal','left','right']
7 current_x = 300
8 move = 10
9 model = tensorflow.keras.models.load_model('left_right.h5')
10
11 cap = cv2.VideoCapture(0)
12 width = int(cap.get(cv2.CAP_PROP_FRAME_WIDTH))
13 while True:
14     success, image = cap.read()
15     if success == True:
16         data = np.ndarray(shape=(1, 224, 224, 3), dtype=np.float32)
17         image = cv2.flip(image,1) #左右反轉
```

```
18          img = cv2.resize(image,(224,224))
19          img = np.array(img,dtype=np.float32)
20          img = np.expand_dims(img,axis=0)
21          img = (img/127.0) - 1 # 正規化
22          data[0] = img
23
24          prediction = model.predict(data) # 預測
25          predicted_class = np.argmax(prediction[0], axis=-1)
26          predicted_class_name = labels[predicted_class]
27          print(current_x, predicted_class_name)
28
29          if predicted_class_name == 'left':
30              current_x -= move
31              if current_x < 0:
32                  current_x = 0
33          elif predicted_class_name == 'right':
34              current_x += move
35              if current_x > width:
36                  current_x = width
37          cv2.putText(image, 'O', (current_x,100),
                cv2.FONT_HERSHEY_PLAIN, 0.4, (255, 0, 0), cv2.LINE_AA)
38          cv2.imshow("Frame",image)
39          sleep(0.2)
40
41      if cv2.waitKey(1) & 0xFF == ord('q'):
42          break
43
44 cap.release()
45 cv2.destroyAllWindows()
```

程式說明

- 6 　　　建立類別名稱串列：這些名稱需依據下載的 <labels.txt> 內容建立。

- 7 　　　current_x 為藍色小圓點的起始位置。

- 8 　　　move 為藍色小圓點每次移動的距離。

- 9 　　　讀取模型。

- 11 　　　開啟攝影機。

- 12 　　　取得攝影機畫面的寬度做為藍色小圓點右方移動的邊界。

- 13-39 　不斷處理攝影機畫面。

- 14 　　　讀取攝影機畫面。

- 17　　　 opencv 的攝影機畫面左右與實際相反，因此將其左右反轉。
- 18　　　 將圖片尺寸轉為 224X224 以符合模型要求。
- 21　　　 圖片資料正規化。
- 24　　　 進行預測。
- 25　　　 找到機率串列中最大值的索引。
- 26　　　 取得預測類別名稱。
- 27　　　 顯示藍色小圓點位置及類別名稱。
- 29-30　 若類別名稱是「left」就將藍色小圓點左移 10 像素。
- 31-32　 若藍色小圓點位置小於 0 就將其設為 0。
- 33-34　 若類別名稱是「right」就將藍色小圓點右移 10 像素。
- 35-36　 若藍色小圓點位置大於畫面寬度就將其設為畫面寬度。
- 37　　　 印字母「O」做為藍色小圓點。
- 39　　　 每 0.2 秒拍攝一個畫面。
- 41-42　 若使用者按「q」鍵就跳出無窮迴圈。
- 44-45　 關閉攝影機及視窗。

訓練資料的分類物品最好佔據大部分畫面

建立訓練資料時，使用分類物品佔據畫面越多，模型分辨的效果越好。另外，在 preview 頁面的執行效果會比在程式中好，所以在 preview 頁面效果僅能做為參考。筆者最初是以頭向左、右看做為分類，也試過以舉起左、右手做分類，在 preview 頁面效果都不錯，但在程式中執行分類效果就很差。訓練的模型應在程式中執行才有實際用途，故務必要在程式中實測。

13.2 Lobe ai：本機模型訓練

Lobe ai 是微軟開發的免費桌機版機器學習訓練工具，微軟表示透過他們提供的介面就能進行深度學習訓練，開發者無須撰寫程式，或者擁有專業知識，藉由簡單易懂的圖像化工具，就能為應用程式加入圖片機器學習功能。

Lobe ai 不需要使用網路，適用於網路速度較慢的環境，尤其是對於大量學習者的電腦教學特別有利。

13.2.1 Lobe ai 圖片機器學習模型

安裝 Lobe ai

開啟 Lobe ai 首頁「https://lobe.ai/」，目前只有圖片分類功能可用，物件偵測與資料分類功能尚未推出。按右上角 **Download** 鈕。

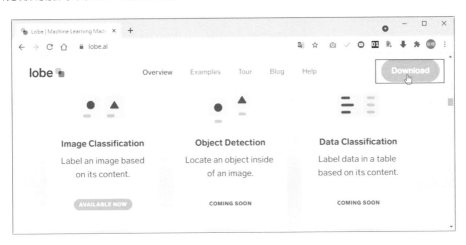

接著輸入姓名、電子郵件、國家及核選同意隱私權核選方塊後按 **Download** 鈕就會下載安裝檔。

於下載的 <Lobe.exe> 安裝檔按滑鼠左鍵兩下開始安裝，所有選項都使用預設值，一段時間後即可安裝完成。

準備訓練資料

開啟 Lobe ai 應用程式，點選左下角 **New Project** 鈕建立新專案。新專案名稱預設為「Untitled」，點選專案名稱即可修改，將其修改為「left_right」，此時頁面為 **Label**，此為建立訓練資料頁面，按 **Import** 鈕開始建立訓練資料。

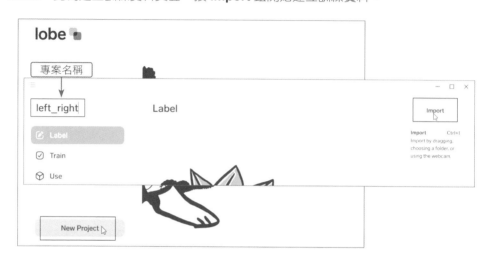

有三種建立資料的方式：

- **Images**: 由本機上傳已準備好的圖片。
- **Camera**: 使用攝影機拍照。
- **Dataset**: 上傳已整理好的資料集。

此處以 **Camera** 建立圖片：點選 **Camera**。

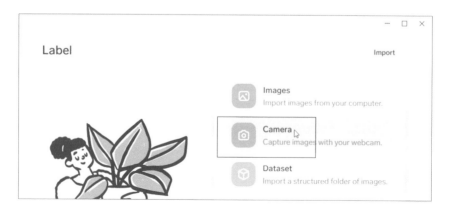

按畫面下方 ⬤ 鈕可拍攝圖片，若按住不放就會連續拍攝。

第一個類別是背景圖片，即沒有偵測物體的圖片：Lobe ai 號稱只要 5 張以上圖片就可進行訓練，但還是多拍一些圖片可提升模型辨識效果。連續拍攝一些人頭照及空白照做為背景圖片。

接著拍攝第二個分類「杯子」的圖片。拍攝時最好要前後移動，杯子盡量佔大部分畫面，拍攝涵蓋角度越多，圖片越多，模型效果越好；但圖片越多，訓練的時間也會越長，模型越大。(此分類及下一個「right」分類是本模型主要偵測類別，因此圖片數量可以多一些，效果較好。)

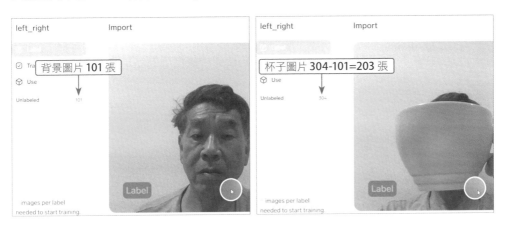

再拍攝第三個分類「罐子」的圖片。(此處拍攝 202 張)

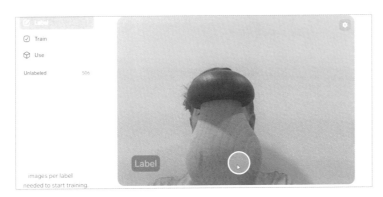

所有圖片已拍攝完畢，按 **Done** 鈕完成拍攝。

選取圖片的方法：按住 **CTRL** 鍵再點選圖片可選取不連續圖片，按住 **SHIFT** 鍵再點選圖片可選取連續圖片。

刪除圖片：可以檢視所有圖片，如果有模糊不清或不滿意的圖片，可在該圖片按滑鼠右鍵，於快顯功能表點選 **Delete Image** 即可刪除該圖片。

為圖片加上標籤：點選第一張罐子圖片，按住 **SHIFT** 鍵再點選最後一張罐子圖片，就會選取所有罐子圖片。點選任何一張照片左下角標籤名稱，將名稱改為「right」，就可以一次全部修改好。

然後以同樣方式為所有杯子圖片加上「left」標籤，為所有背景圖片加上「normal」標籤。如此訓練資料就準備完成了！

訓練模型

Lobe ai 訓練模型會自動進行：只要建立了第二個類別並加上標籤後，Lobe ai 就會自動開始訓練了。訓練速度和您的電腦規格及圖片數量有關，通常在 5 到數十分鐘之間。

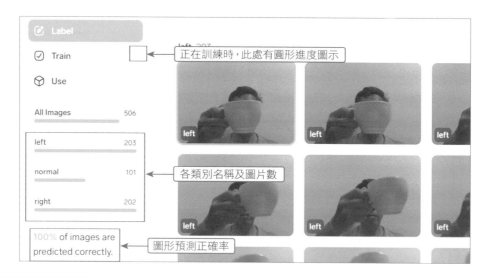

測試模型

點選左方 Use 項目可對模型進行測試，有兩種測試方式：

- **Images**：上傳圖片進行測試。
- **Camera**：開啟攝影機進行拍攝測試。

以攝影機測試為例：圖片左下角會顯示預測結果。使用者可以僅查看預測結果，也可以將目前圖片加入訓練資料：如果預測結果正確，按右下角 ☑ 鈕可直接加入訓練資料；如果預測結果錯誤，按右下角 ⊘ 鈕會讓使用者選擇正確類別，修正類別後會加入訓練資料。

只要訓練資料有任何改變，系統會自動重新訓練模型。這是 Lobe ai 最強悍的功能，使用者可隨時修正訓練資料，不斷增加模型的正確率。

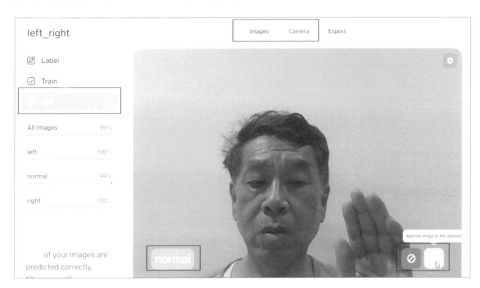

13.2.2 使用 Lobe ai 模型

如果要在程式中使用訓練好的模型，必須將其下載到本機：點選右上方的 **Export** 鈕。Lobe ai 可以輸出許多種類模型檔案，較常用的是 Tensorflow 模型，點選 **Model Files** 項目 **TensorFlow** 的 **Export** 鈕。

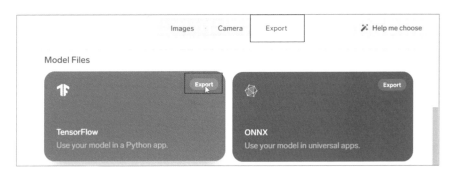

於 **選擇資料夾** 對話方塊選取要儲存模型的本機資料夾，再於確認優化模型對話方塊按 **Optimize & Export** 鈕下載優化的模型檔 (若按 **Just Export** 鈕則未優化)，經數分鐘等待，再按 **Done** 鈕完成下載。

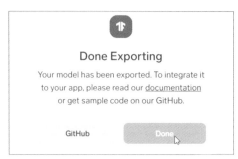

正確性優化與速度優化

Lobe ai 的模型優化分為正確性優化與速度優化，預設值為「正確性優化」。如果要更改為速度優化，可按左上角 ☰ 圖示，點選 **Project Settings**，再於對話方塊點選 **Optimize for Speed**。

模型檔案結構

下載的模型是一個資料夾，資料夾名稱為專案名稱：

<saved_model.pb> 是模型檔，檔案名稱不可以改變。

<labels.txt> 檔記錄類別名稱，例如此處 <labels.txt> 的內容為：

```
left
normal
right
```

<signature.json> 簽名檔的資料格式為字典，記錄模型各種資訊。

<example> 資料夾中的 <tf_example.py> 是使用模型的範例程式，此程式僅能在 **命令提示字元** 視窗使用，語法為：

```
python tf_example.py 圖片檔路徑
```

將 本 章 範 例 <left1.jpg>、<right1.jpg>、<normal.jpg> 三 個 圖 形 檔 複 製 到 <tf_example.py> 所在的 <example> 資料夾。開啟**命令提示字元** 視窗，切換到 <tf_example.py> 所在的 <example> 資料夾，執行下面命令：

```
python tf_example.py right1.jpg
```

執行結果為：

```
Predicted: {'predictions': [{'label': 'right', 'confidence': 1.0},
{'label': 'left', 'confidence': 0.0}, {'label': 'normal', 'confidence': 0.0}]]
```

可看到「right」的信心指數最大，所以此圖片為「right」類別。

在程式中使用模型

自動產生的 <tf_example.py> 範例檔不符合在程式中自由運用模型的需求，必須自行撰寫程式使用 Lobe ai 模型。

首先分析 <signature.json> 中的重要資訊。「inputs」記錄輸入圖形的資料：輸入圖形為 224X224 的彩色圖片。

```
"inputs": {"Image": {"dtype": "float32", "shape": [null, 224, 224, 3],
          "name": "Image:0"}}
```

「outputs」記錄模型預測後輸出的資料：預測各類別的信心指數。

```
"outputs": {"Confidences": {"dtype": "float32", "shape": [null, 3],
            "name": "daf6bad2-363d-47bb-……"}}
```

「classes」記錄模型類別名稱。

```
"classes": {"Label": ["left", "normal", "right"]}
```

接著是讀取模型檔的語法為：

```
模型變數 = tf.saved_model.load( 模型檔資料夾路徑 )
```

注意此處參數為「模型檔資料夾路徑」，並未包含模型檔名稱，模型檔名稱一定要使用 <saved_model.pb>。如果模型檔與 Python 程式檔在相同資料夾，模型檔資料夾路徑使用「"."」。

最後就可以使用模型變數進行預測，語法為：

```
模型變數 .signatures["serving_default"](tf.constant( 圖片 ))['Confidences'][0]
```

傳回值是各類別的信心指數串列，即 <signature.json> 檔中「outputs」的輸出資料，例如：

```
tf.Tensor([0. 0. 1.], shape=(3,), dtype=float32)
```

上面第 3 個信心指數最大，故為「right」類別。

下面程式會顯示指定圖片的類別名稱。

程式碼：**lobe.py**

```
 1 import json
 2 import numpy as np
 3 import tensorflow as tf
 4 from PIL import Image
 5 import cv2
 6
 7 with open("signature.json", "r") as f:
 8     signature = json.load(f)
 9 inputs = signature.get('inputs')
10 labels = signature.get('classes')['Label']
11 #print(labels)
12
```

```
13 input_width, input_height = inputs["Image"]["shape"][1:3]
14 image = cv2.imread('example/right1.jpg')
15 image = Image.fromarray(cv2.cvtColor(image,cv2.COLOR_BGR2RGB))
16 image = image.resize((input_width, input_height))
17 image = np.asarray(image, dtype=np.float32) / 255.0
18 image = np.expand_dims(image, axis=0)
19
20 model = tf.saved_model.load('.')
21 predict = model.signatures["serving_default"](tf.constant(image))['Confidences'][0]
22 index = np.argmax(predict, axis=-1)
23 classname = labels[index]
24 print(classname)
```

程式說明

- 7-8   讀取 <signature.json> 檔案內容。
- 9   讀取機器學習模型輸入圖片資訊。
- 10   讀取類別名稱。
- 13   取得機器學習模型圖片的寬度及高度。
- 14   讀取罐子類別的圖片。
- 15-18 將圖片格式轉換為機器學習模型的圖片格式。
- 20   載入模型檔。（模型檔與本程式在相同資料夾）
- 21   進行預測。
- 22   找出信心指數最大類別的串列索引。
- 23-24 取得預測類別名稱並顯示。

執行結果：

```
right
```

13.2.3 應用：在攝影機中控制滑鼠移動

本應用是使用前一小節的 Lobe ai 模型撰寫程式以攝影機來控制滑鼠左右移動。因是使用攝影機，本應用在本機執行。若尚未安裝 pyautogui 模組請以「pip install pyautogui」安裝。

本應用執行首先開啟攝影機，每 0.2 秒鐘偵測一次，若為杯子圖形則滑鼠會左移 10 像素，若為罐子圖形則滑鼠會右移 10 像素，其他情況則滑鼠不移動。滑鼠移動範圍為螢幕。按 **q** 鍵可以結束程式。

本應用程式碼：

程式碼：**lobe_cam.py**

```
 1 import numpy as np
 2 import cv2
 3 from time import sleep
 4 import json
 5 import tensorflow as tf
 6 from PIL import Image
 7 import pyautogui
 8
 9 current_x = 300
10 move = 10
11 width, _ = pyautogui.size()
12
13 with open("signature.json", "r") as f:
14     signature = json.load(f)
15 inputs = signature.get('inputs')
16 labels = signature.get('classes')['Label']
17 #print(labels)
```

```
18
19 model = tf.saved_model.load('.')
20 input_width, input_height = inputs["Image"]["shape"][1:3]
21
22 cap = cv2.VideoCapture(0)
23 while True:
24     success, image = cap.read()
25     if success == True:
26         image = cv2.flip(image,1) #左右反轉
27         img = Image.fromarray(cv2.cvtColor(image,cv2.COLOR_BGR2RGB))
28         img = img.resize((input_width, input_height))
29         img = np.asarray(img, dtype=np.float32) / 255.0
30         img = np.expand_dims(img, axis=0)
31
32         predict = model.signatures["serving_default"]
                (tf.constant(img))['Confidences'][0]
33         index = np.argmax(predict, axis=-1)
34         classname = labels[index]
35         print(current_x, classname)
36
37         if classname == 'left':
38             current_x -= move
39             if current_x < 0:
40                 current_x = 0
41         elif classname == 'right':
42             current_x += move
43             if current_x > width:
44                 current_x = width
45         pyautogui.moveTo(current_x,200)
46         cv2.imshow("Frame",image)
47         sleep(0.2)
48
49     if cv2.waitKey(1) & 0xFF == ord('q'):
50         break
51
52 cap.release()
53 cv2.destroyAllWindows()
```

程式說明

■ 11　　　取得螢幕寬度。做為滑鼠移動的右邊界。

其餘程式解說可參考前一節 <cam_control.py>。經實測，Lobe ai 模型的準確度較
Teachable Machine 模型高。

14

輕鬆展示機器學習成果

⊙ **gradio 模組：神奇網頁互動界面**

gradio 模組基本操作

gradio 模組輸入欄位

gradio 模組輸出欄位

gradio 物件變數及啟動程式

⊙ **gradio 使用現有機器學習模型**

手寫數字辨識

Inception 圖片物件偵測

英文對話 (GPT-2)

自動歌詞產生器

⊙ **gradio 使用自己訓練的模型**

在程式中訓練模型：鐵達尼號預測

使用自行訓練的模型：辨識左右方圖形

14.1 gradio 模組：神奇網頁互動界面

模組名稱	gradio
模組功能	自動產生網頁互動界面，是展示機器學習成果的最佳工具。
官方網站	https://github.com/gradio-app/gradio
安裝方式	!pip install gradio

當你完成一個機器學習模型時，要如何讓親朋好友分享看這個模型的成果呢？ gradio 是史坦福大學開發的模組，只要幾列程式碼就可以創造一個簡單的網頁，親朋好友就能在各自電腦或手機的瀏覽器中操作體驗你的機器學習模型，神奇吧！

上傳本章資源 Colab 根目錄

於 Colab 檔案總管中按 **上傳** 🔼 鈕，於 **開啟** 對話方塊點選本章範例除 <.ipynb> 以外的檔案後按 **開啟** 鈕，完成上傳的動作。

14.1.1 gradio 模組基本操作

gradio 模組的原理非常簡單，經由下面四步驟完成：

■ **網頁**：系統會建立一個網頁。

■ **輸入**：使用者藉由輸入界面傳入資料，資料可以是文字、圖形、影片、聲音等。

■ **處理函式**：經過使用者自行定義的函式處理資料。

■ **輸出**：在輸出界面中顯示最後結果。

使用 gradio 模組的第一步是匯入 gradio 模組：

```
import gradio as gr
```

展示機器學習模型較為複雜，我們使用一個替換文字的函式做為示範：

```
def replace1(text):
    return text.replace('morning', 'evening')
```

此函式會將「morning」文字替換為「evening」。

接著就可以建立互動網頁了，語法為：

```
gradio物件變數 = gr.Interface(fn=函式 , inputs=輸入欄位 , outputs=輸出欄位)
gradio 物件變數 .launch()
```

■ **輸入欄位**：文字、圖形、影片、聲音等。

■ **輸出欄位**：文字、圖形、影片、聲音等。

輸入欄位及輸出欄位的設定方式將在下面小節詳細說明。

例如 gradio 物件變數為 grobj，輸入為文字欄位「gr.inputs.Textbox()」，輸出也是文字欄位「gr.outputs.Textbox()」：

```
grobj = gr.Interface(fn=replace1, inputs=gr.inputs.Textbox(),
    outputs=gr.outputs.Textbox())
grobj.launch()
```

這樣就完成了，簡單吧！完整程式碼：

```
import gradio as gr

def replace1(text):
  return text.replace('morning', 'evening')

grobj = gr.Interface(fn=replace1, inputs=gr.inputs.Textbox(),
    outputs=gr.outputs.Textbox())
grobj.launch()
```

執行結果：於左方 **TEXT** 欄位輸入「Good morning, Mary.」，按 **Submit** 鈕後右方 **OUTPUT** 欄位會顯示「Good evening, Mary.」，此為 replace1 函式的替換結果。

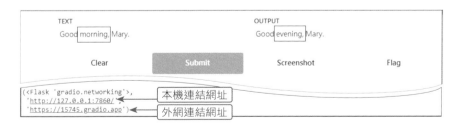

按 **Clear** 鈕可清除輸入欄位重新輸入，按 **Screenshot** 可截圖並下載到本機，圖形檔案名稱為 <screenshot.png>。

最重要的是左下角的兩個網址：「http://127.0.0.1:xxxx/」是本機連結網址，「'https://xxxxx.gradio.app」是外網連結網址，任何人只要在瀏覽器開啟此網址就可使用此應用程式，真是太方便了！網址有效時間為 24 小時。

‖ 14.1.2 gradio 模組輸入欄位

gradio 模組輸入欄位種類多達 12 種，功能相當強大，足以應付大部分需求。此處僅說明常用的輸入欄位。

輸入欄位設定的通用語法為：

```
inputs=gr.inputs. 種類名稱 ( 參數 1= 值 1， 參數 2= 值 2， …… )
```

因設定語法較長，有些種類會為一些最常用情況建立縮寫，語法為：

```
inputs=' 縮寫名稱 '
```

文字輸入欄位：Textbox

建立文字輸入欄位的語法為：

```
gr.inputs.Textbox(lines= 數值 , default= 預設值 , label= 欄位名稱 )
```

- **lines**：輸入欄位列數。預設值為 1。
- **default**：預設值，使用者未輸入時的值。預設值為空字串。
- **label**：欄位名稱。預設值為「TEXT」。

例如可輸入 5 列文字，預設值為「good morning」，欄位名稱為「輸入文句」：

```
inputs=gr.inputs.Textbox(lines=5, default='good morning', label='輸入文句')
```

文字輸入欄位是最常使用的輸入欄位，有兩種縮寫語法。第一種為：

```
inputs='text'
```

這種縮寫是所有參數皆使用預設值,等同「inputs=gr.inputs.Textbox()」。

第二種為:

```
inputs='textbox'
```

這種縮寫是建立可輸入 7 列文字的輸入欄位,等同「inputs=gr.inputs. Textbox(lines=7)」。

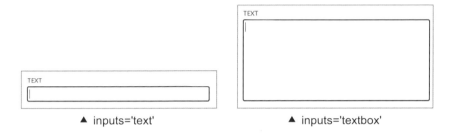

▲ inputs='text'　　　　　　　▲ inputs='textbox'

圖片輸入欄位:Image

建立圖片輸入欄位的語法為:

```
gr.inputs.Image(shape= 解析度 , image_mode= 色彩模式 ,
    invert_colors= 布林值 , source= 來源 , label= 欄位名稱 )
```

- **shape**:圖片解析度,格式為 (寬度 , 高度)。
- **image_mode**:RGB 表示彩色圖片,L 表示黑白圖片。預設值為 RGB。
- **invert_colors**:True 表示進行圖片反向處理,False 表示不處理。預設值為 False。
- **source**:upload 表示上傳圖片,canvas 表示畫板,可讓使用者在畫板中自由繪畫。預設值為 upload。
- **label**:欄位名稱。

例如加入 28X28 的彩色圖片,欄位名稱為「加入圖片」:

```
inputs=gr.inputs.Image(shape=(28,28), label=' 加入圖片 ')
```

可用兩種方式上傳圖片:第一種是將圖片檔案拖曳到圖片輸入欄位中,第二種是點選圖片輸入欄位後,於 **開啟** 對話方塊選取要上傳的檔案。(下左圖)

畫板則可讓使用者在畫板中自由繪畫。(下右圖)

▲ 上傳圖片檔

▲ 畫板

圖片輸入欄位也有兩種縮寫語法。第一種為：

```
inputs='image'
```

這種縮寫是所有參數皆使用預設值，等同「inputs=gr.inputs.Image()」。

第二種為：

```
inputs='sketchpad'
```

這種縮寫是建立解析度 28X28 黑白圖片且反相處理的畫板，等同「inputs=gr.inputs.Image(shape=(28,28), image_mode='L', invert_colors=True, source='canvas')」。

影片輸入欄位：Video

建立影片輸入欄位的語法為：

```
gr.inputs.Video(type= 影片格式 , label= 欄位名稱 )
```

■ **type**：設定影片格式，如 mp4、avi 等。預設值為 avi。

例如加入格式為 mp4 的影片，欄位名稱為「加入影片」：

```
inputs=gr.inputs.Video(type='mp4', label=' 加入影片 ')
```

執行結果與上傳圖片相同：可將影片檔案拖曳到影片輸入欄位中，或是點選影片輸入欄位後，於 **開啟** 對話方塊選取要上傳的檔案。

聲音輸入欄位：**Audio**

建立聲音輸入欄位的語法為：

```
gr.inputs.Audio(type= 傳回值格式 , label= 欄位名稱 )
```

- **type**：可能值有三種：numpy 表示傳回 numpy 陣列，file 傳回檔案物件，mfcc 傳回梅爾頻率倒譜係數。預設值為 numpy。

例如設定傳回檔案物件的聲音，欄位名稱為「加入聲音」：

```
inputs=gr.inputs.Audio(type='file', label=' 加入聲音 ')
```

執行結果與上傳圖片相同。

選項按鈕欄位：**Radio**

建立選項按鈕欄位的語法為：

```
gr.inputs.Radio(choices= 選項串列 , type= 傳回值型態 , default= 預設值 , label= 欄位名稱 )
```

- **choices**：選項串列，每個元素即為一個選項。
- **type**：value 表示傳回值為選項內容，index 表示傳回值為選項索引。預設值為 value。
- **default**：設定預設值。若省略此參數，則預設值為第一個選項。

例如建立三個選項的選項按鈕，傳回值為選項內容，預設選取第 2 個選項，欄位名稱為「選擇一種寵物」：

```
inputs=gr.inputs.Radio(choices=['cat','dog','fish']
    , type="value", default='dog', label=' 選擇一種寵物 ')
```

核取方塊欄位：**Checkbox**

建立單一核取方塊欄位的語法為：

```
gr.inputs.Checkbox(default= 布林值 , label= 欄位名稱 )
```

■ **default**：True 表示選取，False 表示不選取。預設值為 False。

例如建立單一核取方塊，預設為選取，欄位名稱為「已婚」：

```
inputs=gr.inputs.Checkbox(default=True, label=' 已婚 ')
```

通常核取方塊會有多個選項，gradio 另提供 CheckboxGroup 建立核取方塊群組，語法為：

```
gr.inputs.CheckboxGroup(choices= 選項串列 , type= 傳回值型態 ,
    default= 預設值串列 , label= 欄位名稱 )
```

■ **choices**：選項串列，每個元素即為一個選項。

■ **type**：value 表示傳回值為選項內容，index 表示傳回值為選項索引。預設值為 value。

■ **default**：預設值串列，因核取方塊可以多選，所以預設值是串列。

例如建立三個選項的選項按鈕，傳回值為選項內容，預設選取第 2、3 個選項，欄位名稱為「選擇喜歡的寵物」：

```
inputs=gr.inputs.CheckboxGroup(choices=['cat','dog','fish'],
    type="value", default=['dog','fish'], label=' 選擇喜歡的寵物 ')
```

滑桿欄位：Slider

建立滑桿欄位的語法為：

```
gr.inputs.Slider(minimum= 最小值 , maximum= 最大值 , step= 間隔值 ,
    default= 預設值 , label= 欄位名稱 )
```

■ **minimum**：設定最小值。預設值為 0。

■ **maximum**：設定最大值。預設值為 100。

■ **step**：設定間隔值，即拖曳滑桿時時每次變動的數值。預設值為 1。

■ **default**：設定預設值。若省略此參數，預設為最小值。

例如建立最小值為 20、最大值為 200、間隔值為 5、預設值為 100，欄位名稱為「選擇你的幸運數字」的滑桿：

```
inputs=gr.inputs.Slider(minimum=20, maximum=200, step=5,
    default=100, label=' 選擇你的幸運數字 ')
```

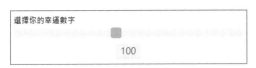

滑桿欄位的縮寫語法為：

```
inputs='slider'
```

這種縮寫是所有參數皆使用預設值，等同「inputs=gr.inputs.Slider()」。

下拉選單欄位：**Dropdown**

建立下拉選單欄位的語法為：

```
gr.inputs.Dropdown(choices=選項串列, type=傳回值型態, default=預設值, label=欄位名稱)
```

■ **choices**：選項串列，每個元素即為一個選項。

■ **type**：value 表示傳回值為選項內容，index 表示傳回值為選項索引。預設值為 value。

■ **default**：設定預設值。若省略此參數，則預設值為第一個選項。

例如建立三個選項的下拉選單，傳回值為選項內容，預設選取第 2 個選項，欄位名稱為「選擇一種寵物」：

```
inputs=gr.inputs.Dropdown(choices=['cat','dog','fish']
    , type="value", default='dog', label=' 選擇一種寵物 ')
```

使用多個輸入欄位

應用程式中需要的輸入欄位常不只一個，建立多個輸入欄位的方法是將輸入欄位放入串列中即可，語法為：

```
inputs=[ 輸入欄位 1, 輸入欄位 2, ……]
```

以計算 BMI 為例，下面範例可輸入身高及體重：(粗體文字)

```
slider1 = gr.inputs.Slider(minimum=100, maximum=220, default=160, label=' 身高 ')
slider2 = gr.inputs.Slider(minimum=20, maximum=200, default=60, label=' 體重 ')
grobj = gr.Interface(fn=BMI, inputs=[slider1, slider2], outputs='text')
```

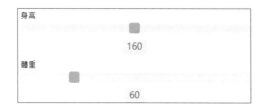

‖ 14.1.3 gradio 模組輸出欄位

gradio 模組輸出欄位種類也有 11 種，較常用的只有 Textbox 及 Label 兩種。

輸出欄位設定的通用語法為：

```
outputs=gr.outputs. 種類名稱 ( 參數 1= 值 1, 參數 2= 值 2, ……)
```

有些種類也會給予一些縮寫，語法為：

```
outputs=' 縮寫名稱 '
```

文字輸出欄位：Textbox

文字輸出欄位可輸出字串或數值。

建立文字輸出欄位的語法為：

```
gr.outputs.Textbox(type= 型態 , label= 欄位名稱 )
```

■ **type**：str 表示輸出字串，number 表示輸出數值，auto 表示由系統自行決定。預設值為 auto。

例如建立輸出欄位，型態由系統決定，欄位名稱為「輸出文字或數值」：

```
outputs=gr.outputs.Textbox(label=' 輸出文字或數值 ')
```

> **輸出文字或數值**
> good evening, sir.

文字輸出欄位有兩種縮寫語法。第一種為：

```
outputs='text'   或   outputs='textbox'
```

這種縮寫是輸出字串，等同「outputs=gr.outputs.Textbox(type='str')」。

第二種為：

```
outputs='number'
```

這種縮寫是輸出數值，等同「outputs=gr.outputs.Textbox(type='number')」。

分類標籤輸出欄位：**Label**

分類標籤輸出欄位是 gradio 專為機器學習製作的輸出欄位，是使用最多的輸出欄位。只要傳入機器學習模型預測結果的各分類標籤及信心指數組成的字典，分類標籤輸出欄位就能顯示分類名稱，並以百分比圖形顯示信心指數。

建立分類標籤輸出欄位的語法為：

```
gr.outputs.Label(num_top_classes= 數值 , type= 型態 , label= 欄位名稱 )
```

- **num_top_classes**：設定顯示標籤的數量。若省略此參數，則會顯示所有分類標籤及信心指數。

- **type**：value 表示輸出分類標籤，confidences 表示輸出信心指數，auto 表示由系統自行決定。預設值為 auto。

例如建立預測手寫數字的分類標籤輸出欄位，顯示前 3 個預測結果，型態由系統決定，欄位名稱為「預測結果」：(手寫數字範例將在下一節撰寫說明)

```
outputs=gr.outputs.Label(num_top_classes=3, label=' 預測結果 ')
```

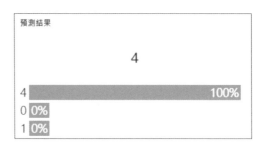

分類標籤輸出欄位的縮寫語法為：

```
outputs='label'
```

這種縮寫是以預設值輸出，等同「outputs=gr.outputs.Label()」。

14.1.4 gradio 物件變數及啟動程式

gradio 物件變數

建立 gradio 物件變數的語法為：

```
gradio 物件變數 = gr.Interface(fn=處理函式, inputs=輸入欄位,
    outputs=輸出欄位, title=標題, live=布林值, examples=範例串列)
```

- **title**：設定應用程式標題。
- **live**：True 表示資料輸入後立刻就進行處理，False 表示資料輸入後需按 **Submit** 鈕才進行處理。預設值為 False。
- **examples**：建立範例讓使用者方便測試。

live 及 examples 參數將在下一節應用實例中詳細說明操作方法。

啟動應用程式

建立好 gradio 物件變數後就可以啟動 gradio 應用程式了，語法為：

```
gradio 物件變數.launch(inbrowser=布林值, share=布林值, debug=布林值)
```

- **inbrowser**：True 表示會自動開啟瀏覽器，False 表示不會開啟瀏覽器。預設值為 False。

- **share**：True 表示外網可連結及操作本應用程式，False 表示外網不可連結及操作本應用程式。預設值為 False。
- **debug**：True 表示發生錯誤時會顯示錯誤訊息，False 表示發生錯誤時不會顯示錯誤訊息。預設值為 False。

inbrowser 及 share 兩個參數在 Colab 中無效：Colab 本身就在瀏覽器中，沒有不開啟瀏覽器的問題；Colab 中執行 gradio 應用程式時，必定會產生外網連結網址。

最重要的是 debug 參數。程式除錯一向是設計者最感頭痛的技巧，gradio 的界面是瀏覽器，預設沒有顯示任何錯誤訊息。以前面的替換文字程式為例：修改 replace1 函式如下：(缺少 text 參數)

```
def replace1():
  return text.replace('morning', 'evening')
```

執行結果：在輸出欄位右上方會顯示淡淡的紅色「ERROR」訊息，表示執行產生錯誤。但如何找到錯誤所在呢？

修改第 7 列程式，加入「debug=True」即可顯示錯誤原因：

```
grobj.launch(debug=True)
```

執行結果：

```
[2021-07-18 09:38:34,844] ERROR in app: Exception on /api/predict/ [POST]
Traceback (most recent call last):
  File "/usr/local/lib/python3.7/dist-packages/flask/app.py", line 2447, in wsgi_app
    response = self.full_dispatch_request()
  File "/usr/local/lib/python3.7/dist-packages/flask/app.py", line 1952, in full_dispatch_request
    rv = self.handle_user_exception(e)
    File "/usr/local/lib/python3.7/dist-packages/flask_cors/extension.py", line 165, in wrapped_function
  File "/usr/local/lib/python3.7/dist-packages/gradio/
    prediction, durations = app.interface.process(raw_input)
  File "/usr/local/lib/python3.7/dist-packages/gradio/interface.py", line 328, in process
    predictions, durations = self.run_prediction(processed_input, return_duration=True)
  File "/usr/local/lib/python3.7/dist-packages/gradio/interface.py", line 301, in run_prediction
    prediction = predict_fn(*processed_input)
TypeError: replace1() takes 0 positional arguments but 1 was given       ◄── 錯誤原因
```

訊息明確指出 replace1 函式缺少一個參數。

14.2 gradio 使用現有機器學習模型

踩在巨人肩膀上是致勝的捷徑。網路上已有許多前人訓練好的模型，利用這些模型就可以快速在 gradio 中完成一些應用。

▌14.2.1 手寫數字辨識

幾乎所有機器學習初學者訓練的第一個模型就是手寫數字模型。手寫數字模型是以 MNIST 資料集進行訓練，MNIST 資料集包含 60000 張 28X28 黑白手寫數字圖片，而 gradio 模組圖片輸入欄位的畫板則是針對手寫數字模型設計，其解析度也是28X28，所以利用 gradio 畫板繪製的圖形進行手寫數字辨識，解析度完全相符，不需再進行轉換。

本範例讓使用者在畫板書寫數字後按 **Submit** 鈕，右方 **預測結果** 欄會顯示預測的數字，並以圖形顯示信心指數最高的 3 個數字及信心指數。

本範例程式碼為：

```
1 import tensorflow as tf
2 from urllib.request import urlretrieve
3 import gradio as gr
4
5 urlretrieve("https://gr-models.s3-us-west-2.amazonaws.com/
      mnist-model.h5", "mnist-model.h5")
6 model = tf.keras.models.load_model("mnist-model.h5")
```

```
 7
 8 def mnist(image):
 9     image = image.reshape(1, -1)   #(28,28) 轉為 (1,784)
10     prediction = model.predict(image).tolist()[0]
11     return {str(i): prediction[i] for i in range(10)}
12
13 out = gr.outputs.Label(num_top_classes=3, label=' 預測結果 ')
14 grobj = gr.Interface(fn=mnist, inputs="sketchpad",
       outputs=out, title=" 手寫數字 ")
15 #grobj = gr.Interface(fn=mnist, inputs="sketchpad",
       outputs=out, title=" 手寫數字 ", live=True)
16 grobj.launch()
```

程式說明

■ 5　　　　下載手寫數字模型檔案。執行此列程式後，在 Colab 根目錄會產生 `<mnist-model.h5>` 模型檔。

■ 6　　　　讀入手寫數字模型檔案建立模型。

■ 8-11　　gradio 處理函式。

■ 9　　　　將 (28,28) 陣列轉為 (1,784) 以符合模型格式。

■ 10　　　進 行 預 測。「model.predict(image).tolist()」傳 回 值 格 式 為二維串列如：「[[0.0, 1.0, 0.0,……]]」， 故以「model.predict(image).tolist()[0]」取得一維串列信心指數：「[0.0, 1.0, 0.0,……]」。

■ 11　　　將分類名稱及信心指數組合成字典傳回。

■ 13　　　建立分類標籤輸出欄位：顯示信心指數最高的 3 個類別。

■ 14　　　建立以畫板為輸入欄位，程式標題為「手寫數字」的 gradio 物件。

■ 15　　　建立即時處理的 gradio 物件。(加入「live=True」參數)

■ 16　　　啟動應用程式。

註解 14 列程式再移除 15 列程式註解，會以即時處理方式執行程式：

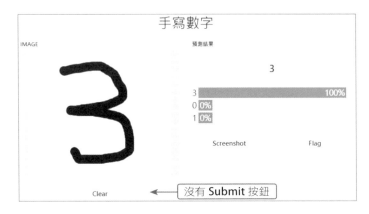

此種方式沒有 **Submit** 按鈕，使用者放開滑鼠就會及時處理，操作較為便利。

14.2.2 Inception 圖片物件偵測

Inception 是非常著名的圖片物件偵測模型，可偵測多達 1000 種物件，準確率相當高，目前已發展到 v4，本範例以 v3 版本進行物件偵測。

本範例讓使用者將圖片檔案拖曳到圖片輸入欄位中，或點選圖片輸入欄位後，於 **開啟** 對話方塊選取要上傳的圖片檔案，然後按 **Submit** 鈕，右方 **預測結果** 欄會顯示預測的物件名稱，並以圖形顯示信心指數最高的 3 個數字及信心指數。

本範例程式碼為：

```
 1 import tensorflow as tf
 2 import numpy as np
 3 import requests
 4 import gradio as gr
 5
 6 model = tf.keras.applications.InceptionV3()
 7 #讀取標籤
 8 response = requests.get('https://git.io/JJkYN')
 9 labels = response.text.split('\n')
10 #print(labels)
11
12 def classify(img):
13    img = np.expand_dims(img, 0)
14    img = tf.keras.applications.inception_v3.preprocess_input(img)
15    prediction = model.predict(img).flatten()
16    return {labels[i]: float(prediction[i]) for i in range(len(prediction))}
17
18 image = gr.inputs.Image(shape=(299, 299))
19 label = gr.outputs.Label(num_top_classes=3, label=' 預測結果 ')
20 grobj = gr.Interface(fn=classify, inputs=image,
       outputs=label, title='Inception 物件偵測 ')
21 #grobj = gr.Interface(fn=classify, inputs=image, outputs=label,
       title='Inception 物件偵測 ', examples=[['lion1.jpg'], ['tiger1.jpg']])
22 grobj.launch()
```

程式說明

- ■ 6　　　　讀入 InceptionV3 模型。
- ■ 8-9　　　讀取 InceptionV3 標籤。
- ■ 10　　　 列印 InceptionV3 標籤。(可查看包含哪些物件)
- ■ 12-16　 gradio 處理函式。
- ■ 13-14　 進行圖形預處理以符合模型格式。
- ■ 15　　　 進行預測。
- ■ 16　　　 將分類名稱及信心指數組合成字典傳回。
- ■ 18　　　 InceptionV3 模型圖形解析度為 299X299。
- ■ 19　　　 建立分類標籤輸出欄位：顯示信心指數最高的 3 個類別。
- ■ 20　　　 建立程式標題為「Inception 物件偵測」的 gradio 物件。

■ 21　　　　建立含有範例圖片的 gradio 物件。（加入「examples」參數）

■ 22　　　　啟動應用程式。

加入範例樣本

gradio 模組最為人稱道的就是可輕易讓任何人在瀏覽器中操作分享的應用程式，以本範例來說，你所分享的操作者可能不會將圖片上傳到輸入欄位，或者找不到適當圖片上傳，所以無緣看到你的成果。gradio 提供在程式中建立範例樣本的功能，操作者只要點選範例樣本就可輸入範例樣本。

註解 20 列程式再移除 21 列程式註解，就會在下方加入獅子及老虎範例圖片：

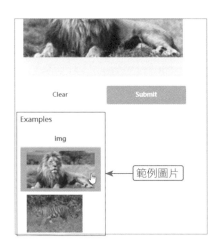

點選圖片，該圖片就會加入輸入欄位，按 **Submit** 按鈕即可見到預測結果。

14.2.3　英文對話 (GPT-2)

機器學習領域除了視覺學習外，自然語言處理 (NLP) 也是目前應用頗多的主題。GPT-2 是基於 Transformer 架構的巨大語言模型，訓練資料集使用 OpenAI 研究人員從 800 萬個網頁爬來的 40GB 網頁文字資料。GPT-2 模型是目前自然語言處理使用率很高的模型之一。

本範例讓使用者在輸入欄位中輸入文字後按 **Submit** 鈕，右方 **GPT-2 回應** 欄會顯示由 GPT-2 模型產生的回應文字。此模型較大，回應時間較長，請耐心等候。

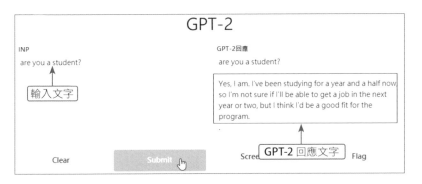

GPT-2 模型需使用 TransFormers 模組載入，請先以下面命令安裝 TransFormers 模組：

```
!pip install git+https://github.com/huggingface/transformers.git
```

本範例程式碼為：

```
 1 import gradio as gr
 2 import tensorflow as tf
 3 from transformers import TFGPT2LMHeadModel, GPT2Tokenizer
 4
 5 tokenizer = GPT2Tokenizer.from_pretrained("gpt2")
 6 model = TFGPT2LMHeadModel.from_pretrained("gpt2",
     pad_token_id=tokenizer.eos_token_id)
 7
 8 def generate_text(inp):
 9     input_ids = tokenizer.encode(inp, return_tensors='tf')
10     beam_output = model.generate(input_ids, max_length=100,
        num_beams=5, no_repeat_ngram_size=2, early_stopping=True)
11     output = tokenizer.decode(beam_output[0], skip_special_tokens=
        True, clean_up_tokenization_spaces=True)
12     return output[:-1]
13
14 out = gr.outputs.Textbox(label='GPT-2 回應 ')
15 grobj = gr.Interface(generate_text,inputs="textbox",
     outputs=out, title="GPT-2")
16 grobj.launch()
```

程式說明

■ 5-6　　載入 GPT-2 模型。

■ 8-12　　gradio 處理函式。

- ■ 9 　　　對輸入文句進行編碼以符合模型格式。
- ■ 10 　　產生回應文句。「max_length」參數是回應文句的字數，可視需求
　　　　　　自行調整。
- ■ 11 　　對回應文句進行解碼。
- ■ 12 　　傳回回應文句。
- ■ 14-16 　建立 gradio 物件並啟動應用程式。

簡單幾列程式就完成具有智慧的應答系統，厲害吧！

14.2.4 自動歌詞產生器

目前自然語言處理模型幾乎都是英文，對於中文使用者很不方便。Hugging face 是一家總部位於紐約的聊天機器人服務商，該公司專注於自然語言處理技術，提供自然語言處理領域大量預訓練語言模型，其中包含不少中文語言模型。

開啟 Hugging face 首頁「https://huggingface.co/」，點選 **Models**，再於搜尋欄位輸入「chinese」，即可找到近百個中文語言模型。

此處以第 2 頁的「gpt2-chinese-lyric」模型做示範，可自動產生中文歌詞。

只要以 gradio 模組載入 Hugging face 模型就可直接使用，兩列程式碼就完成了！

下面為使用「gpt2-chinese-lyric」模型的程式碼：

```
import gradio as gr

grobj = gr.Interface.load("huggingface/uer/gpt2-chinese-lyric",
    inputs="text", outputs="text")
grobj.launch()
```

執行結果：使用者在輸入欄位中輸入歌詞的前幾個字後按 **Submit** 鈕，右方 **OUTPUT** 欄就會顯示由模型產生的歌詞。

短短兩列程式就有如此效果，真是神奇！

歌詞繁體中文化

上面產生的歌詞是簡體中文，且歌詞長度無法控制，因此我們自行撰寫使用模型的程式。

首先安裝簡體中文與繁體中文轉換的 OpenCC 模組：

```
!pip install opencc
```

使用歌詞模型的方法可由「gpt2-chinese-lyric」模型網頁取得：開啟「https://huggingface.co/uer/gpt2-chinese-lyric」網頁，在 How to use 項目可取得使用方法。

如果尚未安裝 TransFormers 模組的話請先安裝該模組。

產生繁體中文歌詞的程式碼為：

```
1 import gradio as gr
2 from transformers import BertTokenizer, GPT2LMHeadModel, TextGenerationPipeline
```

```
 3 from opencc import OpenCC
 4
 5 tokenizer = BertTokenizer.from_pretrained("uer/gpt2-chinese-lyric")
 6 model = GPT2LMHeadModel.from_pretrained("uer/gpt2-chinese-lyric")
 7 cc = OpenCC('s2twp')
 8
 9 def generate_text(inp):
10     text_generator = TextGenerationPipeline(model, tokenizer)
11     ret = text_generator(inp, max_length=100, do_sample=True)
12     return cc.convert(ret[0]['generated_text'])
13
14 output_text = gr.outputs.Textbox()
15 grobj = gr.Interface(generate_text,inputs="textbox",
       outputs=output_text, title=" 自動產生歌詞 ")
16 grobj.launch()
```

程式說明

- ■ 5-6 　　載入中文歌詞模型。
- ■ 7 　　　建立簡繁體中文轉換物件。
- ■ 9-12 　gradio 處理函式。
- ■ 10 　　建立產生歌詞物件。
- ■ 11 　　產生歌詞。「max_length」參數是產生歌詞的字數。
- ■ 12 　　先將歌詞轉為繁體中文再傳回。
- ■ 14 　　建立輸出欄位。
- ■ 15 　　建立 gradio 物件。
- ■ 16 　　啟動應用程式。

改變 11 列程式的「max_length」參數值可控制歌詞的字數。

執行結果：

14.3 gradio 使用自己訓練的模型

使用已有的模型可以快速建立應用程式，若自己已經訓練好模型，也可以在 gradio 應用程式中展示。

14.3.1 在程式中訓練模型：鐵達尼號預測

如果機器學習的資料集規模不大，模型訓練的時間很短，可以在應用程式中直接訓練，不會影響效率。鐵達尼號生存機率預測是 Kaggle 機器學習競賽最有名的題目之一，只有幾百筆資料，非常適合做為做為範例說明。此處以 sklearn 做為機器學習模組，sklearn 模組的使用請自行參考相關書籍。

本範例讓使用者核選性別，拖曳滑桿選取年齡及船費，採即時處理模式，只要左方輸入資料有改變，右方 **預測結果** 欄會即時顯示結果為生存或死亡及信心指數。

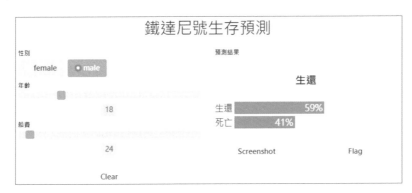

本範例程式碼為：

```
 1 import gradio as gr
 2 import pandas as pd
 3 import numpy as np
 4 import sklearn
 5 from sklearn import preprocessing
 6 from sklearn.model_selection import train_test_split
 7 from sklearn.ensemble import RandomForestClassifier
 8 from sklearn.metrics import accuracy_score
 9
10 def encode_ages(df):
11     df.Age = df.Age.fillna(-0.5)
```

```
12      bins = (-1, 0, 5, 12, 18, 25, 35, 50, 80)
13      categories = pd.cut(df.Age, bins, labels=False)
14      df.Age = categories
15      return df
16
17 def encode_fares(df):
18      df.Fare = df.Fare.fillna(-0.5)
19      bins = (-1, 0, 8, 15, 31, 50, 80, 100, 550)
20      categories = pd.cut(df.Fare, bins, labels=False)
21      df.Fare = categories
22      return df
23
24 def encode_sex(df):
25      mapping = {"male": 0, "female": 1}
26      return df.replace({'Sex': mapping})
27
28 data = pd.read_csv('https://raw.githubusercontent.com/
       gradio-app/titanic/master/train.csv')
29
30 def transform_features(df):
31      df = encode_ages(df)
32      df = encode_fares(df)
33      df = encode_sex(df)
34      return df
35
36 data1 = data[['Fare', 'Age', 'Sex', 'Survived']]
37 data1 = transform_features(data1)
38 X_all = data1.drop(['Survived'], axis=1)
39 y_all = data1['Survived']
40 X_train, X_test, y_train, y_test = train_test_split(X_all, y_all, test_size=0.2)
41 clf = RandomForestClassifier()
42 clf.fit(X_train, y_train)
43
44 def predict_survival(sex, age, fare):
45      df = pd.DataFrame.from_dict({'Sex': [sex], 'Age': [age], 'Fare': [fare]})
46      df = encode_sex(df)
47      df = encode_fares(df)
48      df = encode_ages(df)
49      pred = clf.predict_proba(df)[0]
50      return {' 死亡 ': pred[0], ' 生還 ': pred[1]}
51
52 sex = gr.inputs.Radio(['female', 'male'], label=" 性別 ")
```

```
53 age = gr.inputs.Slider(minimum=0, maximum=80, step=1, default=22, label="年齡")
54 fare = gr.inputs.Slider(minimum=0, maximum=550, step=1, default=20, label="船費")
55 out = gr.outputs.Label(label='預測結果')
56 grobj = gr.Interface(fn=predict_survival, inputs=[sex, age, fare],
        outputs=out, title='鐵達尼號生存預測', live=True)
57 grobj.launch()
```

程式說明

- 10-15 　將年齡做 0-5、5-12、……區間分類的函式。
- 17-22 　將船費做 0-8、8-15、……區間分類的函式。
- 24-26 　將 male 轉換為 0，female 轉換為 1 的函式。
- 28 　　讀取資料集。
- 30-34 　transform_features 函式同時轉換年齡、船費及性別資料。
- 36 　　本範例只需要船費、年齡、性別、生還 4 個欄位。
- 37 　　進行資料轉換。
- 38 　　移除生還欄位後的資料做為訓練資料，即訓練資料包含船費、年齡、性別 3 個欄位。
- 39 　　以生還欄位做為標籤資料。
- 40 　　分割資料：以 80% 做為訓練資料。20% 做為驗證資料。
- 41 　　建立隨機森林演算法機器學習物件。
- 42 　　以隨機森林演算法進行機器學習訓練。
- 44-50 　gradio 處理函式。
- 45 　　讀取使用者輸入的資料。
- 46-48 　進行資料轉換。
- 49 　　進行預測。
- 50 　　將顯示標籤及信心指數組合成字典傳回。
- 52 　　建立性別選項按鈕輸入欄位。
- 53 　　建立年齡滑桿輸入欄位。
- 54 　　建立船費滑桿輸入欄位。
- 55-56 　建立實時處理的 gradio 物件。
- 57 　　啟動應用程式。

14.3.2 使用自行訓練的模型：辨識左右方圖形

如果機器學習的資料集規模相當大，需要花不少時間訓練模型，或是在線上進行的機器學習訓練，可將模型存檔，再於 gradio 應用程式載入模型檔操作。此處以前面章節 Teachable Machine 線上訓練的模型做為示範。

本範例讓使用者上傳圖片，或點選下方範例圖片後按 **Submit** 鈕，右方 **預測結果** 欄會顯示預測標籤及信心指數。

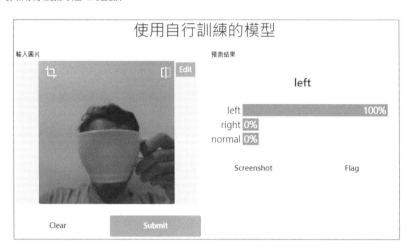

本範例程式碼為：

```
1 import tensorflow.keras
2 import numpy as np
3 import gradio as gr
4
5 model = tensorflow.keras.models.load_model('left_right.h5')
6 labels = ['normal','left','right']
7
8 def classify(img):
9    img = (img.astype(np.float32) / 127.0) - 1
10   img = np.expand_dims(img, 0)
11   prediction = model.predict(img)
12   return {labels[i]: float(prediction[0][i]) for i in
           range(len(prediction[0]))}
13
14 image = gr.inputs.Image(shape=(224, 224), label=' 輸入圖片 ')
15 label = gr.outputs.Label(num_top_classes=3, label=' 預測結果 ')
```

```
16 grobj = gr.Interface(fn=classify, inputs=image, outputs=label,
        examples=[['left1.jpg'], ['right1.jpg'], ['normal1.jpg']],
        title=' 使用自行訓練的模型 ')
17 grobj.launch()
```

程式說明

- ■ 5　　　　讀入模型。

- ■ 6　　　　建立標籤串列。

- ■ 8-12　　gradio 處理函式。

- ■ 9　　　　標準化圖形資料。

- ■ 10　　　調整圖形維度以符合模型格式。

- ■ 11　　　進行預測。

- ■ 12　　　將標籤及信心指數組合成字典傳回。

- ■ 14　　　建立輸入欄位，圖形解析度為 224X224。

- ■ 15　　　建立輸出欄位。

- ■ 16　　　建立包含範例圖片的 gradio 物件。

- ■ 17　　　啟動應用程式。

使用者可替換為自己在前面 Teachable Machine 章節訓練的模型及圖片進行測試。

15

CHAPTER

其他功能模組

⊙ 條碼相關模組
  python-barcode 模組：barcode 產生器
  qrcode 模組：QRcode 產生器

⊙ 程式控制模組
  schedule 模組：定時執行任務
  zretry 模組：重試模組
  tqdm 模組：進度條

⊙ 雜項功能模組
  dist 模組：經緯度距離
  chardet 模組：檔案編碼格式
  verifyid 模組：驗證身分證字號
  cnlunardate 模組：農曆日期

15.1 條碼相關模組

條碼 (barcode) 是將寬度不等的多個黑條和空白，按照一定的編碼規則排列，用以表達一組資訊的圖形識別碼。條碼可以標出物品的製造廠家、商品名稱、生產日期等資訊，因而在商品流通、圖書管理、郵政管理、銀行系統等許多領域都有廣泛的應用。

二維條碼 (QRcode) 是英文「Quick Response」的縮寫，即快速反應的意思，源自發明者希望 QRcode 可讓其內容快速被解碼。二維條碼呈正方形，只有黑白兩色。在 4 個角落，印有較小，像「回」字的的正方圖案。這 3 個是幫助解碼軟體定位的圖案，使用者不需要對準，無論以任何角度掃描，資料仍可正確被讀取。應用範圍已經擴展到產品跟蹤、物品識別、文件管理、庫存營銷等方面。

15.1.1 python-barcode 模組：barcode 產生器

模組名稱	python-barcode
模組功能	產生許多種類的條碼圖形
官方網站	https://github.com/WhyNotHugo/python-barcode
安裝方式	!pip install python-barcode

上傳本章資源 Colab 根目錄

於 Colab 檔案總管中按 **上傳** 🔼 鈕，於 **開啟** 對話方塊點選本章範例除 <.ipynb> 以外的檔案後按 **開啟** 鈕，完成上傳的動作。

模組使用方式

匯入 python-barcode 模組的語法：

```
import barcode
from barcode.writer import ImageWriter
```

條碼的種類非常多，python-barcode 模組支援大部分條碼種類。PROVIDED_BARCODES 屬性包含 python-barcode 模組支援的條碼種類，語法為：

```
barcode.PROVIDED_BARCODES
```

```
1 print(barcode.PROVIDED_BARCODES)

['code128', 'code39', 'ean', 'ean13', 'ean14', 'ean8', 'gs1', 'gs1_128', 'gtin', 'isbn', 'isbn10', 'isbn13', 'issn', 'itf', 'jan', 'pzr
```

支援的種類有：

```
['code128', 'code39', 'ean', 'ean13', 'ean14', 'ean8',
    'gs1', 'gs1_128', 'gtin', 'isbn', 'isbn10', 'isbn13',
    'issn', 'itf', 'jan', 'pzn', 'upc', 'upca']
```

使用 python-barcode 模組首先要以 **get_barcode_class** 設定條碼種類，語法為：

```
種類變數 = barcode.get_barcode_class( 條碼種類 )
```

例如種類變數為 EAN，要製作「ean13」條碼：

```
EAN = barcode.get_barcode_class('ean13')
```

然後以種類變數製作條碼圖形，語法為：

```
條碼變數 = 種類變數( 條碼內容 [, writer=ImageWriter()])
```

python-barcode 模組可產生 SVG 格式的向量圖及 PNG 格式的點陣圖：如果省略
「writer=ImageWriter()」參數就產生向量圖，否則產生點陣圖。

例如條碼變數為 ean，種類變數為 EAN，產生點陣圖：

```
ean = EAN('987654321012', writer=ImageWriter())
```

最後以條碼變數的 **save** 方法存檔，語法為：

```
條碼變數 .save( 檔案路徑 )
```

注意檔案路徑不需要附加檔名，系統會自動根據圖形種類加上附加檔名。

例如條碼變數為 ean，將檔案存於 <ean13_barcode>：

```
ean.save('ean13_barcode')
```

下面程式會產生向量圖及點陣圖，並將圖形存檔：

```
EAN = barcode.get_barcode_class('ean13')
# 存 svg 檔
ean = EAN('5901234123457')
```

```
ean.save('ean13_barcode')
# 存 png 檔
ean = EAN('5901234123457', writer=ImageWriter())
ean.save('ean13_barcode')
```

執行後產生 <ean13_barcode.svg> 及 <ean13_barcode.png>。在 Colab 中 <ean13_barcode.svg> 無法顯示，於 <ean13_barcode.png> 按滑鼠左鍵兩下可顯示圖形為：

▌15.1.2 qrcode 模組：QRcode 產生器

模組名稱	qrcode
模組功能	產生 QRcode 二維條碼圖形
官方網站	https://github.com/lincolnloop/python-qrcode
安裝方式	!pip install qrcode

匯入 qrcode 模組的語法：

```
import qrcode
import qrcode.image.svg
```

以 make 方法即可製作 QRcode 圖形，語法為：

```
條碼變數 = qrcode.make( 條碼內容 [, image_factory=
    qrcode.image.svg.SvgPathImage])
```

qrcode 模組可產生 SVG 格式的向量圖及 PNG 格式的點陣圖：如果省略「image_factory=qrcode.image.svg.SvgPathImage」參數就產生點陣圖，否則產生向量圖。

例如條碼變數為 img，產生點陣圖：

```
img = qrcode.make('http://www.e-happy.com.tw')
```

最後以條碼變數的 save 方法存檔，語法為：

```
條碼變數.save(檔案路徑)
```

此處檔案路徑要加上附加檔名，系統不會自動加上附加檔名。

例如條碼變數為 img，將檔案存於 <ehappy.png>：

```
img.save('ehappy.png')
```

下面程式會產生向量圖及點陣圖，並將圖形存檔：

```
# 存 png 檔
img = qrcode.make('http://www.e-happy.com.tw')
img.save('ehappy.png')
# 存 svg 檔
img = qrcode.make('http://www.e-happy.com.tw', image_factory=
    qrcode.image.svg.SvgPathImage)
img.save('ehappy.svg')
```

執行後產生 <ehappy.svg> 及 <ehappy.png>。在 Colab 中 <ehappy.svg> 無法顯示，
於 <ehappy.png> 按滑鼠兩下可顯示圖形為：

多樣化 **QRcode**

除了前面簡單的 QRcode 圖形外，qrcode 模組提供許多方法修飾圖形。

首先以 QRCode 方法建立物件語法為：

```
條碼變數 = qrcode.QRCode(version= 數值 , error_correction=
    錯誤修正等級 , box_size= 數值 , border= 數值 )
```

■ **version**：設定圖形大小，值為 1-40 之間，值越小則圖形越小。

■ **error_correction**：設定修正圖形的幅度，可能的值有：
    ERROR_CORRECT_L：修正 7% 以內的錯誤。
    ERROR_CORRECT_M：修正 15% 以內的錯誤。
    ERROR_CORRECT_Q：修正 25% 以內的錯誤。
    ERROR_CORRECT_H：修正 30% 以內的錯誤。

■ **box_size**：設定圖形每個方格像素點數。

■ **border**：設定圖形邊框像素點數。

例如條碼變數為 qr：

```
qr = qrcode.QRCode(version=1, error_correction=qrcode.
    constants.ERROR_CORRECT_L, box_size=10, border=4)
```

接著以條碼變數的各種方法繪製圖形，語法為：

```
條碼變數 .add_data( 條碼內容 )
條碼變數 .make(fit= 布林值 )
圖形變數 = 條碼變數 .make_image(fill_color= 顏色 , back_color= 顏色 )
```

■ **fit**：True 表示自動決定圖形大小，此時 version 值無效，False 表示以 version 值為圖形大小。建議設定為 True。

■ **fill_color**：設定圖形前景色。

■ **back_color**：設定圖形背景色。

下面程式繪製方格為 10 點、邊框 4 點、前景紅色、背景藍色的 QRcode 圖形，並儲存於 <ehappy2.png>。

```
qr = qrcode.QRCode(
    error_correction=qrcode.constants.ERROR_CORRECT_L,
    box_size=10,
    border=4,
)
qr.add_data('http://www.e-happy.com.tw')
qr.make(fit=True)
img = qr.make_image(fill_color="red", back_color="blue")
img.save('ehappy2.png')
```

繪製的圖形：

15.2 程式控制模組

在日常工作生活中常會需要定時執行某項任務，例如定時收發郵件。 schedule 模組簡單好用，可以每秒、每分、每小時、每天、每天的某個時間點，間隔天數的某個時間點等，定時執行特定任務。

執行爬蟲程式連線到網站時，經常出現斷線而使程式終止執行。zretry 是一個重試模組，可以用來自動重試一些可能執行失敗的程式，讓該程式在執行失敗的情況下重新執行，省掉不斷手動執行的麻煩。

tqdm 模組可以在 for 迴圈中新增一個進度條顯示目前程式進度資訊。

15.2.1 schedule 模組：定時執行任務

模組名稱	schedule
模組功能	定時執行指定的程式碼
官方網站	https://github.com/dbader/schedule
安裝方式	!pip install schedule

匯入 schedule 模組的語法：

```
import schedule
```

每隔指定時間執行

schedule 模組第一種用法是每隔一種時間單位執行一次，語法為：

```
schedule.every(). 時間單位 .do( 函式 )
```

- **時間單位**：可能值為 seconds(秒)、minutes(分)、hours(小時)、days(天)、weeks(星期)、monday(星期一)、tuesday(星期二)、wednesday(星期三)、thursday(星期四)、friday(星期五)、saturday(星期六)、sunday(星期日)。
- **函式**：定時執行的程式碼。

例如定時執行「job」函式：(時間間隔列在程式後面的註解)

```
schedule.every().seconds.do(job)    # 每秒執行一次
schedule.every().minutes.do(job)    # 每分鐘執行一次
schedule.every().hours.do(job)      # 每小時執行一次
schedule.every().days.do(job)       # 每天執行一次
schedule.every().weeks.do(job)      # 每星期執行一次
schedule.every().monday.do(job)     # 每星期一執行一次
```

下面程式每秒列印一次。

```
def job():
    print(" 工作示範 ")

schedule.every().seconds.do(job)
# schedule.every().minutes.do(job)
# schedule.every().hours.do(job)
# schedule.every().days.do(job)
# schedule.every().weeks.do(job)
# schedule.every().monday.do(job)

while True:
    schedule.run_pending()
```

執行結果：

```
  1 def  job():
  2         print("工作示範")
  3
  4 schedule.every().seconds.do(job)
  5 #   schedule.every().minutes.do(job)
  6 #   schedule.every().hours.do(job)
  7 #   schedule.every().days.do(job)
  8 #   schedule.every().weeks.do(job)
  9 #   schedule.every().monday.do(job)
 10
 11 while  True:
 12         schedule.run_pending()

工作示範
工作示範
工作示範
```

如果要停止列印，可按 **CTRL + M + I** 鍵終止程式執行。

要注意，雖然表面上停止列印，但該執行緒仍在背後沒有移除。此時若再執行本程式，會發現每秒列印兩次。**schedule** 模組提供 **clear** 方法移除所有執行緒，語法為：

```
schedule.clear()
```

執行移除背後執行緒，然後再執行本程式就可得到正確執行結果。

every 方法的參數可設定每隔多少時間單位執行一次，例如：

```
schedule.every(3).seconds.do(job)   # 每隔 3 秒執行一次
```

在指定時間執行

schedule 模組第二種用法是在指定時間重複執行，語法為：

```
schedule.every(). 時間單位 .at(" 指定時間 ").do( 函式 )
```

- **時間單位**：可能值為 minute、hour、day、monday、tuesday、wednesday、thursday、friday、saturday、sunday。
  注意 minute、hour、day 沒有「s」。

- **指定時間**：minute、hour 的值為「:數值」，表示秒、分；其餘項目的值為「時:分」。

例如在指定時間執行「job」函式：(指定時間列在程式後面的註解)

```
schedule.every().minute.at(":43").do(job)  # 每分 43 秒執行
schedule.every().hour.at(":53").do(job)  # 每小時 53 分執行
schedule.every().day.at("10:30").do(job)  # 每天 10 點 30 分執行
schedule.every().wednesday.at("13:15").do(job)  # 每星期三 13 點 15 分執行
```

每隔亂數時間執行

schedule 模組第三種用法是不固定時間重複執行，時間間隔由亂數決定，語法為：

```
schedule.every( 起始數 ).to( 終止數 ). 時間單位 .do( 函式 )
```

- **起始數**及**終止數**：時間間隔為此二數之間的亂數。

- **時間單位**：與「每隔指定時間執行」相同。

例如每隔 5 至 10 秒執行「job」函式一次，時間間隔由亂數決定。

```
schedule.every(5).to(10).seconds.do(job)
```

15.2.2 zretry 模組：重試模組

模組名稱	zretry
模組功能	錯誤時會反覆執行該程式，直到執行成功或達到設定的執行次數為止
官方網站	https://github.com/hardikvasa/google-images-download
安裝方式	!pip install zretry

模組使用方式

匯入 zretry 模組的語法：

```
from zretry import retry
```

zretry 模組的用法是將要重複執行的程式碼置於 retry 修飾詞中，語法為：

```
@retry(interval= 數值 , max_attempt_count= 數值 , error_callback= 錯誤函式 )
重覆執行函式
```

- **interval**：每隔幾秒執行一次。

- **max_attempt_count**：容許錯誤的最大次數。

- **error_callback**：程式發生錯誤後執行的程式碼。

- **重覆執行函式**：可能發生錯誤需重覆執行的程式。

下面程式會執行 fun 函式 5 次才停止程式執行。

```
 1 def errfn(e):
 2     global n
 3     print(' 第 {} 次執行產生錯誤。'.format(n))
 4     n += 1
 5
 6 n = 1
 7 @retry(interval=1, max_attempt_count=5, error_callback=errfn)
 8 def fun():
 9     a = 1 / 0
10
11 fun()
```

程式說明

- ■ 1-4　　發生錯誤執行的程式：顯示執行程式的訊息。
- ■ 7　　　建立重試功能：每秒執行 1 次，最多執行 5 次。
- ■ 8-9　　重覆執行函式，會產生「除數為 0」的錯誤。

執行結果：

```
1 def errfn(e):
2     global n
3     print('第 {} 次執行產生錯誤。'.format(n))
4     n += 1
5
6 n = 1
7 @retry(interval=1, max_attempt_count=5, error_callback=errfn)
8 def fun():
9     a = 1 / 0
10
11 fun()

第 1 次執行產生錯誤。
第 2 次執行產生錯誤。
第 3 次執行產生錯誤。       ← 執行 5 次
第 4 次執行產生錯誤。
第 5 次執行產生錯誤。

ZeroDivisionError                        Traceback (most recent call last)
/usr/local/lib/python3.6/dist-packages/zretry.py in decorator(*args, **kw)
     28             try:
---> 29                 result = func(*args, **kw)
     30                 if result_retry_flag is not None and result is result_retry_flag:

                   ↕ 2 frames
ZeroDivisionError: division by zero    ← 「除數為 0」的錯誤
```

15.2.3 tqdm 模組：進度條

模組名稱	tqdm
模組功能	在 for 迴圈中新增一個進度條顯示目前程式進度資訊
官方網站	https://tqdm.github.io/
安裝方式	!pip install tqdm

Colab 預設已安裝 tqdm 模組，不需要使用者安裝。

匯入 tqdm 模組的語法：

```
from tqdm import tqdm
from tqdm import trange
```

range 式 for 迴圈

for 迴圈主要有兩種方式：range 式 for 迴圈及串列式 for 迴圈。

range 式 for 迴圈有固定的執行次數，語法為：

```
for i in tqdm(range( 數值 )):
```

「數值」是執行次數。

例如以「sleep(n)」延遲代表執行任務，執行 1000 次迴圈：

```
for i in tqdm(range(1000)):
    sleep(0.01)
```

執行結果：

```
1 for i in tqdm(range(1000)):
2     sleep(0.01)
100%|██████████| 1000/1000 [00:10<00:00, 96.83it/s] ◄──── 進度條
```

tqdm 模組另提供 trange 方法讓 range 式 for 迴圈更簡潔，語法為：

```
for i in trange( 數值 ):
```

例如上面範例可寫成：

```
for i in trange(1000):
    sleep(0.01)
```

串列式 for 迴圈

串列式 for 迴圈是依序對串列中每個元素執行一次迴圈，即執行迴圈的次數就是串列元素的數量。

串列式 for 迴圈的語法為：

```
串列變數 = tqdm( 串列 )
for char in 串列變數 :
```

例如串列變數為 tlist，串列為 ["a", "b", "c", "d"]：

```
tlist = tqdm(["a", "b", "c", "d"])
for char in tlist:
```

此種方式可用 set_description 方法設定進度條的顯示說明文字，語法為：

```
串列變數 .set_description( 說明文字 )
```

例如串列變數為 tlist，說明文字為串列進度條

```
tlist.set_description(" 串列進度條 ")
```

下面程式示範為串列式迴圈加入進度條：

```
tlist = tqdm(["a", "b", "c", "d"])
for char in tlist:
    print(char)
    tlist.set_description(" 處理串列元素……")
    sleep(0.5)
```

執行結果：

```
1 tlist = tqdm(["a", "b", "c", "d"])
2 for char in tlist:
3     print(char)
4     tlist.set_description("處理串列元素……")
5     sleep(0.5)

處理串列元素……    0%|          | 0/4 [00:00<?, ?it/s]a
處理串列元素……   25%|██        | 1/4 [00:00<00:01,  1.99it/s]b
處理串列元素……   50%|█████     | 2/4 [00:01<00:01,  1.99it/s]c
處理串列元素……   75%|███████   | 3/4 [00:01<00:00,  1.99it/s]d
處理串列元素……  100%|██████████| 4/4 [00:02<00:00,  1.99it/s]
```

進度條說明文字

15.3 雜項功能模組

許多應用程式會依與使用者距離的遠近排序顯示資訊，例如 Google 顯示附近商家時就會按照由近而遠排序，方便使用者就近消費。dist 模組可以計算兩個經緯度之間的距離，如此就能得到距離遠近的資訊。

讀取檔案時常會發生檔案編碼格式錯誤的狀況，chardet 模組可以取得檔案編碼格式，從此遠離檔案編碼格式錯誤的困擾。

撰寫安全性較高的應用程式時，常會要求使用者輸入身分證字號，為了防止使用者魚目混珠，可以 verifyid 模組檢查輸入的身分證字號是否正確。

雖然目前大部分人的生日都使用陽曆，但仍有少數場合需使用農曆，例如有些人只記得陽曆生日而忘記了農曆生日的日期。cnlunardate 是一個農曆模組，可以取得閏月資訊、陽曆農曆日期轉換等。

15.3.1 dist 模組：經緯度距離

模組名稱	dist
模組功能	計算兩個地點的直線距離
官方網站	https://github.com/duboviy/dist
安裝方式	!pip install https://github.com/duboviy/dist/archive/master.zip

模組使用方式

匯入 dist 模組的語法：

```
import dist
```

dist 模組的用法非常簡單，使用 compute 方法計算兩個經緯度的距離，語法為：

```
dist.compute( 緯度1, 經度1, 緯度2, 經度2)
```

傳回值的單位為「公里」。

Python 實戰聖經：用簡單強大的模組套件完成最強應用

例如台北 101 大樓的 (緯度 , 經度) 為 (25.0342, 121.5646)，桃園市政府為 (24.9932, 121.3009)，計算兩地距離的程式為：

```
dist.compute(25.0342, 121.5646, 24.9932, 121.3009)
```

```
1 print(dist.compute(25.0342, 121.5646, 24.9932, 121.3009))
26.93938636779785
```

兩地距離為 26.9394 公里。

15.3.2 chardet 模組：檔案編碼格式

模組名稱	chardet
模組功能	取得檔案編碼格式
官方網站	https://github.com/chardet/chardet
安裝方式	!pip install chardet

Colab 預設已安裝 chardet 模組，不需要使用者安裝。

模組使用方式

匯入 chardet 模組的語法：

```
import chardet
```

使用 chardet 模組首先要以二進位方式讀取檔案，語法為：

```
內容變數 = open( 檔案路徑 , 'rb').read()
```

例如內容變數為 text，檔案為 <test1.txt>：

```
text = open('test1.txt', 'rb').read()
```

然後用 chardet 模組的 detect 方法就可偵測檔案的編碼格式，語法為：

```
格式變數 = chardet.detect( 內容變數 )
```

例如格式變數為 codetype，內容變數為 text，

```
codetype = chardet.detect(text)
```

傳回值格式變數為包含編碼格式、信心指數及語言種類的字典,下面為傳回值的一個範例:編碼格式為 Big5、信心指數為 0.99、語言為中文。

```
{'encoding': 'Big5', 'confidence': 0.99, 'language': 'Chinese'}
```

下面範例是取得三個檔案的編碼格式。

```
files = ['test1.txt', 'test2.txt', 'googlecomment.csv']
for f in files:
    text = open('f', 'rb').read()
    codetype = chardet.detect(text)
    print('{} 編碼格式:{}'.format(f, codetype))
```

15.3.3 verifyid 模組:驗證身分證字號

模組名稱	verifyid
模組功能	驗證身分證字號是否正確及取得所在的城市名稱
官方網站	https://github.com/ChuangYuMing/verifyid
安裝方式	!pip install verifyid

模組使用方式

匯入 verifyid 模組的語法:

```
from verifyid import verifyid
```

首先要建立 IdentyNumber 物件,語法為:

```
驗證變數 = verifyid.IdentyNumber()
```

例如驗證變數為 verify:

```
verify = verifyid.IdentyNumber()
```

驗證身分證字號

驗證身分證字號是使用 check_identy_number 方法，語法為：

```
身分證變數 = 驗證變數 .check_identy_number( 身分證字號 )
```

例如身分證變數為 veri，驗證變數為 verify，身分證字號為 A189229579：

```
veri = verify.check_identy_number("A189229579")
```

身分證字號第一個字母必須是大寫才會判斷為正確。

傳回值身分證變數是布林值：True 表示身分證字號正確，False 表示身分證字號錯誤。

下面程式示範驗證身分證字號正確及錯誤的例子。

```
veri = verify.check_identy_number("A189229579")
print('A189229579 驗證結果：{}'.format(veri))
veri = verify.check_identy_number("a189229579")
print('a189229579 驗證結果：{}'.format(veri))
veri = verify.check_identy_number("A123456780")
print('A123456780 驗證結果：{}'.format(veri))
```

```
1 veri = verify.check_identy_number("A189229579")
2 print('A189229579 驗證結果：{}'.format(veri))
3 veri = verify.check_identy_number("a189229579")
4 print('a189229579 驗證結果：{}'.format(veri))
5 veri = verify.check_identy_number("A123456780")
6 print('A123456780 驗證結果：{}'.format(veri))

A189229579 驗證結果：True
a189229579 驗證結果：False
A123456780 驗證結果：False
```

取得城市名稱

取得城市名稱是使用 get_city 方法，語法為：

```
城市變數 = 驗證變數 .get_city( 身分證字號 )
```

例如城市變數為 city，驗證變數為 verify，身分證字號為 A189229579：

```
city = verify.get_city("A189229579")
```

身分證字號第一個字母必須是大寫，若小寫會造成錯誤，故使用此功能最好先將身分證字號轉為大寫。此功能不會檢查身分證字號是否正確。

傳回值城市變數是身分證字號所在的城市名稱。

下面程式示範兩個取得身分證字號城市名稱的例子。

```
city = verify.get_city("A189229579")
print('A189229579 城市：{}'.format(city))
city = verify.get_city("b100643217".upper())
print('b100643217 城市：{}'.format(city))
```

```
1 city = verify.get_city("A189229579")
2 print('A189229579 城市：{}'.format(city))
3 city = verify.get_city("b100643217".upper())
4 print('b100643217 城市：{}'.format(city))

A189229579 城市：台北市
b100643217 城市：台中市
```

15.3.4 cnlunardate 模組：農曆日期

模組名稱	cnlunardate
模組功能	進行農曆日期各項功能，如取得閏月資訊、陽曆農曆轉換等
官方網站	https://github.com/ChuangYuMing/verifyid
安裝方式	!pip install cnlunardate

匯入 cnlunardate 模組的語法：

```
from cnlunardate import cnlunardate
```

取得閏月資訊

檢查農曆某月份是否為閏月的語法為：

```
cnlunardate(年, 月, 日, True)
```

若此列程式執行時未產生錯誤，表示此月份為閏月，否則該月份是一般月份。

下面程式利用此閏月特性檢查輸入的月份是否為閏月。

```
1 year = 2013  #@param {type:'slider', min:1950, max:2020}
2 month = 7  #@param {type:'slider', min:1, max:12}
3 try:
4     cnlunardate(year, month, 1, True)
5     print('農曆 {} 年 {} 月「是」閏月。'.format(year, month))
```

```
6 except:
7     print('農曆 {} 年 {} 月「不是」閏月。'.format(year, month))
```

程式說明

■ 3-5   若第 4 列程式未產生錯誤表示輸入的月份是閏月。

■ 6-7   若第 4 列程式產生錯誤表示輸入的月份不是閏月。

執行結果：

```
1 year = 2017    #@param [type 'slider', min 1950, max 2020]    year:  ————————————●  2017
2 month = 6      #@param [type 'slider', min 1, max 12]          month: ————————●————  6
3 try:
4     cnlunardate(year, month, 1, True)
5     print('農曆 {} 年 {} 月「是」閏月。'.format(year, mo
6 except:
7     print('農曆 {} 年 {} 月「不是」閏月。'.format(year,

農曆 2017 年 6 月「是」閏月。

農曆 2013 年 7 月「不是」閏月。
```

陽曆農曆轉換

使用 fromsolardate 方法可以將陽曆日期轉換為農曆日期，語法為：

```
cnlunardate.fromsolardate(date( 年 , 月 , 日 )
```

例如：(此處「年 , 月 , 日」為陽曆日期)

```
cnlunardate.fromsolardate(date(2017, 10, 16))
cnlunardate.fromsolardate(date(2017, 7, 23))
cnlunardate.fromsolardate(date(2017, 6, 24))
```

```
1 print(cnlunardate.fromsolardate(date(2017, 10, 16)))
2 print(cnlunardate.fromsolardate(date(2017, 7, 23)))
3 print(cnlunardate.fromsolardate(date(2017, 6, 24)))

cnlunardate.cnlunardate(2017, 8, 27, False)
cnlunardate.cnlunardate(2017, 6, 1, True)    ← 閏月 6 月
cnlunardate.cnlunardate(2017, 6, 1, False)   ← 非閏月 6 月
```

使用 tosolardate 方法可以將農曆日期轉換為陽曆日期，語法為：

```
cnlunardate( 年 , 月 , 日 ).tosolardate()
```

例如：(此處「年 , 月 , 日」為農曆日期)

```
cnlunardate(2017, 9, 1).tosolardate()
cnlunardate(2017, 6, 10, True).tosolardate()    # 閏月
cnlunardate(2017, 6, 10, False).tosolardate()   # 非閏月
```

```
1 print(cnlunardate(2017,  9,  1).tosolardate())
2 print(cnlunardate(2017,  6,  10,  True).tosolardate())     ← 閏月 6 月
3 print(cnlunardate(2017,  6,  10,  False).tosolardate())    ← 非閏月 6 月

2017-10-20
2017-08-01
2017-07-03
```

公元元年至今的日數

cnlunardate 模組的 toordinal 方法可取得農曆公元元年 1 月 1 日至今的日數,語法為:

```
cnlunardate( 年 , 月 , 日 , 布林值 ).toordinal()
```

布林值為 **True** 表示是閏月,**False** 表示是一般月份。

例如取得農曆公元元年 1 月 1 日至 2017 年 6 月 1 日的日數:

```
print(cnlunardate(2017, 6, 1, False).toordinal())   #736504
```

此功能主要用於計算兩個農曆日期之間相隔的日數,例如下面程式計算農曆 2015 年 10 月 12 日到 2017 年 6 月 1 日之間的日數。

```
n1 = cnlunardate(2017, 6, 1, False).toordinal()
n2 = cnlunardate(2015, 10, 12, False).toordinal()
print(n1 - n2)
```

```
1 n1  =  cnlunardate(2017,  6,  1,  False).toordinal()
2 n2  =  cnlunardate(2015,  10,  12,  False).toordinal()
3 print(n1  -  n2)

579
```

16

打造自己的模組

16.1 發布 Pypi 前準備工作

PyPI 是一個模組庫，首頁網址為「https://pypi.org」，其中包含了各式各樣開發者發布的 Python 模組 (Package)，在開發應用程式的過程中，可以到這邊來搜尋是否有適合的模組，安裝後透過引用的方式來進行使用，藉此提升開發效率。

如果自己開發了不錯的模組，獨樂樂不如眾樂樂，可以將其發布到 Pypi，如此所有人都可以共享此模組的功能。此處以取得發票中獎號碼模組示範在 Pypi 建立個人模組的過程，本節說明發布 Pypi 前必須進行的準備工作。

16.1.1 建立 Python 專案

本章的示範程式是取得發票中獎號碼，程式碼為：

程式碼：**invoice.py**

```python
import requests
try:
    import xml.etree.cElementTree as ET
except ImportError:
    import xml.etree.ElementTree as ET

def get_current():
    ret = {}
    content = requests.get('http://invoice.etax.nat.gov.tw/invoice.xml')
    tree = ET.fromstring(content.text)   # 解析 XML
    items = list(tree.iter(tag='item'))   # 取得 item 標籤內容
    title = items[0][0].text   # 期別
    ret['title'] = title + ' 月 '
    ptext = items[0][2].text   # 中獎號碼
    ptext = ptext.replace('<p>','')
    plist = ptext.split('</p>')
    for i in range(len(plist)-1):
        tlist = plist[i].split('：')
        ret[tlist[0]] = tlist[1]
    return ret
```

執行 **get_current** 函式的傳回值示例：

```
{'title': '109 年 11 月、12 月 ',
 ' 特別獎 ': '77815838',
```

```
'特獎': '39993297',
'頭獎': '59028801、02813820、06896234',
'增開六獎': '011、427'
}
```

查驗 Pypi 模組名稱

在 Pypi 的模組名稱必須是唯一的，因此在決定模組名稱前最好確定該名稱在 Pypi 中不存在。本模組的名稱為「invoiceTW」。

開啟 Pypi 首頁「https://pypi.org/」，在搜尋框輸入「invoiceTW」後按 Q 鈕。

若出現「0 projects……」表示名稱可用。

後面操作需要 Pypi 帳號，若還沒有 Pypi 帳號請按 **Register** 註冊帳號。

建立專案

發布到 Pypi 的 Python 程式必須是專案型態，其他人才能匯入引用。請用 Spyder 或 PyCharm 等 Python 編輯器建立名稱為「invoiceTW」的專案，再將 <invoice.py> 檔加入專案中。<__init.py__> 為空檔案。

完成的專案結構為：(可參看本書範例 < 準備 > 資料夾)

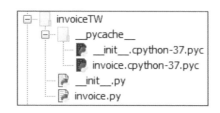

▍16.1.2 建立說明檔及授權檔

使用者安裝 Pypi 的模組後通常不知如何使用該模組，因此需要撰寫模組的說明檔來告訴安裝者如何使用模組。此說明檔在下一小節建立 Github 網頁也會用到。授權檔是對 Pypi 模組的授權聲明。

說明檔 (README.md)

通常說明檔是使用 Markdown 語法撰寫，為配合 Github 使用，檔案名稱需為 <README.md>。下面是本模組的說明檔程式碼：

程式碼：README.md

```
## 取得發票號碼
### 安裝
```

pip insall invoiceTW
```

### 匯入模組
```

from invoiceTW import invoice
```

### 使用
```

invoice.get_current()
```
```

傳回值：

```
{'title': '109 年 11 月、12 月 ', ' 特別獎 ': '77815838', ' 特獎 ': '39993297',
' 頭獎 ': '59028801、02813820、06896234', ' 增開六獎 ': '011、427'}
```

呈現的效果為：

授權檔 (LICENSE)

授權檔的檔名為 <LICENSE>，沒有副檔名，一般是使用 MIT 授權。製作方式為：開
啟「https://choosealicense.com/」網頁，點選 **I want it simple and permissive**。

按 **copy license text to clipboard** 鈕複製授權文字。

將複製的授權文字貼到文字編輯器中，再存為 <LICENSE> 檔就完成授權檔案製作。

▍16.1.3 建立 Github 頁面

Pypi 每個模組的首頁有個 **Homepage** 連結，點選即可連結到該模組的首頁，而模組首頁通常是位於 Github 中。模組創作者通常會將專案原始碼置於首頁中。

開啟「https://github.com/」網頁，如果還沒有 Github 帳號，請按 **Sign up** 鈕註冊一個新帳號。

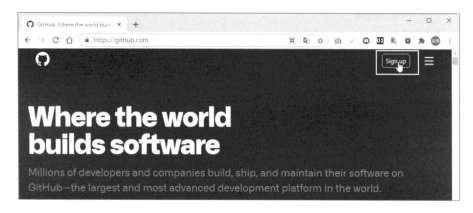

登入 Github 後按 **New** 鈕新增一個 repository。

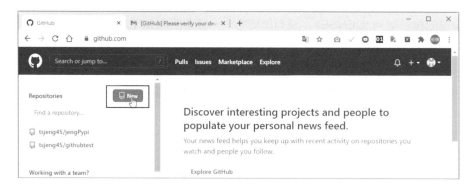

在 **Repository name** 欄輸入「invoiceTW」，**Description** 欄輸入說明，核選 **Public** 項目表示所有使用者皆可存取，核選 **Add a README file** 表示要使用自己的說明檔，最後按 **Create repository** 鈕。

按 **Code / Upload files** 鈕進行檔案上傳。

在檔案總管選取本章範例 < 準備 > 資料夾中的 <invoiceTW> 資料夾及 <README.md> 檔，拖曳到 github 中，再按 **Commits changes** 鈕上傳。

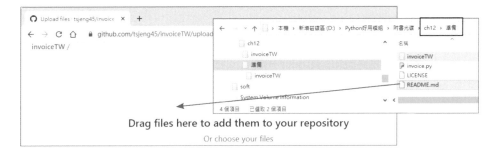

此 Github 網址「https://github.com/tsjeng45/invoiceTW」在下一節發布檔案到 Pypi 時會用到。

Github 的說明內容顯示上傳的 <README.md> 檔內容，<invoiceTW> 資料夾中有程式原始碼。

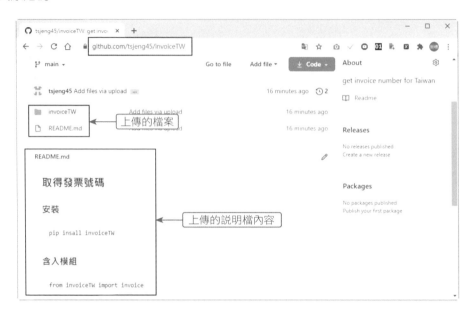

至此準備工作全部完成了！

16.2 上傳模組到 Pypi

準備工作完成後，只要做好上傳 Pypi 的設定，就可將模組上傳到 Pypi 了！

Pypi 上的模組只能更新，不允許刪除，因此 Pypi 官方提供模組測試網站，可以先將模組上傳到測試網站測試，確定沒有問題再上傳到正式 Pypi 網站。

16.2.1 建立 Pypi 設定檔

先在本機新建一個資料夾儲存要上傳到 Pypi 模組的檔案，資料夾名稱可以自訂，此處以在 C 磁碟機根目錄建立 <invoiceTW> 資料夾做為示範。然後將本章範例 < 準備 > 資料夾中的 <invoiceTW> 資料夾及 <README.md>、<LICENSE> 檔複製到新建的 <invoiceTW> 資料夾中。

在新建的 <invoiceTW> 資料夾中建立 <setup.py> 檔，加入如下內容：

程式碼：**setup.py**

```python
1  import setuptools
2  from os import path
3
4  this_directory = path.abspath(path.dirname(__file__))
5  with open(path.join(this_directory, 'README.md'), encoding='utf-8') as f:
6      long_description = f.read()
7
8  setuptools.setup(
9      name = 'invoiceTW',
10     version = '0.1.0',
11     author = 'jeng',
12     author_email = 'tsjeng45@yahoo.com.tw',
13     description = 'Taiwan invoice number',
14     long_description=long_description,
15     long_description_content_type='text/markdown',
16     url = 'https://github.com/tsjeng45/invoiceTW',
17     packages=setuptools.find_packages(),
```

```
18      keywords = ['invoice'],
19      classifiers=[
20          "Programming Language :: Python :: 3",
21          "License :: OSI Approved :: MIT License",
22      ],
23 )
```

程式說明

■ 4-6　　讀取說明檔。

■ 8-23　　建立 Pypi 各項設定參數。其中 <setup.py> 各項參數的意義：

● **name**：此專案的名稱。

● **version**：本次發布的版本。

● **author**：此專案的作者。

● **author_email**：此專案戶者的電子信箱。

● **description**：此專案的簡短描述。

● **long_description**：此專案的詳細描述。若要使用 <README.md>，此參數的值需設為「long_description」。

● **long_description_content_type**：設定說明檔的格式。「text/markdown」表示使用 markdown 格式。

● **url**：此專案的網站，通常是在 Github 的網頁。

● **packages**：此專案所需要的模組列表。若設為「setuptools.find_packages()」表示由系統自動搜尋所需要的模組。

● **keywords**：設定此專案的關鍵字。

● **classifiers**：設定此專案的 Python 版本及授權。

還要有一個 <setup.cfg> 檔設定說明檔 (README.md) 資訊。在新建的 <invoiceTW> 資料夾中建立 <setup.cfg> 檔，加入如下內容：

```
[metadata]
description-file = README.md
```

設定檔建立完成後，就可以發布模組了！

‖ 16.2.2 發布到 Pypi 測試網站

將模組發布到 Pypi 網站前,最好先發布到 Pypi 測試網站,確定模組功能無誤後,再正式發布到 Pypi 網站。

打包專案

開啟命令提示字元視窗,切換到專案所在資料夾 (此處為 <C:\invoiceTW>),執行下列命令:

```
python setup.py sdist
```

```
命令提示字元                                              ─   □   ×
C:\invoiceTW>python setup.py sdist
running sdist
running egg_info
creating invoiceTW.egg-info
writing invoiceTW.egg-info\PKG-INFO
writing dependency_links to invoiceTW.egg-info\dependency_links.txt
writing top-level names to invoiceTW.egg-info\top_level.txt
```

執行後會產生 <dist> 及 <invoiceTW.egg-info> 資料夾,<dist> 資料夾內含有要上傳到 Pypi 的模組 <invoiceTW-0.1.0.tar.gz> 壓縮檔。

Python 模組較常用的 wheel 檔則可由下面命令產生:

```
python setup.py sdist bdist_wheel
```

發布專案

發布專案需使用 twine 模組,故要先安裝 twine 模組:於命令提示字元視窗執行下面命令安裝 twine 模組。

```
pip install twine
```

先到 Pypi 測試網頁「https://test.pypi.org/」,按右上角 **Register** 鈕註冊一個帳號,註冊後會收到一封電子郵件,通過驗證後帳號才會生效。

於命令提示字元視窗執行下面命令發布模組到 Pypi 測試網站：

```
python -m twine upload --repository-url https://test.pypi.org/legacy/ dist/*
```

需輸入 Pypi 測試網站的帳號及密碼。發布成功後，模組在 Pypi 測試網站的網址為：

```
https://test.pypi.org/project/ 模組名稱 /
```

開啟「https://test.pypi.org/project/invoiceTW/」網頁就可見到發布的模組。按 鈕可複製安裝語法。

測試模組

在 Colab 執行下列命令，見到傳回正確發票中獎號碼，表示模組正確無誤。

```
!pip install -i https://test.pypi.org/simple/ invoiceTW
from invoiceTW import invoice
invoice.get_current()
```

模組重新發布

如果測試後發現模組有錯誤，可在修正後重新發布。重新發布的關鍵是必須修改 <setup.py> 檔的「version」設定值，其版本號碼要改為較原先版本號碼高才能重新發布。例如原來版本為「0.1.0」，修改為「0.1.1」即可。

‖ 16.2.3 發布模組到 Pypi 網站

在 Pypi 測試網站執行功能無誤後，現在可以正式發布到 Pypi 網站了！

於命令提示字元視窗執行下面命令發布模組到 Pypi 網站：

```
python -m twine upload dist/*
```

需輸入 Pypi 網站的帳號及密碼。發布成功後，模組在 Pypi 網站的網址為：

```
https://pypi.org/project/ 模組名稱 /
```

開啟「https://pypi.org/project/invoiceTW/」網頁就可見到發布的模組。按 鈕可複製安裝語法。

Python 實戰聖經：用簡單強大的模組套件完成最強應用

在 Colab 執行下列命令，可見到傳回正確發票中獎號碼。

```
!pip install invoiceTW
from invoiceTW import invoice
invoice.get_current()
```

```
[1]  1 !pip install invoiceTW

[2]  1 from invoiceTW import invoice

     1 invoice.get_current()
    {'title': '109年11月、12月',
     '增開六獎': '011、427',
     '特別獎': '77815838',
     '特獎': '39993297',
     '頭獎': '59028801、02813820、06896234'}
```

如果要對模組進行修改，可修改程式及調高 <setup.py> 檔的「version」版本設定值，再重新發布即可。

A

APPENDIX

剪片神器及自動產生字幕

A.1 　auto-editor 模組：影片自動剪輯神器

影片拍攝時，常會有一些停頓無聲的地方需要移除，移除後會使影片撥放流暢很多。移除工作並不困難，但需耗費相當長的時間。auto-editor 模組可自動偵測影片中無聲的部分加以移除，非常快速方便。

模組名稱	`auto-editor`
模組功能	移除聲音檔或是影片檔中無聲的部分
官方網站	`https://github.com/WyattBlue/auto-editor`
安裝方式	`pip install auto-editor` （本機）

注意：本節範例在本機中執行。

‖ A.1.1　基礎使用方法

安裝好 auto-editor 模組後就可對影片進行剪輯。auto-editor 模組的操作是在 **命令提示字元** 視窗中以命令列方式執行。

auto-editor 模組對影片進行剪輯的語法為：

```
auto-editor 影片檔路徑
```

剪輯的速度非常快，經實測，一小時影片不到 10 分鐘就完成了！

例如剪輯本章範例 <LINE.mp4> 影片 (位於 <C:\example> 資料夾)：

```
auto-editor C:\example\LINE.mp4
```

完成的影片會存於原始影片的資料夾，檔名是在原始檔名後加上「_ALTERED」，例如上面範例產生的影片檔名為 <LINE_ALTERED.mp4>。

剪輯完影片後會自動播放剪輯後的影片，讓使用者觀看剪輯的效果。

<LINE.mp4> 開始的部分聲譜圖為：

標號 1 為剛開始的無聲部分，2、3、4 為斷句處，可看到間隔的無聲部分長短不一。

剪輯後對應的 <LINE_ALTERED.mp4> 聲譜圖為：

剛開始的無聲部分 (標號 1) 縮減為 6 幀 (約 0.2 秒)，兩句之間的無聲間隔為 12 幀 (約 0.4 秒)。間隔幀數將在後面說明。

產生再製檔

auto-editor 可以生成讓專業影片編輯軟體進行處理的檔案，如此就能在專業影片編輯軟體中更精確的剪輯影片，目前支援 Adobe Premiere、DaVinci Resolve(達文西) 及 Final Cut Pro。

產生支援 Adobe Premiere 再製檔的語法為：

```
auto-editor 影片檔路徑 --export_to_premiere
```

產生支援 DaVinci Resolve(達文西) 再製檔的語法為：

```
auto-editor 影片檔路徑 --export_to_resolve
```

產生支援 Final Cut Pro 再製檔的語法為：

```
auto-editor 影片檔路徑 --export_to_final_cut_pro
```

產生再製檔的速度更快，一小時影片大約半分鐘就完成了！

產生的再製檔都是 XML 格式的文字檔，可在對應的專業影片編輯軟體開啟此再製檔，繼續編輯影片。

‖ A.1.2 進階設定

如果對於剪輯後影片不甚滿意，auto-editor 模組提供部分參數可以調整。

設定斷句間隔

預設的斷句間隔為 6 幀，如果效果不好可自行調整。斷句間隔較小可使影片總時間縮短，但播放會有急促感；斷句間隔較大播放會有停頓感，而且讓影片變得冗長。

auto-editor 剪輯效果為剛開始的無聲部分為斷句間隔設定值，兩句之間的無聲部分為斷句間隔設定值的兩倍。

設定斷句間隔幀數的語法為：

```
auto-editor 影片檔路徑 --frame_margin 幀數
```

例如設定 <LINE.mp4> 的斷句間隔幀數為 15：

```
auto-editor C:\example\LINE.mp4 --frame_margin 15
```

處理後影片開始的無聲部分會成為 15 幀，兩句之間的無聲間隔為 30 幀。

移除小雜音

錄製影片時偶而會有極短的小雜音出現，auto-editor 可以去除這些小雜音。

移除小雜音的語法為：

```
auto-editor 影片檔路徑 --min_clip_length 幀數
```

此處「幀數」是設定最小正常語音幀數，小於此設定值的聲音會被移除。預設的最小正常語音幀數為 3。

例如設定 <LINE.mp4> 的最小正常語音幀數為 5：

```
auto-editor C:\example\LINE.mp4 --min_clip_length 5
```

此數值不宜太大，否則會連正常語音也被刪除。

取得影片資訊

了解影片資訊可以幫助使用者判斷正確的剪輯設定。取得影片資訊的語法為：

`auto-editor info` 影片檔路徑

例如取得 <LINE.mp4> 影片資訊：

`auto-editor info C:\example\LINE.mp4`

顯示的影片資料範例：

```
- fps: 30
- duration: 00:02:21.13
- resolution: 1280x720 (16:9)
- video codec: h264
- video bitrate: 227 kb/s
- audio tracks: 1
  - Track #0
    - codec: aac
    - samplerate: 44100
    - bitrate: 121 kb/s
```

較重要的是「fps」，意為影片每秒播放的幀數。例如此影片每秒播放 30 幀，預設的影片開始無聲處為 6 幀，即「6 / 30 = 0.2 秒」。

A.2　自動字幕生成應用程式

現在拍攝影片上傳社群網站已是一種時尚，許多人都有在影片上加字幕的需求。嘗試了很多線上及離線自動產生字幕的應用程式，其效果都不太理想，於是自己進行開發自動字幕生成應用程式。

本節範例在 Colab 中執行。

▌A.2.1　取得聲音檔與安裝模組

取得聲音檔

自行錄製的影片品質較差，請先以前一節 auto-editor 模組剪輯本章範例 <LINE.mp4> 影片檔，經實測使用剪輯過的 <LINE_ALTERED.mp4> 製作字幕其效果比原始檔好很多，後面內容是使用「auto-editor LINE.mp4 --frame_margin 10」製作的 <LINE_ALTERED.mp4> 影片檔操作。

於 Colab 檔案總管中按 **上傳** 🔼 鈕，於 **開啟** 對話方塊點選本章範例 <LINE_ALTERED.wav> 檔後按 **開啟** 鈕，完成上傳的動作。

產生字幕需要以聲音檔進行語音轉文字，所以要將影片的聲音取出，程式碼為：

```
from moviepy.editor import *
audio1 = AudioFileClip('LINE_ALTERED.mp4')
audio1.write_audiofile('LINE_ALTERED.wav')
```

安裝模組

pydub 模組用於偵測靜音及擷取聲音檔，SpeechRecognition 模組的功能是將語音轉換為文字，在 Colab 中語音轉文字的中文是簡體中文，需使用 opencc-python-reimplemented 模組將簡體中文轉為繁體中文。以下列命令安裝模組：

```
!pip install pydub
!pip install SpeechRecognition
!pip install opencc-python-reimplemented
```

‖ A.2.2 偵測靜音

產生字幕最重要的技巧就是「斷句」，要找出聲音檔中的「句子」做為製作字幕文句的依據。要如何得知聲音中的句子呢？通常句子與句子之間會稍為停頓，也就是會有少許時間是「靜音」狀態，因此可用靜音做為斷句的依據。

首先要讀入聲音檔，語法為：

```
聲音檔變數 = pydub.AudioSegment.from_file( 聲音檔 , format="wav")
```

例如聲音檔變數為 sound，聲音檔為 LINE_ALTERED.wav：

```
sound = pydub.AudioSegment.from_file("LINE_ALTERED.wav", format="wav")
```

pydub 的 detect_silence 方法可以偵測聲音檔中的靜音位置，語法為：

```
detect_silence( 聲音檔變數 , 靜音時間 , 靜音臨界值 , 1)
```

- **靜音時間**：取出超過此時間長度的靜音，小於此時間則忽略，單位是毫秒。
- **靜音臨界值**：音量小於此值才算靜音，通常是負值，如 -30、-50。最好的設定值為「聲音檔變數 .dBFS」，此為聲音檔的分貝值。

例如聲音檔變數為 sound，靜音時間為 1 秒：

```
detect_silence(sound, 1000, sound.dBFS, 1)
```

detect_silence 的傳回值為串列，元素就是以靜音為段落的起始和中止時間，例如：

```
[[0, 8886], [10681, 11762], [11860, 17220], [17240, 20478],
 [21703, 22869], [22977, 33758], [33876, 37657],……]
```

上面傳回值的單位為毫秒：第一句為 0~8.886 秒、第二句為 10.681~11.762 秒、以此類推。

A.2.3 分割聲音檔

取得聲音檔以靜音分割的段落後，就可進行聲音檔的分割了！

建立靜音結束位置串列

為了簡化由聲音檔擷取句子段落的程序，我們就以靜音結束時間做為斷句的依據，這樣就可將二維串列簡為一維串列。簡化的程式碼為：(start_end 為儲存靜音分割串列的變數)

```
1 mslist = []
2 for i in range(len(start_end)):
3     if i== (len(start_end)-1): data = start_end[i][1]
4     else:  data = start_end[i][1] - 1000
5     mslist.append(data)
```

每個元素的第二維數值 (start_end[i][1]) 就是靜音結束時間，例如上面範例的 8886、11762、17228 等。因為靜音結束時間包含靜音時間在內，所以第 4 列將靜音結束時間減 1 秒鐘做為分割時間；而最後一段沒有靜音，所以第 3 列檢查若是最後一段就不需減 1 秒鐘。

上面範例二維串列經轉換後為：

```
[7886, 10762, 16220, 19478, 21869, 32758, 36657,……]
```

即第一句話在 7.886 秒結束，第二句話在 10.762 秒結束，依此類推。

取得段落聲音檔

pudub 讀入聲音檔時會將聲音資料以串列格式儲存，並且提供「export」方法將部分聲音資料匯出存檔，export 的語法為：

聲音檔變數 [起始時間 : 結束時間].export(輸出檔路徑 , format=' 聲音格式 ')

例如由 sound 聲檔取出 7.866 秒到 10.762 秒的聲音存為 <sound1.wav> 檔：

```
sound[7886:10762].export('sound1.wav', format='wav')
```

下面程式將上面範例靜音結束時間一維串列儲存為段落聲音檔。

```
1 for i in range(len(mslist)):
2     if i==0:  start = 0
```

```
3       else:  start = mslist[i-1]
4       end = mslist[i]
5       filename = 'slice{:0>3d}.wav'.format(i+1)
6       sound[start:end].export(filename, format='wav')
```

第 2 列檢查若是第一個段落就設開始時間為 0，否則就在第 3 列設開始時間為前一個段落的結束時間。

第 5 列設定檔名為三個數字流水號：第一段落為 <slice001.wav>、第二段落為 <slice002.wav>，依此類推。第 6 列儲存聲音檔案。

聲音檔分割完成後，接著就是以 SpeechRecognition 模組進行語音辨識，將聲音轉換為文字，然後就可輸出為字幕檔了！

A.2.4 自動產生字幕完整程式碼

自動產生字幕程式主要分為以靜音分割聲音檔及進行語音辨識兩部分，首先說明以靜音分割聲音檔的程式碼：

```
1 from pydub import AudioSegment
2 from pydub.silence import detect_silence
3 import speech_recognition as sr
4 from opencc import OpenCC
5 import glob
6 import shutil, os
7 from time import sleep
8
9 def emptydir(dirname):   # 清空資料夾
10     if os.path.isdir(dirname):   # 資料夾存在就刪除
11         shutil.rmtree(dirname)
12         sleep(2)   # 需延遲，否則會出錯
13     os.mkdir(dirname)   # 建立資料夾
14
15 cc = OpenCC('s2twp')
16 delay = 1000   # 聲音延 時間
17 fname = 'LINE_ALTERED'
18 sound = AudioSegment.from_file(fname + ".wav", format="wav")
19 start_end = detect_silence(sound, delay, sound.dBFS, 1)   # 偵測靜音
20
21 # 每個分割區間的結束位置
22 mslist = []
```

```
23 for i in range(len(start_end)):
24     if i== (len(start_end)-1): data = start_end[i][1]    #最後一筆不必減1秒
25     else:  data = start_end[i][1] - delay  #結束位置提前1秒
26     mslist.append(data)
27
28 # 毫秒轉為 xx:xx.xxx 字串
29 timelist = []
30 for sss in mslist:
31     h,ms = divmod(float(sss),3600000)   # 時
32     m,ms = divmod(float(ms),60000)  #分
33     s,ms = divmod(float(ms),1000)   # 秒
34     ts="%02d:%02d:%02d.%03d" % (h,m,s,ms)
35     timelist.append(ts)
36
37 # 分割聲音檔
38 emptydir('soundSlice')
39 for i in range(len(timelist)):
40     if i==0:  start = 0
41     else:  start = mslist[i-1]
42     end = mslist[i]
43     filename = 'soundSlice/slice{:0>3d}.wav'.format(i+1)
44     sound[start:end].export(filename, format='wav')
```

程式說明

- **1-7** 含入所需的模組。

- **9-13** 清空資料夾的自訂函式：先檢查資料夾是否存在，若存在就將其刪除，然後再建立新資料夾，如此即可確定是空的資料夾。

- **15** 建立簡體中文轉繁體中文物件。

- **16** 設定靜音最小時間：大於此時間才視為靜音，單位為毫秒。

- **17** 處理的聲音檔案名稱，最後產生的字幕檔以此命名。

- **18** 讀入聲音檔。

- **19** 偵測靜音，取得靜音位置串列。

- **22-26** 建立靜音結束位置串列。為了簡化由聲音檔擷取句子段落的程序，以靜音結束時間做為斷句的依據，這樣就可將二維串列簡化為一維串列。

- **24-25** 取得靜音結束時間。由於每個段落包含了靜音在內（delay，1 秒），因此將這 1 秒移除；若是最後一個段落則不需要移除（24 列）。

- **29-35** 將時間轉化為 SRT 字幕檔時間格式。SRT 字幕檔的時間格式為「xx.xx.xx,xxx」，例如 7.886 秒為「00:00:07,886」。

- 31-33　取得時、分及秒的數值。

- 34　　轉為時、 分及秒的格式。秒及毫秒之間的逗點 「,」 將在 61 列
程式處理。這樣處理後的 timelist 變數值為：['00:00:07.886',
'00:00:10.762', '00:00:16.220', ……, '00:03:06.201']。

- 38　　建立空的 <soundSlice> 資料夾來存放分割後的聲音檔。

- 39-44　依句子分割聲音檔。

- 40-41　第一句的起始時間為 0，其餘起始時間為上一個句子的結束時間。

- 42　　句子的結束時間。

- 43　　設定檔名：slice001.wav、slice002.wav 等。

- 44　　取出聲音並存檔。

接著說明進行語音辨識及產生字幕檔的程式碼：

```
46 r = sr.Recognizer()   #建立語音辨識物件
47 file = open(fname + '.srt', 'w', encoding='UTF-8')   #儲存辨識結果
48 wavfiles = glob.glob('soundSlice/*.wav')
49 data = ''
50 count = 1
51 for i in range(len(wavfiles)):
52     try:
53         with sr.WavFile("soundSlice/slice{:0>3d}.wav".format(i+1)) as source:
54             audio = r.record(source)
55         result = r.recognize_google(audio, language="zh-TW")   #辨識結果
56         result = cc.convert(result)   #轉繁體中文
57         print('{}. {}'.format(count, result))
58         #組合 SRT 格式
59         data += str(count) + '\n'
60         if i==0: start = '00:00:00,000'
61         else: start = timelist[i-1].replace('.', ',')
62         end = timelist[i].replace('.', ',')
63         data += (start + ' --> ' + end + '\n')
64         data += (result + '\n\n')
65         count +=1
66     except sr.UnknownValueError:
67         print("Google Speech Recognition 無法辨識此語音！")
68     except sr.RequestError as e:
69         print("無法由 Google Speech Recognition 取得結果; {0}".format(e))
70 file.write(data)
71 file.close()
```

程式說明

- 46　　　建立語音辨識物件。

- 47　　　設定字幕檔名稱。

- 48　　　取得所有分割的聲音檔。

- 49　　　data 變數儲存字幕內容。

- 50　　　count 儲存句子數目。

- 51-69　逐一處理分割的聲音檔。

- 53-54　讀入聲音檔。

- 55　　　進行語音辨識將聲音轉換為文字。

- 56　　　將簡體中文轉為繁體中文。

- 57　　　顯示語音轉文字的傳回值。

- 59-62　將語音辨識結果轉成 SRT 格式。SRT 格式為：

```
1
00:00:00,000 --> 00:00:07,886
第七章個股分析統計圖
```

- 60-61　若是第一句就將起始時間設為「00:00:00,000」，否則就取得起始
　　　　　時間。「.replace('.', ',')」是將秒及毫秒之間的「.」轉為
　　　　　「,」。

- 70-71　將字幕寫入檔案並關閉檔案。

執行結果：

```
1. LINE貼圖收集器
2. 賴已經成為我們生活的理念不可或缺的一個通訊軟體
3. 破破爛貼圖裡面俏皮可愛的插畫就能夠緩和文字給人的引數感也讓人有心情了雨的感覺在這個專題裡面我們將利用網路爬蟲的技術快速收集你所喜歡的
4. 我們先帶各位來看一下LINE貼圖官方貼圖的網站
5. 這個就是官方網站的網址和你用關鍵字去找最可讓貼圖的官方網站也可以
6. 在官方貼圖的網站上你會發現它有很多分類的一個就是官方貼圖接著
7. 這是個人原創貼
8. 這個是很多人就是利用她自己繪畫的能力或者美術的能力
9. 或者他可以製作這些圖片的能力自行製作然後上架到LINE的網上富中在官方貼
10. 裡面看這個個人原創貼裡面不僅只有這些
11. 還有比如說啊
12. 官方的表情貼和個人原創的表情貼
13. 都有類似像這樣官方位
14. 放假個人可以利用你自己的影片
15. 只要符合規格就可以上萬到這個LINE貼圖的官方網站上
16. 可以供別人來購買啦可以下載
17. 也可以在Line裡面使用在這些內容
18. 面你可以看到他有很多分類不管
19. 此看起來有了雨的感覺有甜蜜的感覺有磁場的感覺有報效的感覺有有趣的感覺有八卦的感
20. 這些銷的激賞生動的貼圖
21. 看起來都非常完整而且表
22. 等內容都非常生動
```

<soundSlice> 資料夾中會產生分割的 slice001.wav、slice002.wav 等聲音檔。

產生的 <LINE_ALTERED.srt> 字幕檔部分內容：

```
1
00:00:00,000 --> 00:00:02,192
LINE 貼圖收集器

2
00:00:02,192 --> 00:00:05,231
LINE 已經成為我們生活裡面不可和

3
00:00:05,231 --> 00:00:06,403
覺得一個通訊

4
00:00:06,403 --> 00:00:09,966
透過 LINE 貼圖裡面俏皮可愛的插畫
.........
```

若是對於產生的字幕檔不滿意，可修改第 16 列靜音數值試試。

翻譯產生的字幕檔部分內容會有錯誤，需要進行修正：在 <LINE_ALTERED.srt> 檔按滑鼠右鍵，於快顯功能表點選 **下載** 項目，下載 <LINE_ALTERED.srt> 字幕檔到本機，下一節會以字幕製作軟體 Aegisub 對字幕檔進一步修改內容。

A.3 影片字幕製作軟體：Aegisub

Aegisub 是一套免費、中文化、跨平台、開放原始碼，功能強大的影片字幕製作軟體。前一節應用程式產生的字幕檔尚有許多需要修改之處，Aegisub 可以匯入字幕檔，讓我們對字幕檔快速進行修正。

本節範例在本機中操作。

A.3.1 安裝 Aegisub

Aegisub 官方網站已停止服務，使用者可在網路上以「Aegisub 3.2.2 download」關鍵字搜尋，即可查到非常多 Aegisub 安裝檔進行下載。

於下載的安裝檔 <Aegisub-3.2.2-64.exe> 按兩下滑鼠左鍵執行，在 **Select Setup Language** 對話方塊的下拉式選單點選 **繁體中文** 後按 **OK** 鈕，按 3 次 **下一步** 鈕，再按 **安裝** 鈕開始安裝，一段時間後按 **完成** 鈕就結束安裝程序並開啟 Aegisub 應用程式。

啟動 Aegisub 應用程式的方法：如果 Aegisub 已啟動，請先關閉。執行 **開始 / Aegisub** 就可啟動 Aegisub 應用程式。

先調整一些 Aegisub 設定值：執行功能表 **檢視 / 選項**，於 **偏好設定** 對話方塊左方點選 **音訊**，右方取消核選 **滑動條上顯示關鍵影格**。

左方點選 **視訊**，右方將 **快速步進影格數** 增為「15」。左方點選 **備份**，右方取消核選 **自動儲存** 及 **自動備份** 項目的 **啟用**，最後按 **確認** 鈕完成設定。

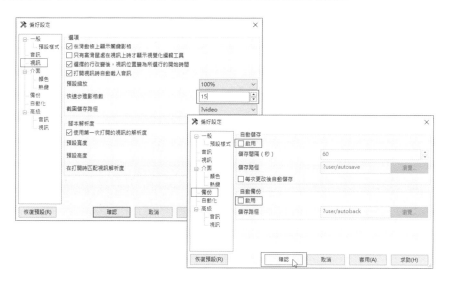

∥ A.3.2 匯入視訊及字幕檔

於 Aegisub 執行功能表 **視訊 / 打開視訊**，於 **打開視訊檔** 對話方塊點選書附範例
<LINE_ALTERED.mp4> 檔後按 **開啟** 鈕，系統會載入影片，並且自動將影片與聲音
分離。

調整編輯畫面

預設影片佔的畫面太大，於影片大小調整下拉式選單點選「25%」縮小畫面。聲音
部分預設是顯示頻譜，為了方便製作字幕時判斷完整句子的聲音位置，需改為顯示
波形。執行功能表 **音訊 / 顯示波形**。

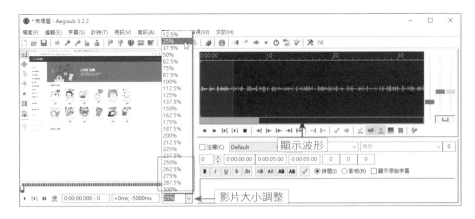

預設的波形太小，將其調整到適當大小：將垂直波形調整鈕移到最上方，即呈現最
大波形；水平波形調整鈕移到適當位置 (參考下圖)，讓波形達到最容易辨識的狀態。

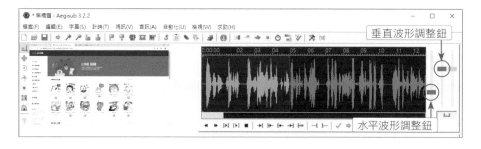

匯入字幕檔

執行 **檔案 / 打開字幕**，於 **未儲存的更改** 對話方塊中按 **否** 鈕。

選取上一節產生的字幕檔 <LINE_ALTERED.srt> 後按 **開啟** 鈕，於 **載入 / 卸載相關檔嗎?** 對話方塊中按 **否** 鈕，即可載入字幕檔，影片上會顯示第一筆文字。

A.3.3 修改字幕檔

Aegisub 功能非常強大，操作較複雜，本書僅說明製作及修改字幕常用功能的操作。

波形區常用操作

載入字幕檔後會自動選取第 1 筆文字。波形區常用的操作為:

■ **[▶]**:**播放選取區** 鈕。

■ **■**:**停止播放** 鈕。

■ **⇨**:**移動選取區到中央** 鈕。有時使用者會移動選取區位置，以致於部分選取區圖形看不到，按此鈕可將選取區圖形移到波形區中央，即可看到全部圖形。

- **選取區起始處** (紅色左中括號)：此筆文字由此時間點開始顯示。將滑鼠移到紅色左中括號線上，會顯示時間，同時滑鼠游標變為左右箭頭，此時拖曳滑鼠即可改變字幕開始顯示的時間。

- **選取區結束處** (藍色右中括號)：此筆文字到此時間點結束顯示。操作方式與選取區起始處相同。

- ✅：**送出變更** 鈕。選取區有變動時需按此鈕才會變更完成。

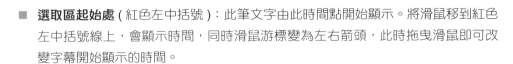

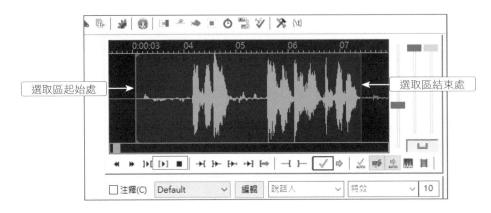

分割文字

pydub 對於聲音的斷句並不精準，「分割文字」及「合併文字」是修改字幕使用最多的操作，首先示範分割文字，下面操作以 <LINE_ALTERED.srt> 為範例說明。

載入字幕檔後會自動選取第 1 筆文字。

觀察字幕：第 1、2 筆文字沒有問題，但第 3 筆文字很長應予分割。點選第 3 筆文字，將游標移到字幕顯示區的「引數感」及「也讓人」之間，按滑鼠右鍵，於快顯功能表點選 **在游標處分割 (概略計時)**。

原先的第 3 筆文字已經分割為兩筆文字了！

修改文字資料

接著進行文字修改：將「引數感」文字改為「生疏感」。

如果不確定真正的文字是什麼，可以按 【▶】 鈕播放聲音後再修改文字。

有時觀看文字就知其文字是正確的，例如第 2 筆文字。如果發現自動產生的文字有錯誤，可在字幕顯示區直接修改即可；若無法判斷文字是否正確，可按 【▶】 鈕播放聲音後再行修改。

播放聲音及調整聲音區塊

觀察波形，可看到藍色結尾處不是在無聲部分，顯然有問題。按 【▶】 鈕播放聲音，發現聲音少了「生疏感」語音，因此必須調整聲音區塊。將聲音區塊結束位置的藍線向右方移動到無聲處如下圖，按 ✓ 鈕完成變更。

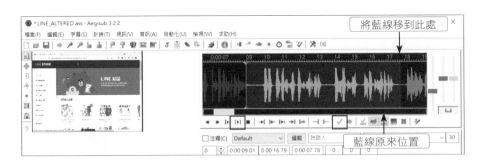

選取範圍會自動移到下一筆文字。此時可看到聲音區塊開始位置的紅線沒有自動移到無聲處，將紅線向右方移動到前一段的結尾處如下圖，按 ✔ 鈕完成變更。

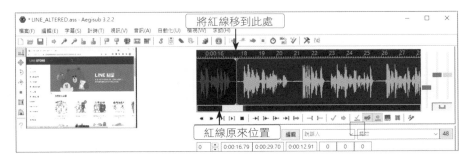

將第 4 筆文字在「感覺」及「在這個專題」處分割為兩筆文字。第 8 到 11 筆文字請自行觀察修改。

合併文字

第 12 筆文字於「網站當中」及「載官方貼」分割，調整音波，並修改文字「載」為「在」。

觀察目前第 13、14 筆文字顯然是一句話，應予合併。選取多筆文字的操作是「**CTRL + 滑鼠左鍵**」：用滑鼠左鍵點選第 13 筆文字，按住 **CTRL** 鍵再以滑鼠左鍵點選第 14 筆文字。在選取區按滑鼠右鍵，於快顯功能表點選 **合併 (連接 J)**。

後面的字幕文字請自行修改。

▋ A.3.4 字幕存檔及預覽

儲存檔案

修改字幕過程中可不定時儲存檔案,以免辛苦的成果化為烏有。第一次存檔:
Aegisub 預設的字幕檔格式為 ASS。執行功能表 **檔案 / 另存為字幕**,於 **儲存字幕檔**
對話方塊輸入檔案名稱「LINE_ALTERED.ass」後按 **存檔** 鈕。

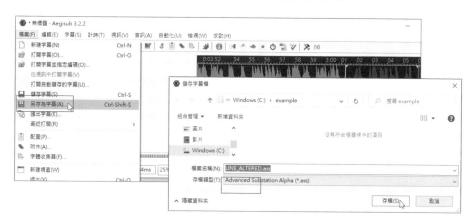

第二次以後存檔:執行 **檔案 / 儲存字幕**,或按 **CTRL + S** 鍵即可。

將來要使用或修改字幕時,執行 **檔案 / 打開字幕** 讀入此檔即可。

字幕預覽

字幕製作完成後,可以進行預覽,看看字幕效果並檢查是否有錯。執行功能表 **檢視 /
視訊 + 字幕模式**。

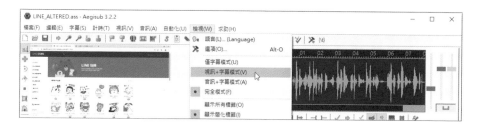

將視訊大小調為「50%」，拖曳影片位置指標器 ⬚ 到最左方，即影片起始位置，按 ▶ 鈕從頭開始播放，就可見到影片已顯示字幕。

匯出 SRT 檔

大部分影片字幕是使用 SRT 格式，例如要上傳到 YouTube 的字幕就必須是 SRT 格式，因此需將製作的字幕匯出為「.srt」格式的檔案。

執行功能表 **檔案 / 匯出字幕**，於 **匯出** 對話方塊按 **匯出** 鈕，於 **匯出字幕檔案** 對話方塊輸入檔案名稱「LINE_ALTERED」，於 **存檔類型** 欄下拉式選單點選 **SubRip (*.srt)**，然後按 **存檔** 鈕匯出 SRT 格式檔案。

書附範例 <LINE_ALTERED_sr.srt> 為由前一節程式產生的原始字幕檔，<LINE_ALTERED.srt> 為修改完成的字幕檔。

Python 實戰聖經：用簡單強大的模組套件完成最強應用

作　　者：文淵閣工作室 編著 / 鄧文淵 總監製
企劃編輯：王建賀
文字編輯：詹祐甯
設計裝幀：張寶莉
發 行 人：廖文良

發 行 所：碁峰資訊股份有限公司
地　　址：台北市南港區三重路 66 號 7 樓之 6
電　　話：(02)2788-2408
傳　　真：(02)8192-4433
網　　站：www.gotop.com.tw
書　　號：ACL064300
版　　次：2021 年 10 月初版
建議售價：NT$580

國家圖書館出版品預行編目資料

Python 實戰聖經：用簡單強大的模組套件完成最強應用 / 文淵閣工作室編著. -- 初版. -- 臺北市：碁峰資訊, 2021.10
　　面；　　公分
　　ISBN 978-986-502-992-0(平裝)
　　1.Python(電腦程式語言)
312.32P97　　　　　　　　　　　　　　110017017

讀者服務

● 感謝您購買碁峰圖書，如果您對本書的內容或表達上有不清楚的地方或其他建議，請至碁峰網站：「聯絡我們」\「圖書問題」留下您所購買之書籍及問題。(請註明購買書籍之書號及書名，以及問題頁數，以便能儘快為您處理)
http://www.gotop.com.tw

● 售後服務僅限書籍本身內容，若是軟、硬體問題，請您直接與軟體廠商聯絡。

● 若於購買書籍後發現有破損、缺頁、裝訂錯誤之問題，請直接將書寄回更換，並註明您的姓名、連絡電話及地址，將有專人與您連絡補寄商品。